国家现代农业（中药材）产业技术体系（CARS-21）
"中药材草害防控岗位科学家专项"项目资助

中国西南区道地药材主产地常见杂草识别

原色图谱

刘世尧　钱坤　何林　著

U0240185

西南大学出版社

国家一级出版社　全国百佳图书出版单位

图书在版编目（CIP）数据

中国西南区道地药材主产地常见杂草识别原色图谱 /
刘世尧，钱坤，何林著 . -- 重庆 : 西南大学出版社，
2024.12
ISBN 978-7-5697-1732-7

Ⅰ.①中… Ⅱ.①刘…②钱…③何… Ⅲ.①杂草—
识别—西南地区—图谱 Ⅳ.① S451-64

中国版本图书馆 CIP 数据核字 (2022) 第 250478 号

中国西南区道地药材主产地常见杂草识别原色图谱
ZHONGGUO XINAN QU DAODI YAOCAI ZHUCHANDI CHANGJIAN ZACAO SHIBIE YUANSE TUPU

刘世尧　钱坤　何林　著

责任编辑: 鲁　欣
责任校对: 刘欣鑫
装帧设计: 殳十堂_朱　璇
排　　版: 南京市玄武区殳十堂文化中心
出版发行: 西南大学出版社（原西南师范大学出版社）
　　　　网　　址: http://www.xdcbs.com
　　　　地　　址: 重庆市北碚区天生路2号
　　　　邮　　编: 400715
　　　　电　　话: 023-68868624
经　　销: 全国新华书店
印　　刷: 重庆新金雅迪艺术印刷有限公司
成品尺寸: 210 mm × 285 mm
印　　张: 19.5
字　　数: 599千字
版　　次: 2024年12月　第1版
印　　次: 2024年12月　第1次印刷
书　　号: ISBN 978-7-5697-1732-7
定　　价: 150.00元

序 | FOREWORD

　　中医药是我国传统文化灿烂瑰宝，是中华民族五千多年优秀文化历史的沉淀与结晶。中药材是中医药事业传承和发展的物质基础，道地药材是我国传统优质药材的典型代表，是我国的独特资源和特色产业。与大田作物相比，道地药材在栽培生产过程中受草害更加严重。深入掌握典型药田生态系统的物种多样性构成规律，对道地药材生产过程中草害的科学防控具有重要意义。

　　中国西南山地是全球生物多样性的热点区域，地质构造复杂、气候多变、地形落差大、植被类型多样、特有物种丰富。尽管同样受到人类社会发展的威胁，但无数特有珍稀物种在此欣欣向荣。中药材生产具有自然仿生栽培特点，尤其是优质道地药材，对生境条件要求苛刻、生长周期长，极易受到杂草危害。对西南区药田植物种群多样性进行研究，不仅可以科学防控药田草害，还可以实现病害与虫害防控向生态化方向转变。

　　本书的作者来自"国家中药材产业技术体系草害防控岗位科学家"团队，在西南大学长期从事杂草防控教学研究工作，历时多年对我国西南道地药材产区四川、重庆、云南、贵州等药材主产地药田杂草进行了深入的实地调查、采集和研究，结合多年教学、科研工作的积累和成果。历经 5 年将研究成果编撰成《中国西南区道地药材主产地常见杂草识别原色图谱》。

　　《中国西南区道地药材主产地常见杂草识别原色图谱》是一部基础性与科学性兼具的专著，其特点是资料翔实、应用性强。全书共分六章，分别介绍了西南道地药材产区云贵川渝四省（市）主产地概况、药田杂草的特征与危害、药田杂草分类方法、西南区道地药材草害发生规律与防控技术、西南区药田常见杂草名录与鉴定识别图谱，涵盖了西南道地药材产区主要药材栽培生产过程中常见药田杂草，共计 54 科 368 种。杂草物种均配有植物原色照片及鉴别特征描述，部分收录的物种配有俗名，本书的被子植物分类系统是对克朗奎斯特分类系统的继承和发扬。同时，本书也是一本内容丰富的植物学著作，是我国西南区中药材产业向生态化生产发展不可或缺的基础专著，具有重要的科学意义和学术价值。

　　本人乐于作序，祝贺《中国西南区道地药材主产地常见杂草识别原色图谱》专著的问世，愿其为西南区道地中药材生产向生态化发展发挥重要作用。

柏连阳

中国工程院院士

湖南省农业科学院研究员

著名杂草专家

前言 | PREFACE

　　《中国西南区道地药材主产地常见杂草识别原色图谱》，历时5年终于编撰完成了。

　　中医药学是中华民族的伟大创造，是中国古代科学的瑰宝。中药材是中医药事业传承和发展的物质基础，而道地药材是我国传统优质中药材的典型代表。道地药材是指经过中医临床长期检验优选出来的，产在特定地域，与其他地区所产同种中药材相比品质和疗效更好且质量稳定、具有较高知名度的药材。长期以来，道地药材的栽培生产不断受到病害、虫害、草害等的影响。科学合理地进行病虫草害的识别与防治，对于加快道地药材基地建设，提高中药材生态化生产技术与管理水平，促进特色药材种植业发展和推进农民持续增收，加快发展现代中药产业，实现乡村振兴具有重要意义。

　　2018年12月18日，农业农村部、国家药品监督管理局与国家中医药管理局联合印发了《全国道地药材生产基地建设规划（2018—2025年）》（以下简称《规划》），指出"按照因地制宜、分类指导、突出重点的思路，将全国道地药材基地划分为7大区域"。其中，西南道地药材产区涵盖了亚热带季风气候及温带、亚热带高原气候，气候类型多样、气候条件优良，包括重庆、四川、贵州、云南等省（市），是川药、贵药、云药主产区，中药材种植面积约占全国的1/4，本区域优势道地药材品种主要有川芎、川续断、川牛膝、黄连、川黄柏、川厚朴、川椒、川乌、川楝子、川木香、三七、天麻、滇黄精、滇重楼、川党、川丹皮、茯苓、铁皮石斛、丹参、白芍、川郁金、川白芷、川麦冬、川枳壳、川杜仲、干姜、大黄、当归、佛手、独活、青皮、姜黄、龙胆、云木香、青蒿等，具有种植规模大、药材质量优良等特征。该区域地域广阔，立体地形明显，虽道地药材种类丰富、品质优良，但草害种类也十分丰富。并且与大田农作物不同的是，众多道地药材栽培往往需要特殊生境与仿生栽培，育苗与栽培生产过程更易滋生草害。草害严重影响中药材的产量和品质。

　　病虫草害是中药材生产过程中的重要影响因子。在中药材栽培生产过程中，药田杂草常与其争夺光照、水分、养分和生长空间，也是很多病原微生物、害虫的中间寄主，极易提高中药材病虫害的发生频率并加重为害程度，直接或间接影响中药材产品的产量和品质。在药田杂草的防除过程中，化学除草具有高效、省工和省力等特点，是药田杂草防除的有效手段。但由于中药材品种繁多，单一品种规模相对较小，因此专用除草剂较少，而且化学除草存在因农药残留问题而导致中药材产品安全性下降的潜在风险。只有全面掌握我国主要道地药材产区杂草种类、群落特征和发生规律，合理利用各种农业措施对杂草进行综合防控，才能有效控制药田草害并保证药材质量。因此，对各个主要药材栽培区药田杂草种类、群落特征和发生规律进行调查，对药田草害的科学防治、保证药材品质与产量，具有重要的理论意义和实践价值。

在我国现代农业快速发展的新阶段，为推进道地药材基地建设，加快发展现代中药产业，促进特色农业发展和农民持续增收，助力乡村振兴战略实施，西南大学"国家中药材产业技术体系草害防控岗位科学家"团队，历经 5 年的调查与整理，完成了《中国西南区道地药材主产地常见杂草识别原色图谱》。本书系统整理了西南道地药材产区主要药材栽培生产过程中出现的常见杂草，杂草种类共包括 54 科 368 种，其中苔藓植物 1 科 1 种、蕨类植物 8 科 15 种、双子叶植物 42 科 288 种、单子叶植物 3 科 64 种，系统阐述了其分布特征、生长发育规律、分布与为害等特点，整理了各种杂草主要发育时期的鉴别特征，配以相应图片，旨在为我国西南区道地药材草害的有效防治和产业的健康发展，提供技术支撑和基础资料。

本书的出版得到了国家现代农业（中药材）产业技术体系（CARS-21）"中药材草害防控岗位科学家专项"项目资助，在杂草的调查过程中得到了"国家中药材产业技术体系"云南、贵州、四川、重庆等众多兄弟单位的鼎力支持，本书的编写得到了西南大学植物保护学院和园艺园林学院的大力帮助，在此表示由衷的感谢并致以崇高的敬意！本书在编撰过程中还参阅了相关科研单位和一些同行们的资料，以及"植物智"（http://www.iplant.cn）、"中国数字植物标本馆"（http://www.cvh.ac.cn）、"中国自然标本馆"（http://www.cfh.ac.cn）的相关资料，特此说明并一同致谢！

由于编者水平有限，本书尚有不足和不当之处，敬请各位同行专家和广大读者批评指正。

编者

二○二一年十二月

目录 | CONTENTS

04

第四章
药田杂草的发生规律与防控

05

第五章
中国西南区道地药材主产地常见杂草名录

06

第六章
中国西南区道地药材杂草鉴定图谱

01

第一章

西南道地药材
产区概况

　　道地药材，又称地道药材，是一个约定俗成的中药标准化概念，是指一定的中药品种在特定生态条件（如环境、气候）、独特的栽培和炮制技术等因素的综合作用下，所形成的产地适宜、品种优良、产量较高、炮制考究、疗效突出、带有地域性特点的中药材。

　　我国资源丰富、地域辽阔，不同地区的气候环境条件有很大的差别。道地药材与其所在的地域有着密不可分的关系。经过人们长期的尝试和实践，在各个地区逐渐形成了一批批适合本地条件的道地药材。

　　西南区是我国七大道地药材主产区的重要组成部分，本区域气候类型较多，包括亚热带季风气候及温带、亚热带高原气候，是川药、贵药、云药的主产区，中药材种植面积大，药材产量高、质量好，药效优良，在我国中药材产业发展过程中具有重要地位。

1.1　西南道地药材产区

　　根据《全国道地药材生产基地建设规划（2018—2025 年）》（以下简称《规划》），中国西南道地药材主产区主要包括重庆、四川、贵州、云南等省（市）。该区域气候类型较多，包括亚热带季风气候及温带、亚热带高原气候，是川药、贵药、云药主产区。主要道地药材品种有川芎、川续断、川牛膝、黄连、川黄柏、川厚朴、川椒、川乌、川楝子、川木香、三七、天麻、滇黄精、滇重楼、川党、川丹皮、茯苓、铁皮石斛、丹参、白芍、川郁金、川白芷、川麦冬、川枳壳、川杜仲、干姜、大黄、当归、佛手、独活、青皮、姜黄、龙胆、云木香、青蒿等。中国西南道地药材产区中药材种植面积约占全国的 25%。根据《规划》该区域未来发展的主攻方向是开展丹参、白芍、白芷提纯复壮，开展麦冬、川芎安全生产技术研究与推广，发展优质川药，大力发展重楼等相对紧缺品种，开展三七连作障碍治理。预计到 2025 年，建设道地药材生产基地 670 万亩（1 亩 ≈ 666.7 m²）以上。

1.2　重庆道地药材产区

1.2.1　区域范围

　　重庆市位于东经 105° 11′ 至 110° 11′、北纬 28° 10′ 至 32° 13′，东西长 470 km，南北宽 450 km，总面积 82 370 km²，下辖 26 个市辖区、8 个县、4 个自治县共计 38 个区县。重庆东邻湖北省和湖南省，南接贵州省，西靠四川省泸州市、内江市、遂宁市，北连陕西省以及四川省广安市、达川市，是我国最大的直辖市。重庆位于中国内陆西南部、长江上游、四川盆地东南部，地跨青藏高原与长江中下游平原的过渡地带，北部有大巴山，东北及南部有巫山、武陵山、大娄山，地貌以丘陵、山地为主，立体地形明显，气候差异较大，素有"山城"之称。

1.2.2　区域特点

重庆地形地貌复杂，气候湿润多雨，具有复杂多样的生态环境，有利于多种生物共存，生物资源种类多，具有明显的立体地形、典型的植物群落和丰富的药用植物资源，拥有中药材种质资源 5 000余种。重庆是我国重要的中药材产区，中药材人工种植历史悠久，拥有道地药材和传统大宗药材品种30 多种。

1.2.3　道地药材品种

重庆中药资源的主要特点是品种多、单品种规模小、发展潜力大。几乎重庆市的各区县均有人工中药材种植，主要分布于石柱、丰都、巫山、巫溪、奉节、酉阳、秀山、江津、武隆、綦江、合川等多个区县。种植的中药材中，黄连、木香、丹皮、白术、枳壳、款冬花、党参、小茴香、天麻、半夏、青蒿、厚朴、黄柏等为国家重点发展品种；银花、银杏、佛手、红豆杉、辛夷、前胡等20 多个品种为市级重点发展品种。其中厚朴、黄柏、银杏、红豆杉、辛夷为高大乔木，不易受草害干扰；枳壳、银花、丹皮为多年生灌木，受草害影响较小；黄连、木香、白术、款冬花、党参、小茴香、天麻、半夏、青蒿等种类受草害影响较大。

1.2.4　药材产业区划

（1）大巴山药材区：主要包括巫山、巫溪、云阳、奉节、万州、城口等区县。

该区境内山高谷深、沟壑纵横，山地占75% 左右，海拔最低73 m，最高 2 797 m，相对高差超过 2 700 m。气候温和，四季分明，雨量充沛，无霜期长。

主要药材品种有：党参（庙党、板党）、贝母（包括太白贝母）、云木香、味牛膝、银杏、杜仲、小茴香、玄胡、枳壳、半夏、款冬花等。主要名特道地药材有巫山和奉节的庙党、开州的云木香、奉节的贝母、巫溪的天麻、云阳的小茴香、忠县和万州的野生半夏。

（2）武陵山药材区：主要包括石柱、酉阳、秀山、黔江、彭水等区县。

该区海拔最低118 m，最高 1 938 m，地势起伏大，坡度大，四季分明，季节温差大，日温差大，雨量充沛但分布不均，植被生态垂直差异大，药用植物资源丰富。

主要药材品种有黄连、青蒿、白术、天麻、杜仲、半夏、银花和款冬花。著名道地药材有石柱的黄连、酉阳的青蒿和吴茱萸，酉阳和秀山的白术、银花。

（3）渝中部低山药材区：主要包括涪陵、南川等区县。

该区以低山丘陵为主，山地占60%，海拔最低150 m，最高 1 900 m。长江及其支流乌江、高滩河、大溪河流经境内，水资源丰富，年降水量 1 300~1 400mm，气候温暖湿润，日照短，无霜期长，土地肥沃。

主要药材品种有紫菀、玄参、鱼腥草、云木香、牡丹皮、杜仲、黄柏、厚朴等。

（4）渝西南丘陵药材区：主要包括合川、江津、铜梁等区县。

该区海拔最低154 m，最高 1 973 m，丘陵占59.2%。区内江河纵横，水源丰富。气候特征为春早且气温多变，夏长且伏旱频繁，秋季多绵雨，冬暖多雾，无霜期长达 310 d，空气湿度大，相对湿度为 77%~83%，阴天多日照少，处于全国日照时数最少的地区之一。

主要药材品种有黄柏、杜仲、栀子、吴茱萸、枳壳、木瓜、巴豆、使君子、女贞子等。重点发展的道地药材品种有江津的枳壳和栀子、铜梁与合川的使君子、合川的补骨脂、綦江的木瓜。

1.2.5　产业规模

根据《重庆市农业经济作物发展"十四五"规划（2021—2025 年）》，"十三五"期间，重庆市中药材生产稳中有进，新发展中药材 12.7 万亩，规模达到 283.1 万亩，增长 4.7%，道地药材规模效应基本形成，十万亩以上种植规模道地药材 8 个，产值上亿元药材 20 个。

1.3　四川道地药材产区

1.3.1　区域范围

四川省简称"川"，位于中国西南腹地，介于东经 97° 21′ 至 108° 33′ 和北纬 26° 03′ 至 34° 19′ 之间，地处长江上游，辖区面积共计 48.6 万 km² （在全国排第五位），东西跨度 1 061.6 km，南北宽 916.5 km；北连陕西、甘肃、青海，南接云南、贵州，东邻重庆，西衔西藏。至 2023 年底，四川省下辖 21 个市（州）、183 个县（市、区）。西有青藏高原相扼，东有三峡险峰重叠，北有巴山秦岭屏障，南有云贵高原拱卫，形成了闻名于世的四川盆地。全省可分为四川盆地、川西高山高原区、川西北丘状高原山地区、川西南山地区、米仓山大巴山中山区五大部分。

1.3.2　区域特点

四川省地处我国青藏高原向东部平原过渡地带，横跨青藏高原、云贵高原、秦巴山地与横断山脉四大地貌区。气候区域表现差异显著，东部冬暖、春早、夏热、秋雨、多云雾、少日照、生长季长，西部则寒冷、冬长、基本无夏、日照充足、降水集中、干雨季分明；气候垂直变化大，气候类型多，有利于农、林、牧综合发展；气象灾害种类多，发生频率高、范围大，干旱、暴雨、洪涝和低温等经常发生。受地理纬度和地貌的影响，气候的地带性和垂直方向变化十分明显，东部和西部的差异很大，高原山地气候和亚热带季风气候并存。得天独厚的地理气候条件孕育了丰富的动植物中药资源，使得四川省拥有了宝贵的优良动植物种质资源库和基因资源库。四川省是全国乃至世界生物物种最丰富的地区之一，是我国最大的中药材产地之一，享有"中医之乡，中药之库"的美誉。

1.3.3　道地药材品种

四川省是有名的"中医之乡，中药之库"，中药资源丰富，有 7 290 种，如姜黄、川芎、附子、麦冬、天麻、郁金、黄连、秦艽、大黄、栀子等，在全国中药资源中占有十分重要的地位。本草考证表明，其中有道地药材 86 种，如都江堰川芎、江油附子、川贝母、羌活、遂宁白芷、川木通、天全川牛膝、三台麦冬、中江丹参、古蔺赶黄草、平武厚朴等，居全国之首。主要道地药材品种有附子（江油、布拖）、川芎（都江堰、郫都、彭州、崇州、眉山）、川贝母（甘孜、阿坝）、川明参（苍溪、金堂、巴中）、川木香（阿坝）、川红花（简阳、平昌）、川牛膝（天全、洪雅）、川麦冬（绵阳）、川银花（南江、沐川）、冬虫夏草（康定、马尔康）、干姜（犍为、沐川）、川郁金（双流、犍为、崇州）、姜黄（犍为、崇州、双流）、莪术（犍为、崇州、双流）、天麻（平武）、白芍（中江）、黄连（洪雅、峨眉山、大邑）、丹参（中江）、补骨脂（西昌、金堂）、天冬（内江、古蔺）、白芷（遂宁）、黄柏（峨眉山、洪雅、通江、荥经）、厚朴（都江堰、峨眉山、古蔺、三台）、杜仲（四川各地）、半夏（南充）、泽泻（彭山、都江堰）、辛夷（北川）、续断（凉山）、羌活（甘孜、阿坝）、柴胡（剑阁）、桔梗（梓潼）、佛手（犍为、沐川）、乌梅（大邑、达州）、花椒（汉源、茂县）、大黄（四川北部）、菊花（苍溪、仪陇、中江）、龙胆（凉山）。

1.3.4 药材产业区划

据《四川省中药材产业发展规划（2018—2025 年）》，按照四川省中药材产地适应性原则，同时结合地貌、气候及水文等因素将四川省中药材产区划分为四个部分：四川盆地药材生产区、盆地边缘山地药材生产区、川西高原及川西高山峡谷药材生产区和攀西地区药材生产区。

（1）四川盆地药材生产区：主要包括成都市、德阳市、绵阳市、资阳市、眉山市、自贡市、内江市、遂宁市、南充市、广安市，该区域以平原、丘陵、山区为主，属于亚热带湿润气候，年平均气温 15~18 ℃，≥ 10 ℃年积温 4 700~5 200 ℃，无霜期 280~310 d，年日照时数 890~1 370 h，年平均降雨量 1 000~1 600 mm，主要道地药材有川芎、附子、麦冬、白芷、半夏、丹参、郁金、姜黄、泽泻、白芍、红花、川明参、鱼腥草、补骨脂、佛手、栀子。

（2）盆地边缘山地药材生产区：主要包括宜宾市、泸州市、乐山市、雅安市、达州市、巴中市、广元市，该区域以丘陵和山区为主，属于亚热带湿润垂直季风气候，年平均气温 13~18 ℃，≥ 10 ℃年积温 4 500~5 000 ℃，无霜期 220~310 d，年日照时数 800~1 400 h，年平均降雨量 800~1 800 mm，主要道地药材品种有杜仲、厚朴、黄柏、黄连、金银花、天麻、川牛膝、桔梗、大黄、仙茅、川乌、天冬、重楼、白及、吴茱萸、秦皮等。

（3）川西高原及川西高山峡谷药材生产区：主要包括甘孜州、阿坝州、凉山州，该区域以高山峡谷与高原为主，属北亚热带、温带、寒带垂直气候，年平均气温 0~12 ℃，≥ 10 ℃年积温 600~4 500 ℃，无霜期 50（高原）~240（峡谷）d，年日照时数 2 200~3 000 h，年平均降雨量 520~890 mm，主要道地药材品种有天麻、大黄、川贝母、秦艽、甘松、波棱瓜子、手掌参、羌活、独活、红毛五加、红景天、龙胆花等。

（4）攀西地区药材生产区：主要包括凉山州（木里藏族自治县除外）、攀枝花市、雅安市（汉源县和石棉县），该区域以山区与干热河谷、丘陵为主，属南亚热带和中亚热带气候，年平均气温 16~21 ℃，≥ 10 ℃年积温 5 600~7 000 ℃，无霜期 250~310 d，年日照时数 3 200~3 300 h，年平均降雨量 700~1 000 mm，主要道地药材品种有重楼、天麻、补骨脂、大黄、黄柏、杜仲、川续断、三七、附子等。

1.3.5　产业规模

四川省中药资源优势明显，道地药材品种数量全国第一，有川芎、川贝母、附子等道地药材共86 种，已有 16 个品种、24 个中药材基地通过国家中药材生产质量管理规范（GAP）认证，中药材新品种审定数量 45 个（灵芝、附子、天麻、川芎、红花等）。四川省中药材产业发展态势良好，药材种植质量稳定，规模发展平稳，2017 年全省人工种植中药材面积约 637 万亩，其中三木药材及林下种植药材 331 万亩。单品种种植面积上万亩的有 53 种，川芎、川贝母、川麦冬、川白芷等道地药材的人工种植面积居全国第一。中药材年产量 102 万 t，年总产值达 173 亿元，其中产值超过千万元的品种有 31 种。

1.4　云南道地药材产区

1.4.1　区域范围

云南省，简称云或滇，介于北纬 21° 8′ 至 29° 15′，东经 97° 31′ 至 106° 11′ 之间，东部与贵州、广西为邻，北部与四川相连，西北部紧依西藏，西部与缅甸接壤，南部和老挝、越南毗邻，云南省总面积 39.41 万 km²。

1.4.2　区域特点

云南省地势西北高、东南低，自北向南呈阶梯状逐级下降，属山地高原地形，山地面积占全省总面积的 88.64%。以元江谷地和云岭山脉南段宽谷为界分为东西两大地形区：东部为滇东、滇中高原，是云贵高原的组成部分，表现为起伏和缓的低山和浑圆丘陵；西部高山峡谷相间，地势险峻，形成奇异、雄伟的山岳冰川地貌。云南省地跨长江、珠江、元江、澜沧江、怒江、大盈江六大水系，气候基本属于亚热带和热带季风气候，滇西北属高原山地气候。

1.4.3　道地药材品种

云南是中药材资源大省，中药资源总数和药用植物种数分别占全国的 51.4% 和 55.4%，数量和品种均居全国之首，许多特有品种是我国中药材资源的重要组成部分。三七、滇重楼、云木香、云茯苓、黄连、天麻、当归、石斛、诃子、阳春砂仁、滇龙胆等药材是云南省重要的道地药材。云南省道地药材品种可分四大类：一是主要品种，包括三七、灯盏花、石斛、天麻、云木香、滇龙胆、砂仁、红豆杉、云当归、草果等 10 种；二是重要品种，包括滇重楼、秦艽、云茯苓、山药、肉桂、红花、乌头、八角、姜等 9 种；三是珍稀濒危品种，包括云黄连、大黄藤、珠子参、金铁锁、白及、冬虫夏草、胡黄连、雪上一枝蒿、血竭、猪苓等10种；四是特色稀缺品种，包括南板蓝根、半夏、雪胆、青阳参、云防风、灯台树、马蹄香、滇黄精、鸡血藤、青叶胆、金荞麦、岩陀、续断、露水草、山乌龟、丹参、丁香、萝芙木、扯根菜等19种。

1.4.4 药材产业区划

云南省道地药材栽培区可分为五个部分：

（1）滇东北天麻药材区：主要包括彝良和镇雄，主要品种为天麻、半夏。

（2）滇西北高山药材区：主要包括玉龙、维西、兰坪、福贡，主要品种为云木香、云当归、秦艽、滇重楼、云黄连、山药。

（3）滇东南三七药材区：主要包括文山、砚山、马关、丘北、广南、屏边、富宁，主要品种有三七、红豆杉、草果、八角、乌头、半夏、滇重楼。

（4）滇中民族药特色药材区：主要包括泸西、大理、云龙、宾川、罗平、巍山、弥渡、云县、寻甸、武定、沾益、禄劝，主要品种有灯盏花、滇龙胆、姜、红豆杉、云当归、乌头、半夏、红花、露水草、丹参。

（5）滇南及滇西南南药特色药材区：主要包括思茅、腾冲、龙陵、景洪、勐腊、陇川、河口、金平，主要品种有石斛、砂仁、草果、茯苓、大黄藤、南板蓝根、丁香、肉桂、灯台树、萝芙木。

1.4.5 产业规模

根据《2021年度云南省中药材产业发展报告》，2021年，云南全省中药材产业规模趋稳、产量提升、产值提高。三七、天麻、滇重楼等"十大云药材"呈现规模化发展态势。2021年中药材种植面积901.6万亩，产量127.25万t，综合产值达1 621.02亿元。总体来看，云南省中药材的种植面积、产量和综合产值在全国连续多年保持前列。

1.5 贵州道地药材产区

1.5.1 区域范围

贵州省，简称贵或黔，介于北纬24°37′至29°13′，东经103°36′至109°35′之间，北接四川和重庆，东毗湖南，南邻广西，西连云南，东西长约595 km，南北相距约509 km，总面积约为17.62万 km²。

1.5.2 区域特点

贵州地貌属于中国西南部高原山地，境内地势西高东低，自中部向北、东、南三面倾斜，海拔在1 100m左右。全省地貌可概括分为高原山地、丘陵和盆地三种基本类型，其中92.5%的面积为山地和丘陵。境内山脉众多，重峦叠嶂，绵延纵横，山高谷深。北部有大娄山，自西向东北斜贯北境，川渝黔要隘娄山关高 1 444 m；中南部苗岭横亘，主峰雷公山高 2 178 m；东北境有武陵山，由湘蜿蜒入黔，主峰梵净山高 2 572 m；西部高耸乌蒙山，属此山脉的赫章县珠市乡韭菜坪海拔 2 900.6 m，为贵州境内最高点。

贵州地跨长江和珠江两大水系，属亚热带温湿季风气候区。气温变化小，冬暖夏凉，气候宜人。全省最冷月（1 月）平均气温为 3~6 ℃，最热月（7 月）平均气温一般是 22~25 ℃，为典型夏凉地区。降水较多，雨季明显，阴天多，日照少。

1.5.3　道地药材品种

贵州地处云贵高原，独特的地理条件和湿润的气候，非常适宜中药材的生长与种植。据全国中药资源普查数据，90% 以上的苗药集中在贵州，贵州省拥有药用植物资源 5 304 种，排名全国第四。贵州常见道地药材主要有天麻、三七、杜仲、珠子参、艾纳香、牛黄、石斛、厚朴、半夏、吴茱萸、黄柏、野党参、何首乌、龙胆、天冬、黄精、金银花、桔梗、五倍子、朱砂、雄黄等 30 多种。

1.5.4　主要区域

（1）黔北、黔东北生产区：主要在遵义市、铜仁市，重点发展赤水金钗石斛、道真洛龙党参、道真玄参、正安白芨、绥阳金（山）银花、德江天麻、石阡丹参、江口及印江黄精等。

（2）黔西、黔西北生产区：主要在六盘水市、毕节市，重点发展大方天麻、威宁党参、赫章及大方半夏、织金头花蓼及续断、钟山灯盏细辛、盘州银杏及黄精等。

（3）黔西南、黔南生产区：主要在黔西南州、黔南州，重点发展兴义石斛与金（山）银花、安龙白芨与金（山）银花、兴仁薏苡、龙里及贵定刺梨、罗甸艾纳香、惠水皂角刺等。

（4）黔东南生产区：主要在黔东南州，重点发展施秉及黄平太子参、施秉何首乌及头花蓼、雷山淫羊藿及乌杆天麻、黎平茯苓、剑河钩藤等。

（5）黔中生产区：主要在贵阳市、安顺市，重点发展乌当天麻、修文丹参、关岭桔梗、西秀山药及黄柏、紫云薏苡等。

1.5.5　产业规模

经过多年的发展，到 2019 年贵州省已建设中药材种子种苗繁育基地 11 万亩；打造天麻等 15 个黔药优势品种；培育黄平等 15 个 10 万亩以上中药材种植大县，种植面积 223.4 万亩，占全省总种植面积的 34.17%，产业集中度明显提升；建设道地药材规模化标准化基地 139 万亩；建设 30 个（前期目标为 10 个）产地初加工基地。2019 年 12 月底，贵州省中药材（不含石斛、刺梨）种植面积 656.9 万亩，产量 193.1 万 t，产值 160.8 亿元。

02

第二章
药田杂草的特征与为害

2.1 杂草与药田杂草

杂草是指人类有目的栽培的植物以外的植物种类，生长在有碍于人类生存和活动的地方，一般是非栽培植物。从生态经济的角度出发，在一定的条件下，凡害大于益的植物都可称为杂草，属于防治对象。从生态观点来看，杂草是在人类干扰的环境下起源、进化而形成的，既不同于作物又不同于野生植物，它是对农业生产和人类活动均有着多种影响的植物。

药田杂草是指生长在中药材栽培地中的非人类有目的栽培的植物，也就是药田中人为栽培的药材以外的植物，比如黄连地中的小鱼眼草、商陆、鱼眼草、大花柳叶菜、插田蔍、蕨、蛇莓、透茎冷水花、飞蓬、牡蒿等。

2.2 农田杂草特征

杂草对人工生境具有极强的适应性，导致在人工生境中的持续性杂草必然会为了争夺生长空间与其他生长要素，与作物产生竞争，甚至通过产生化感作用影响和干扰人工生境的维持，具有为害性。因此，杂草具有适应性、持续性和为害性。

（1）杂草的繁殖与再生能力强。一株杂草的种子数量可达3万~4万粒，种子量大；种子寿命长，如刺儿菜、龙葵种子在土壤中可保存20年；繁殖方式多样，既可种子繁殖也可营养繁殖。

（2）杂草的休眠与发芽具有不整齐性。一株杂草的种子有多个休眠期，比如一株灰绿藜的种子，大而扁平的当年萌发，暗绿色的第二年春天萌发，最小的第三年才能萌发。

（3）杂草种子的传播方式具有多样性。有成熟后直接落粒入土的，如荠；有靠风传的，如蒲公英、刺儿菜；有靠水传的，如野燕麦、稗、水莎草；有靠人畜农机具传播的，如鬼针草、苍耳；有靠自然力传播的，如野大豆；还有多种杂草种子可以通过农家肥传播。

（4）适应性、抗逆性强。有抗涝的，如香附子、狗牙根；有抗盐碱的，如碱茅；有抗低温的，如荠、透茎冷水花等。

2.3 农田杂草为害

（1）与农作物争水、肥、光等生长要素。杂草根系庞大，吸收水肥能力很强，如：1 kg 小麦干物质需水 513 kg，而 1 kg 拉拉藤干物质需水 912 kg。当农田中一年生杂草的密度达到 100~200 株 /m² 时，可导致谷物大幅减产。每亩农田中，杂草会吸收氮 4.0~9.0 kg、磷 1.2~2.0 kg、钾 6.5 ~9.0 kg。

（2）杂草是病原微生物、害虫的中间寄主。由于杂草生命力旺盛，不少是两年生或多年生植物，所以病菌及害虫常常先在杂草上寄生或过冬，待作物生长后形成持续为害。如棉蚜，先躲在刺儿菜、苦苣菜、紫花地丁、荠、夏至草上寄生越冬，当作物出苗后形成虫害。

（3）侵占地上和地下空间，影响作物光合作用，干扰作物生长。农业生产中杂草的种子数量远远超过作物的播种量，加上杂草出苗早、生长速度快，易形成草害。

（4）增加管理用工和生产成本。农民在除草方面的工作量占田间劳动量的 1/3~1/2，尤其在推广轻简栽培技术后，杂草更是遍地丛生，并且杂草还影响耕地效率，延长工作时间。

（5）降低作物的产量和品质。杂草在土壤养分、水分、作物生长空间和病虫害传播等方面直接、间接为害作物，最终影响作物的产量和品质，如：夹心稗对水稻产量的影响非常明显，一丛水稻中有 1 株、2 株、3 株稗草时，水稻相应减产 35%、62% 和 88%。又如：在大豆收获时，龙葵的浆果混于大豆籽粒中，若其果汁染在大豆籽实上形成花斑，则造成豆价降级。据统计，全世界每年因为杂草为害造成农产品减产 10% 左右。

（6）影响水利设施。若水渠等农田水利设施长满杂草，会使渠水流速减缓，泥沙淤积，且为鼠类栖息提供条件，使渠坝受损。

（7）影响人畜健康。有些杂草，如毒麦，若其种子混入小麦中，人或牲畜误食了之后，可能会导致人、畜中毒。人吃了含有 4% 毒麦的面粉就有中毒甚至致死的危险；人或牲畜误食了混有大量苍耳的大豆加工品，同样会中毒；夹竹桃被牲畜吃了之后，也会引起中毒。

2.4 中药材受杂草为害的特点

中药材是人们用于防病、治病的特殊经济作物，与大田作物和其他经济作物相比，其受杂草为害的特点如下：

（1）传统中药材大多来源于野生采挖，近 50 年来随着需求量的增加逐渐转为人工栽培，如川贝母、大黄、秦艽、重楼、红景天等。一般的农作物多数有着数千年驯化栽培的历史，管理技术成熟，但中药材的驯化时间短、人为干预少，多数是半野生状态的特殊作物，药材人工栽培种群的群体竞争优势相对较弱，更易受杂草侵扰。

（2）中药材种类众多。《中华人民共和国药典》（2020 年版）收载中药 2711 种。中药材的生长周期与发育规律各不相同，因此药材在栽培过程中受草害的情况也复杂多样。

（3）中药材分布区域性特征明显，如我国常用大宗中药材黄连仅分布在重庆、四川、贵州、湖南、湖北、陕西等地海拔 1 000 m 以上冷湿荫蔽山林区域；天麻仅分布在北纬 22°~46°、东经 91°~132° 范围内的山区与潮湿林地中，栽培区域狭窄，生长条件特殊。中药材的人工栽培多以仿野生栽培为主，其栽培区也是其他本地种植物（包括杂草）的主要生长地，生产过程易受杂草干扰。

（4）中药材生长周期较长。与大田作物和蔬菜、果树不同，很多药材品种需要通过较长的生长周期缓慢积累活性次生代谢物，如黄连 5~6 年采收；三七需要 6 年以上才能采收；牡丹皮的生长周期至少 5 年。漫长的生长周期导致这些中药材受草害影响的概率显著增加，尤其是在幼苗期受药田草害的影响最大。

（5）中药材为小众农作物，目前还缺少专门针对中药材的除草剂，当前我国人工种植的中药材就有 300 多种，种植面积却只有 6 000 万亩左右，如全国三七种植面积不足 100 万亩。我国对小众作物中药材杂草化学防治研究的基础薄弱，导致专用除草剂的研发进度缓慢。

（6）很多杂草和中药材属于同科植物。比如菊科中药材菊花和白术田间的杂草刺儿菜，豆科中药材黄芪和决明子田间的杂草野豌豆等都属于同一科。杂草和中药材同科，客观上增加了专用除草剂开发和应用的难度。

（7）许多传统种植的中药材，若是生错了地方，就成了顽固性杂草，比如绞股蓝、蒲公英、香附子等，它们本身是中药材，可若是生长在芍药等中药材田间，就成了难以铲除的杂草（深根性杂草、种子具有随风移动性）。

2.5 药田杂草为害

（1）影响药材产量与品质。药田杂草可与药材争夺肥、光、水分和生长空间。很多杂草根系发达，有些匍匐生长的茎可产生茎生根，吸收能力强。杂草在幼苗阶段生长速度快，同化效率高，光合作用产物迅速向新叶传导分配，而且营养生长可快速向生殖生长过渡，吸收水分、养分和光能的能力很强。因此杂草会对中药材的生长发育造成明显影响，进而导致中药材的产量降低和品质下降。

（2）传播病虫害。许多田间杂草是中药材病菌或害虫的中间寄主，如刺儿菜、田旋花等是白术、苍术叶斑病的传播媒介；药田蚜虫在刺儿菜、荠等杂草上越冬。

（3）妨碍中药材采收操作。若黄连药田受到拉拉藤、播娘蒿、刺儿菜等杂草的干扰，或百合地遭受马唐、牛筋草、鸭跖草、鳢肠等生长量较大的杂草为害，在草害严重时，收割机易被杂草堵塞而发生故障。

（4）增加生产成本。除草是药田经营管理的最主要支出，需要消耗大量人力物力成本。尤其农忙季节，时间紧任务重，劳动强度大。若在梅雨季节到来之前中耕除草不能完成，易形成草荒，造成重大损失。

03

第三章

西南区道地药材杂草分类

　　杂草分类是杂草识别的基础，而杂草识别又是杂草生物学与生态学研究的重要前提，只有在弄清杂草生物学与生态学规律的基础上，才能对药田杂草进行科学、有效的防控管理。我国西南道地药材区立体地形明显、气候复杂多样，因而杂草种类繁多，除全国普见性杂草外，还分布着大量的区域性杂草。根据西南药材区杂草形态特征、生长习性和为害特点对这些杂草进行分类，是进行药田杂草研究并实现有效防控的基础和关键。因此，我们对中国西南区道地药材生产过程中的常见药田杂草进行了系统的分类整理，按不同分类标准可将这些杂草划分为不同类别。

3.1　按亲缘关系分类

　　众多的植物种类，是在漫长的进化过程中不断演化而来的，不同植物种类之间亲缘关系远近客观存在。杂草作为植物源生物类型，在进化上不同种类之间也存在一定的亲缘关系，亲缘关系越近的杂草种类，其形态特征、生物学与生态学习性越相近，防控方法也就越相似。

　　依据亲缘关系可以把杂草分为五大类：藻类植物（Algae）、苔藓植物（Bryophyta）、蕨类植物（Pteridophyta）、裸子植物（Gymnospermae）和被子植物（Angiospermae）。其中被子植物占杂草种类的绝大多数。

　　根据现有生物分类系统，不同植物具有不同的分类单位（阶元），即界、门、纲、目、科、属、种（物种），其中物种（species）是最基本的分类单位。按照生物分类阶元，每一种杂草都有自己唯一的分类位置。如：常见杂草藜，隶属于植物界（Plantae）、被子植物门（Angiospermae）、木兰纲（Magnoliopsida）、石竹目（Caryophyllales）、苋科（Amaranthaceae）、藜属（*Chenopodium*）、藜（*Chenopodium album*）；稗隶属于植物界（Plantae）、被子植物门（Angiospermae）、木兰纲（Magnoliopsida）、禾本目（Poales）、禾本科（Poaceae）、稗属（*Echinochloa*）、稗（*Echinochloa crus-galli*）。

3.2　按形态学分类

　　形态学分类是根据杂草的形态特征进行杂草分类的方法。由于多数除草剂可根据防治杂草的形态特征分为阔叶杂草除草剂、禾本科杂草除草剂和莎草科杂草除草剂等几类，因此应用形态学分类可以较好地指导杂草的化学防治。根据形态学分类，农田杂草大致可分为三大类。

　　● **阔叶类杂草：** 包括所有的双子叶杂草及部分单子叶杂草，通常杂草的茎为圆形或四棱形，叶片宽阔，具网状叶脉，叶有柄。如：藜、铁苋菜、龙葵、苍耳、窃衣、野胡萝卜等。

　　● **禾本科杂草：** 即禾本科的杂草，通常茎圆或略扁，具有明显的节和节间，节间中空，叶鞘开张，常有叶舌，胚具1枚子叶，叶片狭窄而长，平行叶脉，叶无柄。如：狗尾草、稗、千金子等。

　　● **莎草科杂草：** 即莎草科的杂草，通常茎为三棱形或扁三棱形，节与节间的区别不明显，茎常实心，叶鞘不开张，无叶舌，胚具1枚子叶，叶片狭窄而长，平行叶脉，叶无柄。如：旋鳞莎草、香附子、水葱、水莎草等。

3.3　按为害程度分类

据联合国粮农组织报道，全世界杂草总数约有 5 万种，其中 8 000 种是农田杂草，危及主要粮食作物的约 250 种，为害最严重的有 76 种，18 种为害极为严重的被称为恶性杂草。

● 为害极其严重杂草

此类杂草多以热带、亚热带及温带为中心而分布，各种杂草都具有难以防治的生态特性，多属于世界恶性杂草或入侵植物种类，为害极其严重，防治困难，被定为恶性杂草。主要有：

（1）香附子 *Cyperus rotundus* L.

（2）狗牙根 *Cynodon dactylon*（L.）Pers.

（3）稗 *Echinochloa crus-galli*（L.）P. Beauv.

（4）光头稗 *Echinochloa colona*（L.）Link

（5）牛筋草 *Eleusine indica*（L.）Gaertn.

（6）石茅 *Sorghum halepense*（L.）Pers.

（7）白茅 *Imperata cylindrica*（L.）P. Beauv.

（8）凤眼莲 *Pontederia crassipes* Mart.

（9）马齿苋 *Portulaca oleracea* L.

（10）藜 *Chenopodium album* L.

（11）马唐 *Digitaria sanguinalis*（L.）Scop.

（12）田旋花 *Convolvulus arvensis* L.

（13）野燕麦 *Avena fatua* L.

（14）绿穗苋 *Amaranthus hybridus* L.

（15）刺苋 *Amaranthus spinosus* L.

（16）空心莲子草 *Alternanthera philoxeroides*（Mart.）Griseb.

（17）两耳草 *Paspalum conjugatum* Berg.

（18）筒轴茅 *Rottboellia cochinchinensis*（Lour.）Clayton

其中，在西南地区较常见的主要有香附子、狗牙根、稗、牛筋草、白茅、马齿苋、藜、马唐、田旋花、刺苋、野燕麦和绿穗苋等 12 种。光头稗常分布于河岸湿地区域；石茅为恶性外来入侵物种，我国控制严格，分布较少；凤眼莲常分布于水生区域；两耳草、筒轴茅常分布于河岸荒地。

● 为害严重杂草

此类杂草虽然群体数量巨大，但仅在局部地区发生或仅在一种或少数几种作物上发生，不易防治，对该地区或该类作物为害严重。为害严重杂草主要有：

（1）葎草 *Humulus scandens*（Lour.）Merr.

（2）卷茎蓼 *Fallopia convolvulus*（L.）Á. Löve

（3）酸模叶蓼 *Persicaria lapathifolia* （L.） Delarbre

（4）小藜 *Chenopodium ficifolium* Smith

（5）反枝苋 *Amaranthus retroflexus* L.

（6）鹅肠菜 *Stellaria aquatica* （L.） Scop.

（7）荠 *Capsella bursa-pastoris* （L.） Medik.

（8）播娘蒿 *Descurainia sophia* （L.） Webb ex Prantl

（9）旋花 *Calystegia sepium* （L.） R. Br.

（10）菟丝子 *Cuscuta chinensis* Lam.

（11）拉拉藤 *Galium spurium* L.

（12）藿香蓟 *Ageratum conyzoides* L.

（13）鳢肠 *Eclipta prostrata* （L.） L.

（14）苍耳 *Xanthium strumarium* L.

（15）眼子菜 *Potamogeton distinctus* A. Bennett

（16）看麦娘 *Alopecurus aequalis* Sobol.

（17）狗尾草 *Setaria viridis* （L.） P. Beauv.

（18）金色狗尾草 *Setaria pumila* （Poiret） Roemer & Schultes.

（19）画眉草 *Eragrostis* pilosa （L.） P. Beauv.

（20）棒头草 *Polypogon fugax* Nees ex Steud.

（21）千金子 *Leptochloa chinensis* （L.） Nees

（22）毒麦 *Lolium temulentum* L.

（23）异型莎草 *Cyperus difformis* L.

（24）早熟禾 *Poa annua* L.

（25）水莎草 *Cyperus serotinus* Rottb.

（26）萤蔺 *Schoenoplectiella juncoides* （Rox.） Lye

（27）扁秆荆三棱 *Bolboschoenus planiculmis* （F. Schmidt） T. V. Egorova

（28）紫露草 *Tradescantia ohiensis* Raf.

● 常见杂草

那些发生频率较高，分布范围较为广泛，对作物有一定危害，但群体数量不大，一般不会成为优势种的杂草被定为常见杂草，在此不再逐一介绍。

● 一般性杂草

除以上 3 种杂草外余下的杂草被划作一般性杂草，这些杂草对作物生长没有危害或危害比较小，分布和发生范围不广。

3.4　按杂草的生物特征分类

主要是根据杂草的生活型和生长习性进行分类。由于少数杂草的生活型随地区及气候条件有变化，故按生活型分类的方法不能十分详尽，但其在杂草生物学、生态学研究及农业生态、化学防治及植物检疫中仍具有重要意义。

首先，按杂草的生活史可以将杂草分为三大类：一年生杂草、二年生杂草和多年生杂草。

● 一年生杂草：一年生杂草在一年中完成从种子萌发到产生种子（下一代）直至死亡的全过程，可分为春季一年生杂草和夏季一年生杂草两大类。春季一年生杂草在春季萌发，经低温春化，初夏开花结实并形成种子，如繁缕、阿拉伯婆婆纳等。夏季一年生杂草在初夏萌发，无须低温春化，经过夏季高温，当年秋季产生种子并成熟越冬，如狗尾草、牛筋草等。

这类杂草都以种子繁殖，幼苗不能越冬。一年生杂草是大田栽培药材杂草的主要类群，种类与数量都很多，主要为害麦冬、川芎、白芷等。

● 二年生杂草：二年生杂草在跨年度中完成生活周期。第一年秋季杂草萌发生长，产生莲座叶丛，耐寒能力强，第二年抽茎、开花、结籽、死亡，如野胡萝卜等。

● 多年生杂草：多年生杂草可存活两年以上，这类杂草不但能结籽传代，而且能通过地下变态器官生存繁殖，一般春季发芽生长，夏秋开花结实，秋冬地上部分枯死，但地下部分存活，次年春可重新抽芽生长。如蒲公英、酸模、车前等，可由种子繁殖，也可切割后由宿根繁殖。匍匐多年生杂草可借球茎、匍匐茎或根状茎等进行繁殖，如空心莲子草、接骨草等。

其次，按茎的性质可将杂草分为草本类杂草和木本类杂草两大类。根据营养方式还可分为自养型杂草和寄生型杂草两大类。寄生型杂草多营寄生生活，从寄主植物上吸收部分或全部所需营养物质，如菟丝子、川桑寄生、列当、锁阳等。

04

第四章

药田杂草的发生规律与防控

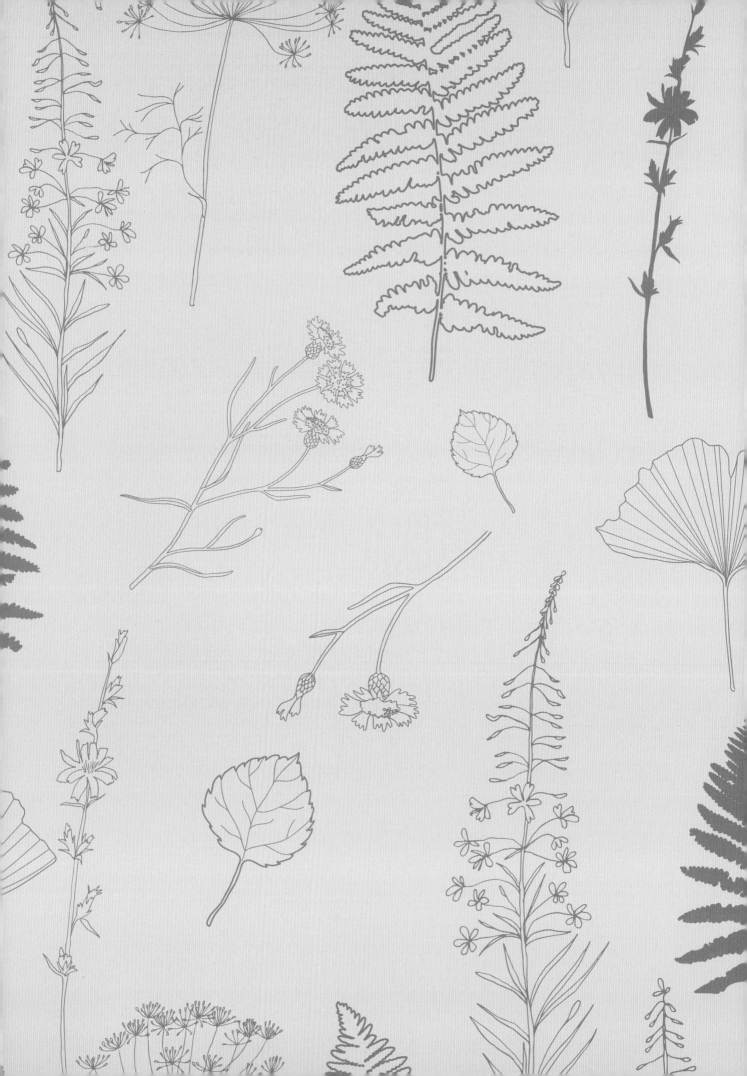

4.1 西南区道地药材草害发生规律

根据《全国道地药材生产基地建设规划（2018—2025年）》，西南道地药材产区包括云南、贵州、四川、重庆等省（市），该区域面积广阔，地形复杂，气候多样，道地药材品种众多，不同品种道地药材具有差异显著的生境需求、生长发育规律与生长周期，各品种在各自生长发育过程中所受的草害发生时间与杂草种类各有差异。下面以西南区几种主要道地药材（生境需求与生长发育规律不同）为例，进行草害发生规律介绍。

黄连： 黄连从种子萌发到移栽，再到黄连收获的整个生长周期共6年，可划分为4个阶段。种苗时期，即为移栽前和移栽不足1年的黄连；生育前期，移栽1~2年的黄连；生育中期，移栽3~4年的黄连；生育后期，移栽5年后的黄连。黄连在种苗时期与生育前期植株矮小，生长势较弱，受草害影响最为严重。

云木香： 在海拔1 680 m区域种植，3月中旬至4月中旬播种，15~30 d开始出苗，25~40 d为出苗盛期，当年只长出较大的叶片。从第2年开始开花结果，第3年盛花盛果且秋季十月采收。云木香从第1年的2月下旬播种，到3月中旬出苗再到11月枯萎倒苗，有效生育期约8个月；第2、第3年有效生育期同第1年。从第1年2月下旬播种至第3年10月收获，占地时间约33个月。云木香在第1年与第2年苗期易受草害干扰。

白术： 白术为种子繁殖，生长周期为2年，第1年播种育苗，第2年移栽、培育、收获。草害主要发生在第1年的苗期、第2年或移栽后地上部分封行之前。

款冬花： 款冬为多年生草本，属菊科千里光族款冬属，花蕾入药，一般栽培后当年立冬即可收获。生产上一般早春栽种，4月出苗展叶，6月苗出齐，9月地上茎叶基本停止生长，花芽开始分化，10月下旬至11月收获，海拔较低处也可于第2年土壤解冻后采收。一般亩产干花30 kg左右。草害主要发生在春季和夏初（6月底）地上部分封行之前。

党参： 桔梗科党参属多年生草本，抗寒、抗旱、适应性强。苗期喜湿润凉爽环境；大苗喜光，高温高湿易烂根。有种子直播和育苗移栽2种栽培方式。党参种子无休眠期，易发芽，第一年参根主要以伸长生长为主，可长到15~30 cm，第2~5年参根以增粗生长为主。种子直播生长年限长（3~5年），但产品质量好；育苗移栽生长周期短，但根易分枝。生产上多采用育苗移栽。党参苗期生长缓慢，冬春播种后至夏季植株可长至10~15 cm，第2年以后才表现出缠绕特征，地上部分最长可达2~3 m，第2年形成2个茎，以后几年可增加到5~15个茎。草害主要发生在第1年的苗期、第2年或移栽后第1年冠层封行之前。

小茴香： 伞形科植物茴香的干燥果实。小茴香为长日照、半耐寒、耐旱、喜冷凉的双子叶春性作物，出苗后生育期65~85 d，生育进程快，适应性较强。其草害主要发生在播种后的苗期至地上部分封行之前。

半夏： 天南星科半夏属多年生草本，干燥肉质块茎入药，具有燥湿化痰、降逆止呕、消痞散结之功效。半夏忌旱怕涝，耐阴惧晒，当外界环境发生明显变化时，半夏地上部分会枯黄倒伏，俗称"倒苗"，是半夏抵御不良环境的一种休眠。半夏为浅根性作物，喜肥、喜温和、喜湿润气候和荫蔽环境。在生产上半夏以块茎或株芽繁殖，也可用种子繁殖。种子繁殖 2 年后采收。块茎繁殖当年采收，选用直径约 0.5 cm 的块茎作种，春季栽培，秋冬块茎枯萎后采收。半夏植株矮小，全年易受草害侵扰，以春夏最为严重。

4.2　药田杂草防治策略

人工除草，对药材质量没有人为影响，但是成本太高、效率太低，大规模种植条件下选择人工除尽药田杂草几乎是不可能完成的任务。机械除草省人工、效率高，对中药材的质量也几乎没有影响。大面积、平整土地种植应以机械除草为首选。然而，中药材生长环境复杂，尤其是在很多边角坡地上，机械除草很难开展，面对疯长的杂草，有时专用除草剂是非常好的选择。因此，中药材种植过程中的药田杂草防治工作，应结合多种措施综合开展，防治的最主要策略应为"预防为主，多种措施综合防治"。

4.3　药田草害诊断与防治

药用植物种类多、栽培地域广、生长发育规律差异性大，导致药用植物杂草异常繁多。实际生产中往往存在一种药用植物受到多种杂草的威胁和一种杂草为害多种药用植物的情况，因此很难选用某种单一方法控制某类药用植物杂草。另外，不同药用植物生长周期差异大，田间管理措施不同，也给除草方法的选择带来了很大困难。因此，针对不同药用植物生产过程中的杂草防治要区别对待。在进行药用植物杂草防除时，要注意以下几点：

（1）强化植物检疫，在药用植物种苗和产品的销售、运输过程中实行严格植物检疫制度，防止杂草从国外传入我国，防止杂草从已发生地传入未发生地。

（2）对于药用植物杂草控制，人工除草和机械除草应是首选方法，尽量少使用化学除草剂，不得不使用时也要选择低毒、低残留的除草剂，同时尽可能减少施药次数。

（3）防治杂草时，要根据药用植物生长发育规律，综合考虑杂草防治时机和方法。例如玄参，通常在幼苗阶段更易受到杂草侵扰，且玄参根系浅，所以适合在播前封闭控草，结合中耕人工拔除，注意除草次数要少、深度要浅，植株封行后杂草不易生长，就不必进行除草活动。

（4）药用植物栽培前或者播种前是除草的重要时机，首先应保证播种前药材栽培地无杂草，具体可利用深翻或者使用低毒化学除草剂进行土壤处理。另外，要精选种子，保证种子中不混杂杂草种子，使用腐熟有机肥，减少肥料中杂草种子萌发量。

4.4　药田草害绿色防控技术

杂草防控是将杂草对人类生产和经济活动的有害性降低到人们能够承受的范围之内。杂草的防控并不是消灭杂草，而是在一定的范围内控制杂草，"除草务尽"不管是从经济学，还是从生态学观点来看，都是既没必要也不可能的。"预防为主，综合防治"这一植保工作的指导思想同样适用于中药材杂草的防控工作，目前常用的杂草绿色防控方法主要有物理防治、农业防治、生态防治和生物防治等。

4.4.1 物理防治

物理防治是指利用物理性措施或物理性作用力，如机械、人工等，导致杂草个体或器官受伤、受抑制或致死的杂草防除方法。可根据草情、气候、土壤和人类生产的特点等条件，运用人工、机械、其他物理方法等手段，因地制宜地适时防治杂草。物理防治具有对药材作物、环境等安全的优点，同时还兼有松土、培土、追肥等有益作用。

（1）人工除草。

人工除草是通过人工拔除、刈割等措施来有效治理杂草的方法，也是一种最原始、最简便的除草方法。无论是手工拔草，还是用锄、犁、耙等除草，都很费工费时，劳动强度大，除草效率低。但是，目前人工除草在不发达地区仍是主要的除草手段，在有些发达地区，某些特种作物也以人工除草为主。

（2）机械方法。

机械除草是在作物生长的适宜阶段，根据杂草发生和为害的情况，运用机械驱动的除草机械进行除草的方法。除草机械显著提高了除草劳动效率，用工少、功效高，还降低了成本，不污染环境。但是，由于机械除草过程中机器轮子碾压土地，易造成土壤板结，影响作物根系的生长发育，因而机械除草多用于粗放生产的农区的大面积田块中。

（3）其他物理方法。

其他物理方法是指除人工、机械除草外，利用其他物理方法进行药田除草的方法，包括火力除草，电力除草，农用薄膜、除草布、秸秆等覆盖抑草等治草方法。其中农业薄膜覆盖抑草方法已广泛应用于棉花、玉米、大豆和蔬菜等大田作物中，常规无色薄膜覆盖具有保湿、增温、部分抑制杂草的生长发育的作用。近年来兴起的有色薄膜覆盖，对杂草幼苗生长、杂草成株的光合作用具有显著抑制效果。除草布广泛应用于果树与蔬菜栽培生产中，同样适用于药材栽培生产。尤其是可降解型生态除草布，其透水、透气但避光保温的性能，为药材除草提供了新方法，广泛适用于多年生高秆药材的田间杂草防治。利用作物秸秆、松针等介质覆盖抑草也是药材栽培生产中杂草防治的重要方法，如利用水稻秸秆进行百合栽后至出苗前期的杂草防治，效果良好，既能保湿，也能明显抑制药田杂草萌发。

4.4.2 农业防治

农业防治是指利用农田耕作、栽培技术和田间管理措施等控制和减少农田土壤中杂草种子基数，抑制杂草的成苗和生长，减轻草害，降低农作物产量和质量损失的杂草防治方法。农业防治是杂草防控中重要和首要的一环，其优点是对作物和环境安全，不会造成任何污染，联合作业时，成本低、易掌握、可操作性强，但是也难以从根本上控制杂草的侵害。

防止杂草种子入侵农田是最现实和最经济有效的防治草害的措施。杂草种子侵入农田的途径是多方面的，归纳起来可分为人为和自然两个方面，因此，要防止杂草种子入侵农田就必须：

（1）确保不使用含有杂草种子的优良作物种子、肥料和器械等；

（2）防止田间杂草产生种子；

（3）防止可营养繁殖的多年生杂草在田间扩散和传播。

在农业生产活动中，土地耕耙、镇压或覆盖，以及水旱轮作等均能有效地抑制或防治草害，可以根据作物种类、栽培方式、气候条件和种植制度等的差异综合考虑，合理配套运用上述农业措施，以发挥农业防治最大的作用。

4.4.3 生态防治

生态防治是指在充分研究认识杂草的生物学特征、杂草的群落组成和动态以及"药材－杂草"生态系统特性的基础上，利用生物的、耕作的、栽培的技术等限制杂草的发生、生长和为害，维持和促进作物生长和高产，同时对环境安全无害的杂草防除方法，主要有化感作用治草、以草治草和利用作物竞争性治草几种方式。

化感作用治草是利用某些植物及其产生的有毒分泌物抑制或防治杂草的方法。例如将豆科植物小冠花种植在公路斜坡或沟渠旁，使其覆盖地面生长，可以防止杂草蔓延。

以草治草是指作物种植前在整块田上，或作物种植后在田间混种、间（套）种可利用的草本植物（替代植物），达到防治杂草目的的方法。改裸地栽培为草地栽培，确保在作物生长的前期到中期，田间不出现大片空白裸地，避免被杂草侵占，减少杂草的为害。

利用作物竞争性治草是选用优良品种，早播早管，培育壮苗，提高作物个体和群体的竞争能力，使作物能充分利用光、水、肥、气和土壤空间，降低杂草对相关资源的竞争利用率，达到控制或抑制杂草生长目的的方法。

4.4.4 生物防治

生物防治是指利用不利于杂草生长的生物天敌，像某些昆虫、病原真菌、细菌、病毒、线虫、食草动物或其他高等植物等来控制杂草的发生、生长蔓延和为害的杂草防除方法。生物防治相比化学除草具有不污染环境、不产生药害、经济效益高等优点，比农业防治、物理防治更简便。

在杂草生物防治作用物的搜集和有效天敌的筛选过程中，必须坚持"安全、有效、高致病力"的标准。在实行生物防治的过程中，不论是本地发现的天敌，还是外地发现的天敌，都必须严格按照有关程序引进和投放，特别需要做的就是寄主专一性和安全性测试，通过这种测试来明确天敌除能够作用于目标杂草外，对其他生物是否存在潜在的有害性。通过测试，在明确应用安全性后，才能进行杂草天敌的释放。

05

中国西南区道地药材主产地常见杂草名录

5.1 道地药材原产地生产价值

中药材是因含有生物活性成分而供我国城乡居民防病和治病的一种特殊商品；道地中药材是经过中医长期的临床应用优选出来、产在特定地域、品质更优和疗效更好，且质量稳定、具有较高知名度的药材。中药材栽培尤其是道地中药材栽培生产对于保证我国人民的身体健康具有重要意义。在中药材栽培生产过程中，药田杂草常与中药材争夺光照、水分、养分和生长空间，也是很多病虫害的中间寄主，极易加重中药材病虫害的发生频率与为害程度，直接或间接影响中药材产品的产量和品质而形成草害。在药田杂草的防除中，化学除草具有高效、省工和省力等特点，但一是中药材上登记除草剂产品较少，二是单一的化学除草常因药害和农残问题而造成中药材产品安全性下降，所以化学除草在中药材生产中并不常用。因此，只有全面掌握我国主要道地药材产区杂草种类，群落特征和发生规律，遵循生态学原理综合利用各种农业措施进行药田杂草的科学防控，才能降低药田草害并保证药材产量品质。

5.2 西南区道地药材品种

《全国道地药材生产基地建设规划（2018—2025 年）》按照因地制宜、分类指导、突出重点的思路，将全国道地药材基地划分为东北道地药材产区、华北道地药材产区、华东道地药材产区、华中道地药材产区、华南道地药材产区、西南道地药材产区、西北道地药材产区七大区域。其中，西南道地药材产区自古就是我国道地中药材的最主要生产区域，本区域生态环境和气候多样，药材资源丰富，地带性或区域性分布特征明显，所产药材近千种，种植面积约占全国的 25%。在该区域，青藏高原的虫草、川贝母，文山的三七，石柱的黄连，滇南的诃子、儿茶，滇北的云茯苓、云木香，酉阳的青蒿，大方的天麻，以及贵州多个地区的杜仲、天冬、吴茱萸等药材，都是国内外著名的中药材。

5.3 西南区道地药材杂草种类统计

自 2017 年国家中药材产业技术体系建立以来，西南大学中药材草害防控岗位科学家团队在中药材产业技术体系的支持下，率先开展了对中国西南区主要道地药材栽培地的杂草种类、草害发生规律的调查，经过多年的系统调查整理，共得到常见药田杂草种类 54 科 368 种，包括苔藓植物门 1 科 1 种、蕨类植物门 8 科 15 种，以及被子植物门 45 科 352 种，其中包括双子叶植物纲 42 科 288 种、单子叶植物纲 3 科 64 种，形成了中国西南区道地药材主产地常见杂草名录。

表 1 中国西南区道地药材主产地常见杂草分类统计表

一. 苔藓植物门 Bryophyta		1 科 1 种	
二. 蕨类植物门 Pteridophyta		8 科 15 种	
三. 被子植物门 Angiospermae		45 科 352 种	
（一）双子叶植物纲 Dicotyledoneae		42 科 288 种	
1. 爵床科 Acanthaceae	2 种	22. 野牡丹科 Melastomataceae	4 种
2. 苋科 Amaranthaceae	8 种	23. 桑科 Moraceae	3 种
3. 紫草科 Boraginaceae	6 种	24. 紫茉莉科 Nyctaginaceae	1 种
4. 马齿苋科 Portulacaceae	2 种	25. 柳叶菜科 Onagraceae	2 种
5. 忍冬科 Caprifoliaceae	1 种	26. 酢浆草科 Oxalidaceae	2 种
6. 石竹科 Caryophyllaceae	8 种	27. 罂粟科 Papaveraceae	3 种
7. 藜科 Chenopodiaceae	6 种	28. 商陆科 Phytolaccaceae	2 种
8. 菊科 Asteraceae	60 种	29. 车前科 Plantaginaceae	2 种
9. 旋花科 Convolvulaceae	6 种	30. 蓼科 Polygonaceae	20 种
10. 景天科 Crassulaceae	6 种	31. 毛茛科 Ranunculaceae	8 种
11. 十字花科 Brassicaceae	10 种	32. 蔷薇科 Rosaceae	5 种
12. 葫芦科 Cucurbitaceae	2 种	33. 茜草科 Rubiaceae	4 种
13. 大戟科 Euphorbiaceae	12 种	34. 三白草科 Saururaceae	1 种
14. 龙胆科 Gentianaceae	3 种	35. 虎耳草科 Saxifragaceae	2 种
15. 牻牛儿苗科 Geraniaceae	2 种	36. 玄参科 Scrophulariaceae	7 种
16. 藤黄科 Guttiferae	4 种	37. 茄科 Solanaceae	6 种
17. 唇形科 Lamiaceae	20 种	38. 伞形科 Apiaceae	8 种
18. 豆科 Fabaceae	20 种	39. 荨麻科 Urticaceae	8 种
19. 亚麻科 Linaceae	2 种	40. 马鞭草科 Verbenaceae	3 种
20. 千屈菜科 Lythraceae	4 种	41. 堇菜科 Violaceae	5 种
21. 锦葵科 Malvaceae	4 种	42. 葡萄科 Vitaceae	4 种
（二）单子叶植物纲 Monocotyledoneae		3 科 64 种	
43. 鸭跖草科 Commelinaceae	4 种	45. 禾本科 Poaceae	42 种
44. 莎草科 Cyperaceae	18 种		

表 2　中国西南区道地药材主产地常见杂草数量统计排序

序号	科别	种类/个	序号	科别	种类/个
1	菊科 Asteraceae	60	24	锦葵科 Malvaceae	4
2	禾本科 Poaceae	42	25	野牡丹科 Melastomataceae	4
3	豆科 Fabaceae	20	26	茜草科 Rubiaceae	4
4	唇形科 Lamiaceae	20	27	葡萄科 Vitaceae	4
5	蓼科 Polygonaceae	20	28	鸭跖草科 Commelinaceae	4
6	莎草科 Cyperaceae	18	29	桑科 Moraceae	3
7	大戟科 Euphorbiaceae	12	30	龙胆科 Gentianaceae	3
8	十字花科 Brassicaceae	10	31	罂粟科 Papaveraceae	3
9	荨麻科 Urticaceae	8	32	马鞭草科 Verbenaceae	3
10	苋科 Amaranthaceae	8	33	柳叶菜科 Onagraceae	2
11	石竹科 Caryophyllaceae	8	34	爵床科 Acanthaceae	2
12	毛茛科 Ranunculaceae	8	35	马齿苋科 Portulacaceae	2
13	伞形科 Apiaceae	8	36	葫芦科 Cucurbitaceae	2
14	玄参科 Scrophulariaceae	7	37	牻牛儿苗科 Geraniaceae	2
15	茄科 Solanaceae	6	38	亚麻科 Linaceae	2
16	紫草科 Boraginaceae	6	39	酢浆草科 Oxalidaceae	2
17	藜科 Chenopodiaceae	6	40	商陆科 Phytolaccaceae	2
18	旋花科 Convolvulaceae	6	41	车前科 Plantaginaceae	2
19	景天科 Crassulaceae	6	42	虎耳草科 Saxifragaceae	2
20	蔷薇科 Rosaceae	5	43	忍冬科 Caprifolianceae	1
21	堇菜科 Violaceae	5	44	紫茉莉科 Nyctaginaceae	1
22	藤黄科 Guttiferae	4	45	三白草科 Saururaceae	1
23	千屈菜科 Lythraceae	4			

5.4 中国西南区道地药材主产地药田主要杂草名录

一、苔藓植物门 Bryophyta（1 科 1 种）[①]

1. 地钱科 Marchantiaceae（1 种）

（1）地钱 *Marchantia polymorpha* L.

二、蕨类植物门 Pteridophyta（8 科 15 种）[②]

1. 木贼科 Equisetaceae（4 种）

（1）犬问荆 *Equisetum palustre* L.

（2）问荆 *Equisetum arvense* L.

（3）木贼 *Equisetum hyemale* L.

（4）节节草 *Equisetum ramosissimum* Desf.

2. 海金沙科 Lygodliaceae（1 种）

（1）海金沙 *Lygodium japonicum*（Thunb.）Sw.

3. 碗蕨科 Dennstaedtiaceae（2 种）

（1）假粗毛鳞盖蕨 *Microlepia pseudostrigosa* Makino

（2）蕨 *Pteridium aquilinum* var. *latiusculum*（Desv.）Underw.ex Heller

4. 鳞始蕨科 Lindsaeaceae（1 种）

（1）乌蕨 *Odontosoria chinensis* J. Sm.

5. 凤尾蕨科 Pteridaceae（3 种）

（1）欧洲凤尾蕨 *Pteris cretica* L.

（2）蜈蚣凤尾蕨 *Pteris vittata* L.

（3）井栏边草 *Pteris multifida* Poir.

6. 中国蕨科 Sinopteridaceae（1 种）

（1）金粉蕨 *Onychium siliculosum*（Desv.）C. Chr.

7. 金星蕨科 Thelypteridaceae（2 种）

（1）渐尖毛蕨 *Cyclosorus acuminatus*（Houtt.）Nakai

（2）针毛蕨 *Macrothelypteris oligophlebia*（Bak.）Ching

8. 鳞毛蕨科 Dryopteridaceae（1 种）

（1）贯众 *Cyrtomium fortunei* J. Sm.

[①] 苔藓植物参照 Frey（2009）系统进行分类。
[②] 蕨类植物参照秦仁昌（1978）系统进行分类。

三、被子植物门 Angiospermae（45 科 352 种）^①

（一）双子叶植物纲 Dicotyledoneae（42 科 288 种）

1. 爵床科 Acanthaceae（2 种）

（1）水蓑衣 *Hygrophila ringens*（Linnaeus）R. Brown ex Sprengel

（2）爵床 *Justicia procumbens* Linnaeus

2. 苋科 Amaranthaceae（8 种）

（1）土牛膝 *Achyranthes aspera* L.

（2）空心莲子草 *Alternanthera philoxeroides*（Mart.）Griseb.

（3）青葙 *Celosia argentea* L.

（4）绿穗苋 *Amaranthus hybridus* L.

（5）反枝苋 *Amaranthus retroflexus* L.

（6）刺苋 *Amaranthus spinosus* L.

（7）苋 *Amaranthus blitum* L.

（8）凹头苋 *Amaranthus blitum* L.

3. 紫草科 Boraginaceae（6 种）

（1）斑种草 *Bothriospermum chinense* Bun.

（2）紫草 *Lithospermum erythrorhizon* Sieb. et Zucc.

（3）附地菜 *Trigonotis peduncularis*（Trev.）Benth. ex Baker & S. Moore

（4）盾果草 *Thyrocarpus sampsonii* Hance

（5）田紫草 *Lithospermum arvense* L.

（6）琉璃草 *Cynoglossum furcatum* Wall.

4. 马齿苋科 Portulacaceae（2 种）

（1）马齿苋 *Portulaca oleracea* L.

（2）土人参 *Talinum paniculatum*（Jacq.）Gaertn.

5. 忍冬科 Caprifolianceae（1 种）

（1）接骨草 *Sambucus javanica* Reinw.ex Blume

6. 石竹科 Caryophyllaceae（8 种）

（1）无心菜 *Arenaria serpyllifolia* L.

（2）簇生泉卷耳 *Cerastium fontanum* subsp. *vulgare*（Hartman）Greuter & Burdet

（3）卷耳 *Cerastium arvense* subsp. *strictum* Gaudin

（4）繁缕 *Stellaria media*（L.）Villars

（5）鹅肠菜 *Stellaria aquatica*（L.）Scop.

---

① 被子植物参照克朗奎斯特系统进行分类。

（6）雀舌草 *Stellaria alsine* Grimm

（7）漆姑草 *Sagina japonica* （Sw.）Ohwi

（8）麦瓶草 *Silene Conoidea* L.

7. 藜科 Chenopodiaceae（6 种）

（1）藜 *Chenopodium album* L.

（2）小藜 *Chenopodium ficifolium* Sm.

（3）灰绿藜 *Oxybasis glauca* （L.）S. Fuentes，Uotila & Borsch

（4）土荆芥 *Dysphania ambrosioides* （Linnaeus）Mosyakin & Clemants

（5）菊叶香藜 *Dysphania schraderiana* （Roemer & Schultes）Mosyakin & Clemants

（6）杖藜 *Chenopodium giganteum* D. Don

8. 菊科 Asteraceae（60 种）

（1）下田菊 *Adenostemma lavenia*（L.）Kuntze

（2）藿香蓟 *Ageratum conyzoides* L.

（3）长穗兔儿风 *Ainsliaea henryi* Diels

（4）香青 *Anaphalis sinica* Hance

（5）尼泊尔香青 *Anaphalis nepalensis* （Spreng.）Hand. -Mazz.

（6）牛蒡 *Arctium lappa* L.

（7）黄花蒿 *Artemisia annua* L.

（8）青蒿 *Artemisia caruifolia* Buch.-Ham. ex Roxb.

（9）艾 *Artemisia argyi* H. Lév. & Van.

（10）茵陈蒿 *Artemisia capillaris* Thunb.

（11）牡蒿 *Artemisia japonica* Thunb.

（12）牛尾蒿 *Artemisia dubia* Wall. ex Bess.

（13）钻叶紫菀 *Symphyotrichum subulatum* （Michx.）G. L. Nesom

（14）鬼针草 *Bidens pilosa* L.

（15）狼耙草 *Bidens tripartita* L.

（16）翠菊 *Callistephus chinensis* （L.）Nees

（17）天名精 *Carpesium abrotanoides* L.

（18）烟管头草 *Carpesium cernuum* L.

（19）暗花金挖耳 *Carpesium triste* Maxim.

（20）石胡荽 *Centipeda minima* （L.）A. Br. & Asch.

（21）矢车菊 *Centaurea cyanus* L.

（22）菊苣 *Cichorium intybus* L.

（23）刺儿菜 *Cirsium arvense* var. *integrifolium* Wimm. & Grabowski

（24）香丝草 *Erigeron bonariensis* L.

（25）小蓬草 *Erigeron canadensis* L.

（26）白酒草 *Eschenbachia japonica* （Thunb.） J. Kost.

（27）苏门白酒草 *Erigeron sumatrensis* Retz.

（28）芫荽菊 *Cotula anthemoides* L.

（29）野茼蒿 *Crassocephalum crepidioides* （Benth.） S. Moore

（30）鱼眼草 *Dichrocephala integrifolia* （Linnaeus f.） Kuntze

（31）小鱼眼草 *Dichrocephala benthamii* C. B. Clarke

（32）鳢肠 *Eclipta prostrata* （L.） L.

（33）一点红 *Emilia sonchifolia* （L.） DC.

（34）一年蓬 *Erigeron annuus* （L.） Pers.

（35）紫茎泽兰 *Ageratina adenophora* （Sprengel） R. M. King & H. Robinson

（36）牛膝菊 *Galinsoga parviflora* Cav.

（37）鼠曲草 *Pseudognaphalium affine* （D. Don） Anderberg

（38）田基黄 *Grangea maderaspatana* （L.） Poir.

（39）泥胡菜 *Hemisteptia lyrata* （Bunge） Fischer & C. A. Meyer

（40）阿尔泰狗娃花 *Aster altaicus* Willd.

（41）中华苦荬菜 *Ixeris chinensis* （Thunb.） Nakai

（42）苦荬菜 *Ixeris polycephala* Cass. ex DC

（43）尖裂假还阳参 *Crepidiastrum sonchifolium* （Bunge） Pak & Kawano

（44）苦苣菜 *Sonchus oleraceus* L.

（45）续断菊 *Sonchus asper* （L.） Hill

（46）苣荬菜 *Sonchus wightianus* DC.

（47）马兰 *Aster indicus* L.

（48）稻槎菜 *Lapsanastrum apogonoides* （Maxim.） Pak & K. Bremer

（49）掌叶橐吾 *Ligularia przewalskii* （Maxim.） Diels

（50）橐吾 *Ligularia sibirica* （L.） Cass.

（51）银胶菊 *Parthenium hysterophorus* L.

（52）毛连菜 *Picris hieracioides* L.

（53）狗舌草 *Tephroseris kirilowii* （Turcz. ex DC.） Holub

（54）蒲儿根 *Sinosenecio oldhamianus* （Maxim.） B. Nord.

（55）千里光 *Senecio scandens* Buch.-Ham. ex D. Don

（56）豨莶 *Sigesbeckia orientalis* Linnaeus

（57）蒲公英 *Taraxacum mongolicum* Hand.-Mazz.

（58）夜香牛 *Cyanthillium cinereum* （L.）H. Rob.

（59）苍耳 *Xanthium strumarium* L.

（60）黄鹌菜 *Youngia japonica* （L.）DC.

9. 旋花科 Convolvulaceae （6 种）

（1）旋花 *Calystegia sepium* （L.）R. Br.

（2）田旋花 *Convolvulus arvensis* L.

（3）圆叶牵牛 *Ipomoea purpurea* （L.）Roth

（4）南方菟丝子 *Cuscuta australis* R. Br.

（5）菟丝子 *Cuscuta chinensis* Lam.

（6）马蹄金 *Dichondra micrantha* Urban

10. 景天科 Crassulaceae （6 种）

（1）珠芽景天 *Sedum bulbiferum* Makino

（2）细叶景天 *Sedum elatinoides* Franch.

（3）凹叶景天 *Sedum emarginatum* Migo

（4）垂盆草 *Sedum sarmentosum* Bunge

（5）佛甲草 *Sedum lineare* Thunb.

（6）费菜 *Phedimus aizoon* （Linnaeus）'t Hart

11. 十字花科 Brassicaceae （10 种）

（1）拟南芥 *Arabidopsis thaliana* （L.）Heynh.

（2）荠 *Capsella bursa-pastoris* （L.）Medik.

（3）粗毛碎米荠 *Cardamine hirsuta* L.

（4）播娘蒿 *Descurainia sophia* （L.）Webb ex Prantl

（5）小花糖芥 *Erysimum cheiranthoides* L.

（6）独行菜 *Lepidium apetalum* Willd.

（7）豆瓣菜 *Nasturtium officinale* R. Br. ex W. T. Aiton

（8）诸葛菜 *Orychophragmus violaceus* （Linnaeus）O. E. Schulz.

（9）蔊菜 *Rorippa indica* （L.）Hiern

（10）菥蓂 *Thlaspi arvense* L.

12. 葫芦科 Cucurbitaceae （2 种）

（1）马㼟儿 *Zehneria japonica* （Thunberg）H. Y. Liu

（2）纽子瓜 *Zehneria bodinieri* （H. Léveillé）W. J. de Wilde & Duyfjes

13. 大戟科 Euphorbiaceae （12 种）

（1）铁苋菜 *Acalypha australis* L.

（2）裂苞铁苋菜 *Acalypha supera* Forsskal

（3）一品红 *Euphorbia pulcherrima* Willd. ex Klotzsch

（4）泽漆 *Euphorbia helioscopia* L.

（5）飞扬草 *Euphorbia hirta* L.

（6）地锦草 *Euphorbia humifusa* Willd. ex Schltdl

（7）通奶草 *Euphorbia hypericifolia* L.

（8）大戟 *Euphorbia pekinensis* Rupr.

（9）斑地锦草 *Euphorbia maculata* L.

（10）千根草 *Euphorbia thymifolia* L.

（11）蜜甘草 *Phyllanthus ussuriensis* Rupr. & Maxim.

（12）叶下珠 *Phyllanthus urinaria* L.

14. 龙胆科 Gentianaceae（3 种）

（1）深红龙胆 *Gentiana rubicunda* Franch.

（2）鳞叶龙胆 *Gentiana squarrosa* Ledeb.

（3）獐牙菜 *Swertia bimaculata*（Sieb. & Zucc.）Hook. f. & Thoms. ex C. B. Clarke

15. 牻牛儿苗科 Geraniaceae（2 种）

（1）野老鹳草 *Geranium carolinianum* L.

（2）尼泊尔老鹳草 *Geranium nepalense* Sweet

16. 藤黄科 Clusiaceae（4 种）

（1）元宝草 *Hypericum sampsonii* Hance

（2）地耳草 *Hypericum japonicum* Thunb. ex Murray

（3）遍地金 *Hypericum wightianum* Wall. ex Wight & Arn.

（4）贯叶连翘 *Hypericum perforatum* L.

17. 唇形科 Lamiaceae（20 种）

（1）金疮小草 *Ajuga decumbens* Thunb.

（2）紫背金盘 *Ajuga nipponensis* Makino

（3）水棘针 *Amethystea caerulea* L.

（4）风轮菜 *Clinopodium chinense*（Benth.）Kuntze

（5）寸金草 *Clinopodium megalanthum*（Diels）C. Y. Wu & S. J. Hsuan ex H. W. Li

（6）香薷 *Elsholtzia ciliata*（Thunb.）Hyland.

（7）活血丹 *Glechoma longituba*（Nakai）Kupr.

（8）夏至草 *Lagopsis supina*（Steph.）Ik.– Gal.

（9）宝盖草 *Lamium amplexicaule* L.

（10）益母草 *Leonurus japonicus* Houttuyn

（11）薄荷 *Mentha canadensis* Linnaeus

（12）心叶荆芥 *Nepeta fordii* Hemsl.

（13）牛至 *Origanum vulgare* L.

（14）紫苏 *Perilla frutescens* （L.） Britt.

（15）夏枯草 *Prunella vulgaris* L.

（16）荔枝草 *Salvia plebeia* R. Br.

（17）云南鼠尾草 *Salvia yunnanensis* C. H. Wright

（18）半枝莲 *Scutellaria barbata* D. Don

（19）韩信草 *Scutellaria indica* L.

（20）针筒菜 *Stachys oblongifolia* Benth.

18. 豆科 Fabaceae （20 种）

（1）合萌 *Aeschynomene indica* L.

（2）紫云英 *Astragalus sinicus* L.

（3）虫豆 *Cajanus crassus* （Prain ex King） Maesen

（4）决明 *Senna tora* （Linnaeus） Roxburgh

（5）长萼猪屎豆 *Crotalaria calycina* Schrank

（6）鸡眼草 *Kummerowia striata* （Thunb.） Schindl.

（7）牧地山黧豆 *Lathyrus pratensis* L.

（8）中华胡枝子 *Lespedeza chinensis* G. Don

（9）截叶铁扫帚 *Lespedeza cuneata* （Dum. Cours.） G. Don

（10）葛 *Pueraria montana* var. *lobata* （Ohwi） Maesen & S. M. Almeida

（11）百脉根 *Lotus corniculatus* L.

（12）苜蓿 *Medicago sativa* L.

（13）天蓝苜蓿 *Medicago lupulina* L.

（14）黄香草木樨 *Melilotus officinalis* Pall.

（15）含羞草 *Mimosa pudica* L.

（16）鹿藿 *Rhynchosia volubilis* Lour.

（17）红车轴草 *Trifolium pratense* L.

（18）白车轴草 *Trifolium repens* L.

（19）小巢菜 *Vicia hirsuta* （L.） Gray

（20）野豌豆 *Vicia sepium* L.

19. 亚麻科 Linaceae （2 种）

（1）野亚麻 *Linum stelleroides* Planch.

（2）石海椒 *Reinwardtia indica* Dum.

20. 千屈菜科 Lythraceae（4 种）

（1）水苋菜 *Ammannia baccifera* L.

（2）千屈菜 *Lythrum salicaria* L.

（3）节节菜 *Rotala indica*（Willd.）Koehne

（4）圆叶节节菜 *Rotala rotundifolia*（Buch.–Ham. ex Roxb.）Koehne

21. 锦葵科 Malvaceae（4 种）

（1）苘麻 *Abutilon theophrasti* Medikus

（2）野西瓜苗 *Hibiscus trionum* L.

（3）冬葵 *Malva verticillata* var. *crispa* Linnaeus

（4）地桃花 *Urena lobata* L.

22. 野牡丹科 Melastomataceae（4 种）

（1）异药花 *Fordiophyton faberi* Stapf

（2）地棯 *Melastoma dodecandrum* Lour.

（3）印度野牡丹 *Melastoma malabathricum* Linnaeus

（4）偏瓣花 *Plagiopetalum esquirolii*（H. Lévl.）Rehd.

23. 桑科 Moraceae（3 种）

（1）水蛇麻 *Fatoua villosa*（Thunb.）Nakai

（2）地果 *Ficus tikoua* Bur.

（3）葎草 *Humulus scandens*（Lour.）Merr.

24. 紫茉莉科 Nyctaginaceae（1 种）

（1）紫茉莉 *Mirabilis jalapa* L.

25. 柳叶菜科 Onagraceae（2 种）

（1）柳叶菜 *Epilobium hirsutum* L.

（2）丁香蓼 *Ludwigia prostrata* Roxb.

26. 酢浆草科 Oxalidaceae（2 种）

（1）酢浆草 *Oxalis corniculata* L.

（2）红花酢浆草 *Oxalis corymbosa* DC.

27. 罂粟科 Papaveraceae（3 种）

（1）紫堇 *Corydalis edulis* Maxim.

（2）地锦苗 *Corydalis sheareri* S. Moore

（3）小花黄堇 *Corydalis racemosa*（Thunb.）Pers.

28. 商陆科 Phytolaccaceae（2 种）

（1）商陆 *Phytolacca acinosa* Roxb.

（2）垂序商陆 *Phytolacca americana* L.

29. 车前科 Plantaginaceae（2 种）

（1）车前 *Plantago asiatica* L.

（2）大车前 *Plantago major* L.

30. 蓼科 Polygonaceae（20 种）

（1）金荞麦 *Fagopyrum dibotrys*（D. Don）Hara

（2）苦荞麦 *Fagopyrum tataricum*（L.）Gaertn.

（3）翼蓼 *Pteroxygonum giraldii* Damm. & Diels

（4）两栖蓼 *Persicaria amphibia*（L.）Gray

（5）萹蓄 *Polygonum aviculare* L.

（6）毛蓼 *Persicaria barbata*（L.）H. Hara

（7）丛枝蓼 *Persicaria posumbu*（Buch.-Ham. ex D. Don）H. Gross

（8）火炭母 *Persicaria chinensis*（L.）H. Gross

（9）虎杖 *Reynoutria japonica* Houtt.

（10）水蓼 *Persicaria hydropiper*（L.）Spach

（11）蚕茧草 *Persicaria japonica*（Meisn.）H. Gross ex Nakai

（12）酸模叶蓼 *Persicaria lapathifolia*（L.）Delarbre

（13）尼泊尔蓼 *Persicaria nepalensis*（Meisn.）H. Gross

（14）红蓼 *Persicaria orientalis*（L.）Spach

（15）扛板归 *Persicaria perfoliata*（L.）H. Gross

（16）春蓼 *Persicaria maculosa* Gray

（17）习见萹蓄 *Polygonum plebeium* R. Br.

（18）酸模 *Rumex acetosa* L.

（19）皱叶酸模 *Rumex crispus* L.

（20）山蓼 *Oxyria digyna*（L.）Hill.

31. 毛茛科 Ranunculaceae（8 种）

（1）毛茛 *Ranunculus japonicus* Thunb.

（2）扬子毛茛 *Ranunculus sieboldii* Miq.

（3）天葵 *Semiaquilegia adoxoides*（DC.）Makino

（4）野棉花 *Anemone vitifolia* Buch.-Ham. ex DC.

（5）打破碗花花 *Anemone hupehensis*（Lem.）Lem.

（6）茴茴蒜 *Ranunculus chinensis* Bunge

（7）石龙芮 *Ranunculus sceleratus* L.

（8）多枝唐松草 *Thalictrum ramosum* B. Boivin

32. 蔷薇科 Rosaceae（5 种）

（1）龙牙草 *Agrimonia pilosa* Ledeb.

（2）蛇莓 *Duchesnea indica*（Andr.）Focke

（3）路边青 *Geum aleppicum* Jacq.

（4）翻白草 *Potentilla discolor* Bunge.

（5）蛇含委陵菜 *Potentilla kleiniana* Wight & Arn.

33. 茜草科 Rubiaceae（4 种）

（1）茜草 *Rubia cordifolia* L.

（2）拉拉藤 *Galium spurium* L.

（3）小叶猪殃殃 *Galium trifidum* L.

（4）四叶葎 *Galium bungei* Steud.

34. 三白草科 Saururaceae（1 种）

（1）蕺菜 *Houttuynia cordata* Thunb.

35. 虎耳草科 Saxifragaceae（2 种）

（1）虎耳草 *Saxifraga stolonifera* Meerb.

（2）黄水枝 *Tiarella polyphylla* D. Don

36. 玄参科 Scrophulariaceae（7 种）

（1）宽叶腹水草 Veronicastrum latifolium（Hemsl.）T. Yamazaki

（2）婆婆纳 *Veronica polita* Fries

（3）阿拉伯婆婆纳 *Veronica persica* Poir.

（4）泥花草 *Lindernia antipoda*（L.）Alston

（5）母草 *Lindernia crustacea*（L.）F. Muell.

（6）陌上菜 *Lindernia procumbens*（Krock.）Borbás

（7）通泉草 *Mazus pumilus*（Burm. f）Steenis

37. 茄科 Solanaceae（6 种）

（1）龙葵 *Solanum nigrum* L.

（2）白英 *Solanum lyratum* Thunberg

（3）珊瑚樱 *Solanum pseudocapsicum* L.

（4）喀西茄 *Solanum aculeatissimum* auct. non jacq.: C. C. Hsu

（5）假酸浆 *Nicandra physalodes*（L.）Gaertner

（6）酸浆 *Alkekengi officinarum* Moench

38. 伞形科 Apiaceae（8 种）

（1）积雪草 *Centella asiatica*（L.）Urban

（2）天胡荽 *Hydrocotyle sibthorpioides* Lam.

（3）红马蹄草 *Hydrocotyle nepalensis* Hook.

（4）鸭儿芹 *Cryptotaenia japonica* Hassk.

（5）野胡萝卜 *Daucus carota* L.

（6）窃衣 *Torilis scabra*（Thunb.）DC.

（7）莳萝（野茴香）*Anethum graveolens* L.

（8）水芹 *Oenanthe javanica*（Bl.）DC.

39. 荨麻科 Urticaceae（8 种）

（1）花点草 *Nanocnide japonica* Bl.

（2）大蝎子草 *Girardinia diversifolia*（Link）Friis

（3）苎麻 *Boehmeria nivea*（L.）Gaudich.

（4）密球苎麻 *Boehmeria densiglomerata* W. T. Wang

（5）序叶苎麻 *Boehmeria clidemioides* var. *diffusa*（Wedd.）Hand.-Mazz.

（6）透茎冷水花 *Pilea pumila*（L.）A. Gray

（7）雾水葛 *Pouzolzia zeylanica*（L.）Benn. & R. Br.

（8）糯米团 *Gonostegia hirta*（Bl.）Miq.

40. 马鞭草科 Verbenaceae（3 种）

（1）马鞭草 *Verbena officinalis* L.

（2）过江藤 *Phyla nodiflora*（L.）Greene

（3）叉枝莸 *Tripora divaricata*（Maxim.）P. D. Cantino

41. 堇菜科 Violaceae（5 种）

（1）深圆齿堇菜 *Viola davidii* Franch.

（2）七星莲 *Viola diffusa* Ging.

（3）长萼堇菜 *Viola inconspicua* Blume

（4）戟叶堇菜 *Viola betonicifolia* Sm.

（5）紫花地丁 *Viola philippica* Cav.

42. 葡萄科 Vitaceae（4 种）

（1）乌蔹莓 *Causonis japonica*（Thunb.）Raf.

（2）三裂蛇葡萄 *Ampelopsis delavayana* Planch.

（3）狭叶崖爬藤 *Tetrastigma serrulatum*（Roxb.）Planch.

（4）三叶崖爬藤 *Tetrastigma hemsleyanum* Diels & Gilg

（二）单子叶植物纲 Monocotyledoneae（3 科 64 种）

43. 鸭跖草科 Commelinaceae（4 种）

（1）鸭跖草 *Commelina communis* L.

（2）饭包草 *Commelina benghalensis* L.

（3）水竹叶 *Murdannia triquetra* （Wall.）Bruckn.

（4）竹叶子 *Streptolirion volubile* Edgew.

44. 莎草科 Cyperaceae（18 种）

（1）团穗薹草 *Carex agglomerata* C. B. Clarke

（2）签草 *Carex doniana* Spreng.

（3）扁穗莎草 *Cyperus compressus* L.

（4）异型莎草 *Cyperus difformis* L.

（5）畦畔莎草 *Cyperus haspan* L.

（6）旋鳞莎草 *Cyperus michelianus* （L.）Link

（7）香附子 *Cyperus rotundus* L.

（8）荸荠 *Eleocharis dulcis* （Burm. f.）Trinius ex Henschel

（9）牛毛毡 *Eleocharis yokoscensis* （Franch. & Sav.）Tang & F. T. Wang

（10）两歧飘拂草 *Fimbristylis dichotoma* （L.）Vahl

（11）水虱草 *Fimbristylis littoralis* Gaudich.

（12）砖子苗 *Cyperus cyperoides* （L.）Kuntze

（13）球穗扁莎 *Pycreus flavidus* （Retz.）T. Koyama

（14）红鳞扁莎 *Pycreus sanguinolentus* （Vahl）Nees ex C. B. Clarke

（15）刺子莞 *Rhynchospora rubra* （Lour.）Makino

（16）萤蔺 *Schoenoplectiella juncoides* （Roxburgh）Lye

（17）扁秆荆三棱 *Bolboschoenus planiculmis* （F. Schmidt）T. V. Egorova

（18）三棱水葱 *Schoenoplectus triqueter* （L.）Palla

45. 禾本科 Poaceae（42 种）

（1）林地早熟禾 *Poa nemoralis* L.

（2）小花剪股颖 *Agrostis micrantha* Steud.

（3）看麦娘 *Alopecurus aequalis* Sobol.

（4）日本看麦娘 *Alopecurus japonicus* Steud.

（5）荩草 *Arthraxon hispidus* （Thunb.）Makino

（6）野燕麦 *Avena fatua* L.

（7）菵草 *Beckmannia syzigachne* （Steud.）Fernald

（8）毛臂形草 *Brachiaria villosa* （Lam.）A. Camus

（9）雀麦 *Bromus japonicus* Thunb.

（10）虎尾草 *Chloris virgata* Sw.

（11）狗牙根 *Cynodon dactylon* （L.）Pers.

（12）双花草 *Dichanthium annulatum* （Forssk.）Stapf

（13）马唐 *Digitaria sanguinalis* （L.） Scop.

（14）长芒稗 *Echinochloa caudata* Roshev.

（15）光头稗 *Echinochloa colona* （L.） Link

（16）稗 *Echinochloa crus-galli* （L.） P. Beauv.

（17）无芒稗 *Echinochloa crus galli* var. *mitis* （Pursh） Petermann

（18）牛筋草 *Eleusine indica* （L.） Gaertn.

（19）大画眉草 Eragrostis cilianensis （All.） Vignolo-Lutati ex Janch.

（20）画眉草 *Eragrostis pilosa* （L.） P. Beauv.

（21）小画眉草 *Eragrostis minor* Host

（22）牛鞭草 *Hemarthria sibirica* （Gandoger） Ohwi

（23）白茅 *Imperata cylindrica* （L.） P. Beauv.

（24）柳叶箬 *Isachne globosa* （Thunb.） Kuntze.

（25）李氏禾 *Leersia hexandra* Sw.

（26）假稻 *Leersia japonica* （Makino ex Honda） Honda

（27）千金子 *Leptochloa chinensis* （L.） Nees

（28）虮子草 *Leptochloa panicea* （Retz.） Ohwi

（29）多花黑麦草 *Lolium multiflorum* Lam.

（30）刚莠竹 *Microstegium ciliatum* （Trin.） A. Camus

（31）求米草 *Oplismenus undulatifolius* （Ard.） Roemer & Schuit.

（32）竹叶草 *Oplismenus* compositus （L.） P. Beauv.

（33）双穗雀稗 *Paspalum distichum* L.

（34）雀稗 *Paspalum thunbergii* Kunth et Steud.

（35）狼尾草 *Pennisetum alopecuroides* （L.） Spreng.

（36）早熟禾 *Poa annua* L.

（37）金丝草 *Pogonatherum crinitum* （Thunb.） Kunth

（38）棒头草 *Polypogon fugax* Nees ex Steud.

（39）鹅观草 *Elymus kamoji* （Ohwi） S. L. Chen

（40）金色狗尾草 *Setaria pumila* （Poiret） Roemer & Schultes

（41）皱叶狗尾草 *Setaria plicata* （Lam.） T. Cooke

（42）狗尾草 *Setaria viridis* （L.） P. Beauv.

06

第六章

中国西南区道地药材杂草鉴定图谱

6.1 苔藓植物门 Bryophyta

地钱科 Marchantiaceae

地钱 ［拉丁名］*Marchantia polymorpha* L.
　　　［属　别］地钱属 *Marchantia*

［形态特征］

　　为典型叶状体植物，植株没有根茎叶的分化，以叶状体片生于湿润林缘泥土和岩石表面。叶状配子体呈多次二歧分叉，叶状体表面气孔呈规则六边形。雌雄异株，生殖托直接着生于叶状体上。雌器托常深裂为9~11条下弯细长臂，形同手指；雄器托呈圆形，具7~8瓣浅裂。有性生殖过程中，要借助水完成雌雄配子融合，合子在雌器托颈卵器中萌发。地钱主要是通过胞芽进行营养繁殖，胞芽着生于胞芽杯中，胞芽杯边缘有毛，呈火山口状，内生胞芽。待胞芽成熟后，可借助风、雨滴等的外力作用传播，在适宜的新环境中便可萌发出新个体。

［生长发育规律］

　　喜潮湿生境，其胞芽在土壤与岩石表面均可萌发。常春季萌发，当年完成一个生长周期。

［分布与为害］

　　中国南方分布广泛，生于溪沟边或洼地等潮湿处。其叶状配子体常在阴湿环境萌发，对育苗温棚中的白及、重楼、黄连、秦艽等中药材（苗期）形成草害。

植株　　　　　　　　　　生境　　　　　　　　　　雌器托

雄器托　　　　　　　叶状体表面气孔　　　　　　胞芽杯

6.2 蕨类植物门 Pteridophyta

木贼科 Equisetaceae

犬问荆 [拉丁名] *Equisetum palustre* L.
[属　别] 木贼属 *Equisetum*

[形态特征]

中小型草本蕨类，株高 20~50 cm。根茎直立和横走，黑棕色，节和根光滑或具黄棕色长毛；地上枝当年枯萎；枝一型，高 20~50 cm，中部直径 1.5~2.0 mm，节间长 2~4 cm，绿色，下部 1~2 节节间黑棕色，无光泽，基部常丛生状；主枝有 4~7 条脊，脊背部弧形，光滑或有小横纹；鞘筒窄长，下部灰绿色，上部淡棕色；鞘齿 4~7 枚，黑棕色，披针形，边缘膜质，鞘背上部有浅纵沟，宿存；侧枝较粗，长达 20 cm，圆柱状至扁平，有 4~6 条脊，光滑或有浅色小横纹；鞘齿 4~6 枚，披针形，薄革质，灰绿色，宿存；孢子囊穗椭圆形或圆柱状，长 0.6~2.5 cm，直径 4~6 mm，顶端钝，成熟时柄长 0.8~1.2 cm。孢子囊穗与营养茎同生。

[生长发育规律]

多年生草本，孢子体每年春季发生，夏季于植株顶端产生孢子叶球，孢子成熟后散落，萌发形成叶状配子体，配子体上分别产生颈卵器和精子器，借助于水受精当年形成合子越冬，次年合子于配子体上萌发形成新植株。

[分布与为害]

我国西南各地均有分布，常生于针叶林和针阔混交林的林缘荒地、沟旁及路边，也常发生于果园、耕地与药田中。主要为害新垦药材栽培地或仿野生药材栽培田，夏季易形成优势种群进而形成草害，为害严重。

孢子囊　　　　植株　　　　群落

问荆 [拉丁名] *Equisetum arvense* L.
[属　别] 木贼属 *Equisetum*

[形态特征]

中小型草本蕨类。根茎斜升，黑棕色，节和根密生长毛或无毛。地上枝当年枯萎。枝二型：能育枝春季先萌发，高 5~35 cm，孢子散后能育枝枯萎；不育枝后萌发，高达 40 cm，绿色，轮生分枝多。脊的背部弧形，无棱，有横纹，无小瘤；鞘筒狭长，绿色，鞘齿三角形，5~6 枚，中间黑棕色，边缘膜质，宿存。侧枝柔软纤细，扁平状，有 3~4 条狭而高的脊，脊的背部有横纹；鞘齿 3~5 个，披针形，绿色，边缘膜质，宿存。孢子囊穗圆柱形，长 1.8~4.0 cm，直径 0.9~1.0 cm，顶端钝，成熟时柄伸长，柄长 3~6 cm。

[生长发育规律]

多年生草本，每年春季能育枝先萌发，不育枝后萌发，秋季地上部分枯萎，根状茎地下宿存，完成一个生长周期。

[分布与为害]

我国西南各地均有分布，常生于针叶林和针阔混交林下的湿地、沟旁及路边等处。主要为害新垦药材栽培地或仿野生药材栽培田，夏季易形成优势种群，为害严重。

生殖枝（春季）　　　营养枝（夏季）

木贼 ［拉丁名］*Equisetum hyemale* L.
　　　　［属　别］木贼属 *Equisetum*

[形态特征]

　　中大型草本蕨类。根茎直立或横走，黑棕色，节和根具黄棕色长毛；地上枝多年生；枝一型，高 1 m 及以上，中部直径（3）5~9 mm，节间长 5~8 cm，绿色，下部 1~2 节的节间为黑棕色，无光泽，基部常为丛生状；地上枝有脊 16~22 条，脊背部弧形或近方形，无明显小瘤或有小瘤 2 行；鞘筒 0.7~1.0 cm；鞘齿 16~22 枚，披针形，长 0.3~0.4 cm。顶端淡棕色，膜质，芒状，早落，下部黑棕色，薄革质，基部的背面有 3~4 条纵棱，宿存或同鞘筒一起早落。孢子囊穗卵状，长 1.0~1.5 cm，直径 0.5~0.7 cm，顶端有小尖突，无柄。与节节草的区别在于成熟主枝不具轮生侧枝。

[生长发育规律]

　　多年生草本，孢子体每年春夏发生，夏季于植株顶端产生孢子叶球，孢子成熟后散落，萌发形成叶状配子体，配子体上分别产生颈卵器和精子器，借助于水受精当年形成合子越冬，次年合子于配子体上萌发形成新植株。成熟主枝可越年生长。

[分布与为害]

　　我国西南各地均有分布，常生于针叶林和针阔混交林下的湿地、沟旁及路边等处。主要为害新垦药材栽培地或仿野生药材栽培田，夏季易形成草害，为害严重。

孢子囊

节间

生境

群落

节节草 [拉丁名] *Equisetum ramosissimum* Desf.
[属　别] 木贼属 *Equisetum*

[形态特征]

又名节节木贼，中小型植物。根茎直立、横走或斜升，黑棕色，节和根疏生黄棕色长毛或光滑无毛。地上枝多年生。枝一型，高20~60 cm，中部直径1~3 mm，节间长2~6 cm，绿色，主枝多在下部分枝，常形成簇生状；幼枝的轮生分枝明显或不明显；主枝有脊5~14条，脊的背部弧形，有一行小瘤或有浅色小横纹；鞘筒狭长达1 cm，下部灰绿色，上部灰棕色；鞘齿5~12枚，三角形，灰白色，黑棕色或淡棕色，边缘（有时上部）为膜质，基部扁平

或弧形，早落或宿存，齿上气孔带明显或不明显。侧枝较硬，圆柱状，有脊5~8条，脊上平滑或有一行小瘤或有浅色小横纹；鞘齿5~8个，披针形，革质但边缘膜质，上部棕色，宿存。孢子囊穗短棒状或椭圆形，长0.5~2.5 cm，中部直径0.4~0.7 cm，顶端有小尖突，无柄。与木贼的区别在于成熟主枝具有轮生小枝。

[生长发育规律]

多年生草本，营养体（孢子体）每年春季发生，夏季植株于顶端产生孢子叶球，孢子成熟后散落，萌发形成叶状配子体，配子体上分别产生颈卵器和精子器，借助于水受精当年形成合子越冬，次年合子于配子体上萌发形成新植株。成熟主枝可越年生长。

[分布与为害]

我国西南各地均有分布，常生于针叶林和针阔混交林下的湿地、沟旁及路边等处。主要为害新垦药材栽培地或仿野生药材栽培田，夏季易形成优势种群，为害严重。

植株

茎节

孢子囊

海金沙科 Lygodiaceae

海金沙 [拉丁名] *Lygodium japonicum*（Thunb.） Sw.
[属　别] 海金沙属 *Lygodium*

[形态特征]

多年生草质藤本，长1~5 m。根状茎横走；根须状、黑褐色、坚韧、被毛。叶多数，对生于茎上的短枝两侧、二型、纸质，叶轴和羽轴有疏短毛；营养叶尖三角形，二回羽状，小羽片掌状或三裂，边缘有不整齐细钝锯齿；孢子叶卵状三角形，多收缩而呈深撕裂状。夏末，小羽片下面边缘生流苏状孢子囊穗，黑褐色，孢子表面有小疣。

[生长发育规律]

每年春季孢子体萌发，夏季快速生长，8—10月产生孢子，12月地上叶枯萎，完成一个生长季。

[分布与为害]

我国西南各地均有分布，常生于农田、荒野或路旁。主要为害栀子、金银花、枳壳等灌木类药材，重庆地区受害较严重。

营养叶

总叶轴

孢子叶面

孢子叶背面的孢子囊穗

碗蕨科 Dennstaedtiaceae

假粗毛鳞盖蕨　　［拉丁名］*Microlepia pseudostrigosa* Makino
　　　　　　　　　　［属　别］鳞盖蕨属 *Microlepia*

[形态特征]

植株高 0.8~1.0 m；根茎长而横走，直径
0.5~1.0 cm，密被红棕色长针状毛；叶疏生；叶轴长
约 35 cm，基部约 0.5 cm，褐棕色，下部多少被刚
毛；叶片长圆形，长 42 cm，宽 22 cm，长渐尖头，
二回羽状；羽片 25 对以上，互生，相距 4~5 cm，
斜展，羽柄长 2 mm，线状披针形，长 12~15 cm，
宽约 2.5 cm，基部上侧平截略为耳状，下侧楔形，
中部羽片最宽；小羽片 20~22 对，长 2.2 cm，宽
6~8 mm，有齿与羽轴平行，羽状深裂；基部下侧
2~3 对羽片稍短，近，柄极短，开展，近菱形，长牙，
基部下侧窄楔形，上侧截平，上缘常有数个圆浅裂，
裂片基部上侧 1 片大，各裂片具粗钝齿牙；叶脉下面隆。

孢子囊群小，每裂片 3 枚，顶生于分叉细脉向顶的一
条上；囊群盖棕色，圆肾形，基部着生，棕色，无毛。

[生长发育规律]

多年生草本蕨，每年春季植株孢子体萌发，夏秋
季快速攀缘生长，8—10 月产生孢子，冬季地上部分
略枯萎，完成一个生长季。

[分布与为害]

我国西南各地份均有分布，常生于农田、荒野
中或路旁。主要为害新垦药材栽培地和仿野生药材栽
培田。

总羽叶

根状茎

总叶轴

蕨 [拉丁名] *Pteridium aquilinum* var. *latiusculum* (Desv.) Underw.ex A. Heller

[属 别] 蕨属 *Pteridium*

[形态特征]

植株高可达 1 m。根状茎长而横走，密被锈黄色柔毛，以后逐渐脱落。叶柄长 20~80 cm，基部粗 3~6 mm，褐棕色或棕禾秆色，略有光泽，光滑，上面有浅纵沟 1 条；叶片阔三角形或长圆三角形，长 30~60 cm，宽 20~45 cm，先端渐尖，基部圆楔形，三回羽状；羽片 4~6 对，对生或近对生，斜展，基部一对最大（向上几对略变小），三角形，长 15~25 cm，宽 14~18 cm，柄长 3~5 cm，二回羽状；小羽片约 10 对，互生，斜展，披针形，长 6~10 cm，宽 1.5~2.5 cm，先端尾状渐尖（尾尖头的基部略呈楔形收缩），基部近平截，具短柄，一回羽状；裂片 10~15 对，平展，彼此接近，长圆形，长约 14 mm，宽约 5 mm，钝头或近圆头，基部不与小羽轴合生，分离，全缘；中部以上的羽片逐渐变为一回羽状，长圆披针形，基部较宽，对称，先端尾状，小羽片与下部羽片的裂片一致，部分小羽片的下部具 1~3 对浅裂片或边缘具波状圆齿。叶脉稠密，仅下面明显。叶干后近革质或革质，暗绿色，上面无毛，下面在裂片主脉上多少被棕色或灰白色的疏毛或近无毛。叶轴及羽轴均光滑，小羽轴上面光滑，下面被疏毛，少有密毛，各回羽轴上面均有深纵沟 1 条，沟内无毛。

[生长发育规律]

多年生草本蕨，每年春季植株孢子体萌发，夏秋季快速攀缘生长，8—10月产生孢子，冬季地上部分略枯萎，完成一个生长季。

[分布与为害]

我国各地均有分布，但主要分布于长江流域及以北地区，亚热带地区也有分布。喜生于海拔 200~830 m 的山地阳坡及森林边缘。一般在春夏生长季成为仿野生药材栽培地的主要田间杂草。

总羽叶

拳展幼叶

总叶轴

羽叶背面的孢子囊

鳞始蕨科 Lindsaeaceae

乌蕨 [拉丁名] *Odontosoria chinensis* J. Sm.
[属 别] 乌蕨属 *Odontosoria*

[形态特征]

植株高达 20~40 cm。根状茎短而横走，密被赤褐色的钻状鳞片。叶近生，叶柄长达 25 cm，禾秆色至褐禾秆色，有光泽，直径 2 mm，上面有沟，除基部外，通体光滑；叶片披针形，长 20~40 cm，宽 5~12 cm，先端渐尖，基部不变狭，四回羽状；羽片 15~20 对，互生，密接，下部的羽状相距 4~5 cm，有短柄，斜展，卵状披针形，长 5~10 cm，宽 2~5 cm，先端渐尖，基部楔形，下部三回羽状；一回小羽片在一回羽状的顶部下有 10~15 对，连接，有短柄，近菱形，长 1.5~3.0 cm，先端钝，基部不对称，楔形，上先出，一回羽状或基部二回羽状；二回（或末回）小羽片小，倒披针形，先端截形，有齿牙，基部楔形，下延，其下部小羽片常再分裂成具有一或二条细脉的短而同形的裂片。叶脉上面不显，下面明显。叶坚草质，干后棕褐色，通体光滑。孢子囊群边缘着生，每裂片上有一枚或二枚；囊群盖灰棕色，革质，半杯形，宽，与叶缘等长，近全缘或呈啮蚀状，宿存。

[生长发育规律]

多年生草本蕨，每年春季植株孢子体萌发，夏秋季快速攀缘生长，8—10 月产生孢子，冬季地上部分略枯萎，完成一个生长季。

[分布与为害]

我国西南各地均有分布，常生于农田、荒野中或路旁。主要为害新垦药田和仿野生药材栽培地。

总羽叶

群落

羽叶

植株

凤尾蕨科 Pteridaceae

欧洲凤尾蕨 ［拉丁名］*Pteris cretica* L.
　　　　　　［属　别］凤尾蕨属 *Pteris*

［形态特征］

　　植株高 50~70 cm。根状茎短，直立或斜升，粗约 1 cm，先端被黑褐色鳞片。叶簇生，二型或近二型；柄长 30~45 cm（不育叶的柄较短），基部粗约 2 mm，禾秆色，有时带棕色，偶为栗色，表面平滑；叶片卵圆形，长 25~30 cm，宽 15~20 cm，一回羽状；不育叶的羽片（2）3~5 对（有时为掌状），通常对生，斜向上，基部一对有短柄并为二叉（罕有三叉），向上的无柄，狭披针形或披针形（第二对也往往二叉），长 10~18（24）cm，宽 1.0~1.5（2.0）cm，先端渐尖，基部阔楔形，叶缘有软骨质的边并有锯齿，锯齿往往粗而尖，也有时具细锯齿；能育叶的羽片 3~5（8）对，对生或向上渐为互生，斜向上，基部一对有短柄并为二叉，偶有三叉或单一，向上的无柄，线形（或第二对也往往二叉），长 12~25 cm，宽 5~12 mm，先端渐尖并有锐锯齿，基部阔楔形，顶生二叉羽片的基部不下延或下延。主脉下面隆起，禾秆色，光滑；侧脉两面均明显，稀疏，斜展，单一或从基部分叉。叶干后纸质，绿色或灰绿色，无毛；叶轴禾秆色，表面平滑。

［生长发育规律］

　　多年生草本蕨，每年春季植株孢子体萌发，夏秋季快速攀缘生长，8—10 月产生孢子，冬季地上部分略枯萎，完成一个生长季。

［分布与为害］

　　我国西南各地均有分布，常生于农田、荒野中或路旁。主要为害新垦药田和仿野生药材栽培地。

群落

根状茎

植株

羽叶背面孢子囊

蜈蚣凤尾蕨 ［拉丁名］*Pteris vittata* L.
　　　　　　［属　别］凤尾蕨属 *Pteris*
　　　　　　［俗　名］蜈蚣草

［形态特征］

　　植株高可达 150 cm。根状茎直立，短而粗壮，木质，密布蓬松的黄褐色鳞片。叶簇生；柄坚硬，深禾秆色至浅褐色，叶片倒披针状长圆形，一回羽状；顶生羽片与侧生羽片同形，互生或有时近对生，中部羽片最长，狭线形，不育的叶缘有微细而均匀的密锯齿，几乎全部羽片均能育。

［生长发育规律］

　　多年生草本蕨，每年春季植株孢子体萌发，夏秋季快速攀缘生长，8—10 月产生孢子，冬季地上部分略枯萎，完成一个生长季。

［分布与为害］

　　我国西南各地均有分布，常生于农田、荒野中或路旁。主要为害新垦药田和仿野生药材栽培地。

植株

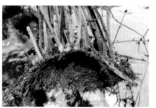
根状茎

总羽叶

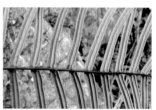
羽叶背面孢子囊

井栏边草 ［拉丁名］*Pteris multifida* Poir.
　　　　　［属　别］凤尾蕨属 *Pteris*

［形态特征］

　　植株高 30~45 cm。根状茎短而直立，粗 1.0~1.5 cm，先端被黑褐色鳞片。叶多数，密而簇生，明显二型；不育叶的叶柄长 15~25 cm，粗 1.5~2.0 mm，禾秆色或暗褐色而有禾秆色的边，稍有光泽，光滑；叶片卵状长圆形，长 20~40 cm，宽 15~20 cm，一回羽状，羽片通常 3 对，对生，斜向上，无柄，线状披针形，长 8~15 cm，宽 6~10 mm，先端渐尖，叶缘有不整齐的尖锯齿并有软骨质的边，下部 1~2 对通常分叉，有时近羽状，顶生三叉羽片及上部羽片的基部显著下延，在叶轴两侧形成宽 3~5 mm 的狭翅（翅的下部渐狭）；能育叶有较长的柄，羽片 4~6 对，狭线形，长 10~15 cm，宽 4~7 mm，仅不育部分具锯齿，余均全缘，基部一对有时近羽状，有长约 1 cm 的柄，余均无柄，下部 2~3 对通常二叉或三叉，上部几对的基部长下延，在叶轴两侧形成宽 3~4 mm 的翅。主脉两面均隆起，禾秆色，侧脉明显，稀疏，单一或分叉，有时在侧脉间具有或多或少的与侧脉平行的细条纹（脉状异形细胞）。叶干后草质，暗绿色，遍体无毛；叶轴禾秆色，稍有光泽。

［生长发育规律］

　　多年生草本蕨，每年春季植株孢子体萌发，夏秋季快速攀缘生长，8—10 月产生孢子，冬季地上部分略枯萎，完成一个生长季。

［分布与为害］

　　我国西南各地均有分布，常生于农田、荒野中或路旁。主要为害新垦药田和仿野生药材栽培地。

全株

生境

总羽叶

羽叶背面

中国蕨科 Sinopteridaceae

金粉蕨 ［拉丁名］*Onychium siliculosum*（Desv.）C. Chr.
［属　别］金粉蕨属 *Onychium*

［形态特征］

　　植株小型的高 10~15 cm，大型的高达 65 cm，根茎粗短，斜升或直立，先端密被深棕色长钻形鳞片；叶簇生，根茎粗短，斜型或近二型；不育叶片三至四回羽状细裂，渐尖头，末回小羽片无柄，几与小羽轴等宽（1 mm），仅先端较宽，有 1~2 尖齿；能育叶柄长 12~30 cm，木质，枯禾秆色或禾秆色，基部略有鳞片，向上光滑；叶片长 15~35 cm，卵状披针形或长卵形，下部三至四回羽状（幼株二回羽状），中部二至三回羽状，上部一回羽状，顶端有 1 片长线形羽片，侧生羽片 10~15 对，基部 1 对长 4~12 cm，长圆状披针形或三角形，柄长 3~6 mm，各回小羽片均为上先出，有柄，末回小羽片初为线形，长 0.5~1.5 cm，成熟时较阔，先端渐尖或近突尖；孢子囊群生于能育叶的小羽片边脉；囊群盖线形，宽几覆盖主脉，成熟时张开，露出金黄色囊群及柠檬黄色蜡质粉末；孢子具块状纹饰。

［生长发育规律］

　　多年生草本蕨，每年春季植株孢子体萌发，夏秋季快速攀缘生长，5—8 月产生孢子，冬季地上部分枯萎，完成一个生长季。

［分布与为害］

　　我国西南各地均有分布，常生于农田、荒野中或路旁。主要为害新垦药田和仿野生药材栽培地。

植株　　　　　　　羽叶　　　　　　　茎叶　　　　　羽叶背面的孢子囊

金星蕨科 Thelypteridaceae

渐尖毛蕨 ［拉丁名］*Cyclosorus acuminatus*（Houtt.）Nakai
［属　别］毛蕨属 *Cyclosorus*

［形态特征］

　　植株高 70~80 cm；根茎长而横走，顶端密被鳞片；叶 2 列疏生；叶柄长 30~42 cm，褐色，上部为深禾秆色，有毛，无鳞片；叶片长 40~50 cm，中部宽 14~17 cm，长圆状披针形，二回羽裂；羽片 13~18 对，柄极短，中部以下羽片长 7~11 cm，中部宽 8~12 cm，披针形，羽裂达 1/2~2/3；裂片 18~24 对，基部上侧的 1 裂片长 0.8~1.0 cm，披针形，下侧的 1 裂片长不及 5 mm，近镰刀状披针形，全缘；下部羽片不缩短；叶脉明显，每裂片侧脉 7~9 对，单一，基部 1 对侧脉出自主脉基部，先端结成钝三角形网眼。孢子囊群生于侧脉中部以上，每裂片 5~8 对；囊群盖密生柔毛，宿存。

［生长发育规律］

　　多年生草本蕨，每年春季植株孢子体萌发，夏秋季快速攀缘生长，8—10 月产生孢子，冬季地上部分略枯萎，完成一个生长季。

［分布与为害］

　　我国西南各地均有分布，常生于农田、荒野中或路旁。主要为害新垦药田和仿野生药材栽培地。

群落　　　　　　　　植株

总羽叶　　　　　　羽叶背面的孢子囊

针毛蕨 ［拉丁名］*Macrothelypteris oligophlebia*（Bak.）Ching
　　　　［属　　别］针毛蕨属 *Macrothelypteris*

［形态特征］

　　植株高 60~150 cm。根状茎短而斜升，连同叶柄基部被深棕色、披针形、边缘具疏毛的鳞片。叶簇生；叶柄长 30~70 cm，粗 4~6 mm，禾秆色，基部以上光滑；叶片几与叶柄等长，下部宽 30~45 cm，三角状卵形，先端渐尖并羽裂，基部不变狭，三回羽裂；羽片约 14 对，斜向上，互生，或下部的对生，相距 5~10 cm，柄长达 2 cm 或过之，基部的一对羽片较大，长达 20 cm，宽达 5 cm，长圆披针形，先端渐尖并羽裂，渐尖头，向基部略变狭，第二对以上各对羽片渐次缩小，向基部不变狭，柄长 0.1~0.4 cm，二回羽裂；小羽片 15~20 对，互生，开展，中部的羽片较大，长 3.5~8.0 cm，宽 1.0~2.5 cm，披针形，渐尖头，基部的羽片圆截形，对称，无柄（下部的有短柄），多少下延（上部的彼此以狭翅相连），深羽裂几达小羽轴；裂片 10~15 对，开展，长 5~12 mm，宽 2.0~3.5 mm，先端钝或钝尖，基部沿小羽轴彼此以狭翅相连，边缘全缘或锐裂。在下面的叶脉明显，侧脉单一或在具锐裂的裂片上二叉，斜上，每裂片 4~8 对。叶草质，干后黄绿色，两面光滑无毛，仅下面有橙黄色、透明的头状腺毛，或沿小羽轴及主脉的近顶端偶有少数单细胞的针状毛，上面沿羽轴及小羽轴被灰白色的短针毛，羽轴常具浅紫红色斑。孢子囊群小，圆形，每裂片 3~6 对，生于侧脉的近顶部；囊群盖小，圆肾形，灰绿色，光滑，成熟时脱落或隐没于囊群中。孢子圆肾形，周壁表面形成不规则的小疣块状，有时连接呈拟网状或网状。

［生长发育规律］

　　多年生草本蕨，每年春季植株孢子体萌发，夏秋季快速攀缘生长，5—9 月产生孢子，冬季地上部分略枯萎，完成一个生长季。

［分布与为害］

　　我国西南各地均有分布，常生于农田、荒野中或路旁。主要为害新垦药田和仿野生药材栽培地。

茎叶

根状茎

总羽叶

羽叶背面孢子囊

鳞毛蕨科 Dryopteridaceae

贯众 [拉丁名] *Cyrtomium fortunei* J. Sm.
[属　别] 贯众属 *Cyrtomium*

[形态特征]

植株高 25~70 cm；根茎粗短，直立或斜升，连同叶柄基部密被宽卵形棕色大鳞片；叶簇生，叶柄禾秆色，叶片长圆状披针形，奇数一回羽状，侧生羽片披针形，或多少呈镰刀形，基部楔形，顶生羽片窄卵形，下部有时具 1~2 浅裂片；羽状脉，侧脉呈网状；叶纸质，两面光滑；孢子囊群圆形，遍布羽片背面；囊群盖圆形，盾状，大而全缘。

[生长发育规律]

多年生草本蕨，每年春季植株孢子体萌发，夏秋季快速攀缘生长，5—9 月产生孢子，冬季地上部分略枯萎，完成一个生长季。

[分布与为害]

我国西南各地均有分布，常生于农田、荒野中或路旁。主要为害新垦药田和仿野生药材栽培地。

植株

植株

羽叶（正面）

羽叶背面孢子囊

6.3 被子植物门 Angiospermae

6.3.1 双子叶植物纲 Dicotyledoneae

爵床科 Acanthaceae

水蓑衣 ［拉丁名］*Hygrophila ringens*（Linnaeus）R. Brown ex Sprengel
　　　　　［属　别］水蓑衣属 *Hygrophila*

［形态特征］

　　一至二年生草本，高80 cm。茎四棱形，幼枝被白色长柔毛，不久脱落。叶交互对生近无柄，纸质，长椭圆形至披针形、线形，长4~18 cm，宽0.8~1.5 cm，两端渐尖，先端钝；两面被白色长硬毛，背面脉上较密，侧脉不明显。秋季开花，聚伞花序。花簇生于叶腋，无梗；苞片披针形，长约10 mm，宽约6.5 mm，基部圆形，外面被柔毛，小苞片细小，线形，外面被柔毛，内面无毛；花萼圆筒状，长6~8 mm，被短糙毛，5深裂至中部，裂片顶端不等大，渐尖，常被绉曲长柔毛；花冠二唇形，上唇直立2浅裂，下唇略伸展，有喉凸，浅3裂；雄蕊4，2长2短，子房上位，2心皮2室，中轴胎座，每室有4至多数胚珠，花柱线状，柱头2裂，后裂片常消失。蒴果圆筒状或长圆形。

［生长发育规律］

　　一至二年生草本。喜潮湿生境，常春季或秋季萌发，当年或跨年完成一个生长周期。

［分布与为害］

　　我国南方广泛分布，生于溪沟边或洼地等潮湿处。主要对春季或秋季药材栽培地形成草害。

生境　　　　　　　植株　　　　　　　花序　　　　　　　茎叶

爵床 ［拉丁名］*Justicia procumbens* Linnaeus
　　　　［属　别］爵床属 *Justicia*

［形态特征］

　　一年生匍匐草本，高20~50 cm。茎近四棱形。叶交互对生，卵形至广披针形。穗状花序顶生或腋生，花冠淡红色或带紫红色，花丝基部及着生处四周有细茸毛，花柱丝状，柱头头状。蒴果线形，先端短尖，基部渐狭，全体呈压扁状，淡棕色，表面上部具有白色短柔毛。种子卵圆形而微扁，黑褐色，表面具有网状纹凸起。

［生长发育规律］

　　一年生草本。喜潮湿生境，常春季萌发，夏秋季进入花果期，冬季枯萎，当年完成一个生长周期。

［分布与为害］

　　我国南方地区广泛分布，喜温暖湿润的气候，不耐严寒。主要对春季药材栽培地形成草害。

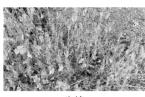 

生境　　　　　　　植株

群落　　　　　　　花

苋科 Amaranthaceae

土牛膝 ［拉丁名］ *Achyranthes aspera* L.
　　　　 ［属　别］ 牛膝属 *Achyranthes*

[形态特征]

多年生草本，株高 20~120 cm。根细长，直径 3~5 cm，土黄色。茎四棱形，具明显节，枝对生。叶片纸质，宽卵状倒卵形，顶端圆钝，具突尖，基部楔形或圆形，全缘或波状缘，两面密生柔毛或近无毛；叶柄长 0.5~1.5 cm，密生柔毛或近无毛。穗状花序顶生，直立，长 10~30 cm，花期后反折；总花梗具棱角，粗壮，坚硬，密生白色伏贴或开展柔毛。花两性，单生在干膜质宿存苞片基部，并有 2 小苞片，小苞片有 1 长刺，基部加厚，两旁各有 1 短膜质翅；花被片 4~5，干膜质，顶端芒尖，花后变硬，包裹果实；雄蕊 5，远短于花被片，花丝基部连合成一短杯，和 5 枚短且退化的雄蕊互生，花药 2 室；子房长椭圆形，1 室，具 1 胚珠，花柱丝状，宿存，柱头头状。胞果卵状矩圆形、卵形或近球形，有 1 种子，和花被片及小苞片同脱落。种子矩圆形，凸镜状。

[生长发育规律]

多年生草本，春季萌枝，夏秋进入花果期，冬季枯萎，完成一个年生长周期。

[分布与为害]

我国南方地区广布，西南药材栽培区常见。常生于海拔 800~2 300 m 的山坡疏林或村庄附近空旷地。主要对大田药材栽培地、新垦药材田与林下仿生药材栽培地形成草害。

植株

根系

花序

果实

空心莲子草 ［拉丁名］ *Alternanthera philoxeroides* (Mart.) Griseb.
　　　　　 ［属　别］ 莲子草属 *Alternanthera*
　　　　　 ［俗　名］ 水花生、革命草

[形态特征]

多年生草本。茎管状匍匐，多分枝，幼茎少数直立。叶片矩圆形，对生，全缘，无毛，近无叶柄。花序腋生，密集为有总花梗的头状花序。花小，通常白色，两性或雌雄异株并存；苞片与小苞片干膜质，萼片 5 枚，雄蕊 5 枚，同数对生；花药短，长圆形，1 室；花丝基部连合成杯状。上位子房，1 室，基生胎座，胚珠 1 至多数，花柱极短近无，柱头头状。少见果实。

[生长发育规律]

多年生草本，春夏季茎叶大量生长，茎节贴地面，茎生根异常发达；花期 5~9 月，但很少结实，主要靠茎段营养繁殖；冬季略有枯萎，完成一个年生长周期。

[分布与为害]

我国南方地区广布，西南药材栽培区常见，主要分布于我国长江流域以南低海拔且温暖湿润地区。主要为害新垦药材栽培田和仿野生药材栽培地，是为害非常严重的恶性入侵杂草之一。

生境

群落

茎叶

花序

青葙　[拉丁名] *Celosia argentea* L.
　　　　[属　别] 青葙属 *Celosia*

[形态特征]

　　一年生草本，株高可达 1 m。无毛，茎直立，有明显条纹。叶互生，披针形，绿色微带红色；下部叶柄长达 2 cm，上部叶无柄。花序顶生，多花密集成不分枝的穗状花序。苞片与小苞片白色或着色，萼片 5 片，白色或，果时宿存；雄蕊 5 枚，花丝基部合成杯状，花药 2 室，无退化雄蕊。子房上位，1 室，基生胎座，胚珠 2 至多枚；花柱长，柱头头状。蒴果卵形，周裂。种子黑色有光泽，种皮平滑。

[生长发育规律]

　　一年生草本，春季种子萌发，茎叶大量生长，花期 5—8 月，果期 6—10 月，晚秋枯萎完成一个生长周期。

[分布与为害]

　　全国广泛分布，西南药材栽培区常见，主要为害大田药材栽培地、新垦药地或仿野生药材栽培田，苗期为害严重。

幼苗

群落

花序

花部特征

绿穗苋　[拉丁名] *Amaranthus hybridus* L.
　　　　　[属　别] 苋属 *Amaranthus*

[形态特征]

　　一年生草本，高 30~50 cm。茎直立，分枝，上部近弯曲，有开展柔毛。叶片卵形或菱状卵形，长 3.0~4.5 cm，宽 1.5~2.5 cm，顶端急尖或微凹，具凸尖，基部楔形，边缘波状，微粗糙，上面近无毛，下面疏生柔毛；叶柄长 1.0~2.5 cm，有柔毛。圆锥花序顶生，细长，上升稍弯曲，有分枝，由穗状花序构成，中间花穗最长。每花有 1 苞片及 2 小苞片，干膜质；苞片及小苞片钻状披针形，中脉坚硬，绿色，向前伸出成尖芒；花被片 5，矩圆状披针形，长约 2 mm，顶端锐尖，具凸尖，中脉绿色；可育雄蕊 5，和花被片等长或稍长；子房具 1 直生胚珠，柱头 3。胞果卵形，长 2 mm，环状横裂，超出宿存花被片。种子近球形，直径约 1 mm，黑色。

[生长发育规律]

　　一年生草本，春季种子萌发，茎叶大量生长，花期 1—8 月，果期 9—10 月，晚秋枯萎完成一个生长周期。

[分布与为害]

　　全国广泛分布，西南药材栽培区常见，主要为害大田药材栽培地、新垦药地或仿野生药材栽培田，苗期为害严重。

幼苗

植株

花序

花部特征

反枝苋　［拉丁名］ *Amaranthus retroflexus* L.
　　　　　［属　别］苋属 *Amaranthus*

［形态特征］

一年生草本，高 20~80 cm，有时达 1 m。茎直立，粗壮，单一或分枝，淡绿色，有时具紫色条纹，稍具钝棱，密生短柔毛。叶片菱状卵形或椭圆状卵形，长 5~12 cm，宽 2~5 cm，顶端锐尖或尖凹，有小凸尖，基部楔形，全缘或波状缘，两面及边缘有柔毛，下面毛较密；叶柄长 1.5~5.5 cm，淡绿色，有时淡

紫色，有柔毛。圆锥花序顶生及腋生，直立，直径 2~4 cm，由多数穗状花序组成，顶生花穗较侧生者长；苞片及小苞片钻形，长 4~6 cm，白色，背面有 1 龙骨状突起，伸出顶端成白色尖芒；花被片矩圆形或矩圆状倒卵形，长 2.0~2.5 mm，薄膜质，白色，有 1 淡绿色细中脉，顶端急尖或尖凹，具凸尖；雄蕊比花被片稍长；柱头 3，有时 2。胞果扁卵形，长约 1.5 mm，环状横裂，薄膜质，淡绿色，包裹在宿存花被片内。种子近球形，直径 1 mm，棕色或黑色，边缘钝。

［生长发育规律］

一年生草本，春季种子萌发，茎叶大量生长，花期 7—8 月，果期 8—9 月，晚秋枯萎完成一个生长周期。

［分布与为害］

全国广泛分布，西南药材栽培区常见，主要为害大田药地、新垦药地或仿野生药材栽培田，苗期为害严重。

幼苗

植株　　　　　　　　　　　花序

刺苋　［拉丁名］ *Amaranthus spinosus* L.
　　　　［属　别］苋属 *Amaranthus*

［形态特征］

一年生草本，高 30~100 cm。茎直立，圆柱形或钝棱形，多分枝，有纵条纹，绿色或带紫色，无毛或稍有柔毛。叶片菱状卵形或卵状披针形，长 3~12 cm，宽 1.0~5.5 cm，顶端圆钝，具微凸头，基部楔形，全缘，无毛或幼时沿叶脉稍有柔毛；叶柄长 1~8 cm，无毛，在其旁有 2 刺，刺长 5~10 mm。圆锥花序腋生及顶生，长 3~25 cm，下部顶生花穗常全部为雄花；在腋生花簇及顶生花穗基部的苞片变成尖锐直刺，长 5~15 mm，在顶生花穗上部的苞片狭披针形，长 1.5 mm，顶端急尖，具凸尖，中脉绿色；小苞片狭披针形，长约 1.5 mm；花被片绿色，顶端急尖，具凸尖，边缘透明，中脉绿色或带紫色，雄花的花被片矩圆形，长 2.0~2.5 mm，雌花的花被片矩圆状匙形，长 1.5 mm；雄蕊花丝略和花被片等长或较短；柱头 3，有时 2。胞果矩圆形，长 1.0~1.2 mm，在中部以下不规则横裂，包裹在宿存花被片内。种子近球形，直径约 1 mm，黑色或带棕黑色。

［生长发育规律］

一年生草本，春季种子萌发，茎叶大量生长，花果期 7—11 月，晚秋枯萎完成一个生长周期。

［分布与为害］

全国广泛分布，西南药材栽培区常见，主要为害大田药地、新垦药地或仿野生药材栽培田，苗期为害严重。

果序

花序　　　　　　　　　　　植株

苋 [拉丁名] *Amaranthus tricolor* L.
[属　别] 苋属 *Amaranthus*

[形态特征]

一年生草本,高80~150 cm。茎粗壮,绿色或红色,常分枝,幼时有毛或无毛。叶片卵形、菱状卵形或披针形,长4~10 cm,宽2~7 cm,绿色、红色、紫色或黄色,或部分绿色夹杂其他颜色,顶端圆钝,基部楔形,全缘或波状缘,无毛;叶柄长2~6 cm,绿色或红色。花簇腋生,或同时具顶生花簇,成下垂的穗状花序; 花簇球形,直径5~15 mm,雄花和雌花混生;苞片及小苞片卵状披针形,长2.5~3.0 mm,透明,顶端有1长芒尖,背面具1绿色或红色隆起中脉;花被片矩圆形,长3~4 mm,绿色或黄绿色,顶端有1长芒尖,背面具1绿色或紫色隆起中脉;雄蕊比花被片长或短。胞果卵状矩圆形,长2.0~2.5 mm,环状横裂,包裹在宿存花被片内。种子近圆形或倒卵形,直径约1 mm,黑色或黑棕色,边缘钝。

[生长发育规律]

一年生草本,春季种子萌发,茎叶大量生长,花期5—8月,果期7—9月,晚秋枯萎完成一个生长周期。

[分布与为害]

全国广泛分布,西南药材栽培区常见,主要为害大田药地、新垦药地或仿野生药材栽培田,苗期为害严重。

植株

幼苗

群落

花

凹头苋 [拉丁名] *Amaranthus blitum* L.
[属　别] 苋属 *Amaranthus*

[形态特征]

一年生草本,高10~30 cm,全体无毛。茎伏卧而上升,从基部分枝,淡绿色或紫红色。叶片卵形或菱状卵形,长1.5~4.5 cm,宽1~3 cm,顶端凹缺,有1芒尖,或微小不显,基部宽楔形,全缘或稍呈波状;叶柄长1.0~3.5 cm。花为腋生花簇,直至下部叶的腋部,生在茎端和枝端的花簇为直立穗状花序或圆锥花序;苞片及小苞片矩圆形,长不及1 mm;花被片矩圆形或披针形,长1.2~1.5 mm,淡绿色,顶端急尖,边缘内曲,背部有1隆起中脉;雄蕊比花被片稍短;柱头3或2,果熟时脱落。胞果扁卵形,长3 mm,不裂,微皱缩而近平滑,超出宿存花被片。种子环形,直径约12 mm,黑色至黑褐色,边缘具环状边。

[生长发育规律]

一年生草本,春季种子萌发,茎叶大量生长,花期7—8月,果期8—9月,晚秋枯萎完成一个生长周期。

[分布与为害]

全国广泛分布,西南药材栽培区常见,主要为害大田药地、新垦药地或仿野生药材栽培田,苗期为害严重。

植株

植株

花

花

紫草科 Boraginaceae

斑种草 [拉丁名] *Bothriospermum chinense* Bun.
[属　别] 斑种草属 *Bothriospermum*

[形态特征]

一年生草本，稀为二年生，高 20~30 cm，密生开展或向上的硬毛。根为直根，细长，不分枝。茎数条丛生，直立或斜升，从中部以上分枝或不分枝。基生叶及茎下部叶具长柄，匙形或倒披针形，通常长 3~6 cm，稀达 12 cm，宽 1.0~1.5 cm，先端圆钝，基部渐狭为叶柄，边缘皱波状或近全缘，上下两面均被基部具基盘的长硬毛及伏毛，茎中部及上部叶无柄，长圆形或狭长圆形，长 1.5~2.5 cm，宽 0.5~1.0 cm，先端尖，基部楔形或宽楔形，上面被向上贴伏的硬毛，下面被硬毛及伏毛。花序长 5~15 cm，具苞片；苞片卵形或狭卵形；花梗短，花期长 2~3 mm，果期伸长；花萼长 2.5~4.0 mm，外面密生向上开展的硬毛及短伏毛，裂片披针形，裂至近基部；花冠淡蓝色，长 3.5~4.0 mm，檐部直径 4~5 mm，裂片圆形，长宽约 1 mm，喉部有先端深 2 裂的梯形附属物；花药卵圆形或长圆形，长约 0.7 mm，花丝极短，着生于花冠筒基部以上 1 mm 处；花柱短，长约为花萼的 1/2。小坚果肾形，长约 2.5 mm，有网状皱褶及稠密的粒状突起，腹面有椭圆形的横凹陷。

植株

花序　　　　　　　　花

[生长发育规律]

一年生或二年生草本，苗期秋冬季或少量至第 2 年春季，花果期 4—5 月，种子繁殖。为夏熟药田杂草，长江流域发生数量较大，部分旱作药材受害较重。

[分布与为害]

全国广泛分布，南药材栽培区常见，主要为害大田药地、新垦药地或仿野生药材栽培田，苗期为害严重。

紫草 [拉丁名] *Lithospermum erythrorhizon* Sieb. et Zucc.
[属　别] 紫草属 *Lithospermum*

[形态特征]

多年生草本，根富含紫色物质。茎通常 1~3 条，直立，高 40~90 cm，有贴伏和开展的短糙伏毛，上部有分枝。叶无柄，卵状披针形至宽披针形，长 3~8 cm，宽 7~17 mm，先端渐尖，基部渐狭，两面均有短糙伏毛，脉在叶下面凸起，沿脉有较密的糙伏毛。花序生于茎和枝上部，长 2~6cm，果期延长；苞片与叶同形但较小；花萼裂片线形，长约 4 mm，果期可达 9 mm，背面有短糙伏毛；花冠白色，长 7~9 mm，外面稍有毛，筒部长约 4 mm，檐部与筒部近等长，裂片宽卵形，长 2.5~3.0 mm，开展，全缘或微波状，先端有时微凹，喉部附属物半球形，无毛；雄蕊着生于花冠筒中部稍上处，花丝长约 0.4 mm，花药长 1.0~1.2 mm；花柱长 2.2~2.5 mm，柱头头状。小坚果卵球形，乳白色或带淡黄褐色，长约 3.5 mm，平滑，有光泽，腹面中线凹陷呈纵沟状。

根　　　　　　　　　叶片

花序　　　　　　　　花

[生长发育规律]

多年生草本，春季萌发后茎叶大量生长，花果期 6—9 月，入冬地上部分枯萎，根系宿存越冬。

[分布与为害]

全国广泛分布，西南药材栽培区常见，主要为害大田药地、新垦药地或仿野生药材栽培田，苗期为害严重。

附地菜 [拉丁名] *Trigonotis peduncularis*（Trev.）Benth. ex Baker & S. Moore
[属 别] 附地菜属 *Trigonotis*

[形态特征]

一年生或二年生草本。茎通常多条丛生，稀单一，密集，铺散，高 5~30 cm，基部多分枝，被短糙伏毛。基生叶呈莲座状，有叶柄，叶片匙形，长 2~5 cm，先端圆钝，基部楔形或渐狭，两面被糙伏毛，茎上部叶长圆形或椭圆形，无叶柄或具短柄。花序生茎顶，幼时卷曲，后渐次伸长，长 5~20 cm，通常占全茎的 1/2~4/5，只在基部具 2~3 个叶状苞片，其余部分无苞片；花梗短，花后伸长，长 3~5 mm，顶端与花萼连接部分变粗呈棒状；花萼裂片卵形，长 1~3 mm，先端急尖；花冠淡蓝色或粉色，筒部甚短，檐部直径 1.5~2.5 mm，裂片平展，倒卵形，先端圆钝，喉部附属 5，白色或带黄色；花药卵形，长 0.3 mm，先端具短尖。小坚果 4，斜三棱锥状四面体形，长 0.8~1.0 mm，有短毛或平滑无毛，背面三角状卵形，具 3 锐棱，腹面的 2 个侧面近等大而基底面略小，凸起，具短柄，柄长约 1 mm，向一侧弯曲。

植株　　　　幼苗

花　　　　花序

[生长发育规律]

一年生或二年生草本，春秋两季种子萌发，萌发后茎叶大量生长。早春开花，花期甚长，入冬枯萎完成生长周期。

[分布与为害]

全国广泛分布，西南药材栽培区常见，主要为害大田药地、新垦药地或仿野生药材栽培田，苗期为害严重。

盾果草 [拉丁名] *Thyrocarpus sampsonii* Hance
[属 别] 盾果草属 *Thyrocarpus*

[形态特征]

多年生草本。茎 1 条至数条，直立或斜升，高 20~45 cm，常自下部分枝，有开展的长硬毛和短糙毛。基生叶丛生，有短柄，匙形，长 3.5~19.0 cm，宽 1~5 cm，全缘或有疏细锯齿，两面都有具基盘的长硬毛和短糙毛；茎生叶较小，无柄，狭长圆形或倒披针形。花序长 7~20 cm；苞片狭卵形至披针形，花生于苞腋或腋外；花梗长 1.5~3.0 mm；花萼长约 3 mm，裂片狭椭圆形，背面和边缘有开展的长硬毛，腹面稍有短伏毛；花冠淡蓝色或白色，显著比萼长，檐部比筒部长 2.5 倍，檐部直径 5~6 mm，裂片近圆形，开展，喉部附属物线形，长约 0.7 mm，肥厚，有乳头突起，先端微缺；雄蕊 5，着生于花冠筒中部，花丝长约 0.3 mm，花药卵状长圆形，长约 0.5 mm。小坚果 4，长约 2 mm，黑褐色，碗状突起的外层边缘色较淡，齿长约为碗高的一半，伸直，先端不膨大，内层碗状突起不向里收缩。

[生长发育规律]

多年生草本，春季萌发后茎叶大量生长，花果期 5—7 月，入冬植株地上部分枯萎，根系宿存越冬。

[分布与为害]

全国广泛分布，西南药材栽培区常见，主要为害大田药地、新垦药地或仿野生药材栽培田，苗期为害严重。

生境　　　　植株

幼苗　　　　茎

田紫草 ［拉丁名］ *Lithospermum arvense* L.
       ［属　别］ 紫草属 *Lithospermum*

［形态特征］

一年生草本。根稍含紫色物质。茎通常单一，高 15~35 cm，自基部或仅上部分枝有短糙伏毛。叶无柄，倒披针形至线形，长 2~4 cm，宽 3~7 mm，先端急尖，两面均有短糙伏毛。聚伞花序生于枝上部，长可达 10 cm，苞片与叶同形而较小；花序排列稀疏，

有短花梗；花萼裂片线形，长 4.0~5.5 mm，通常直立，两面均有短伏毛，果期长可达 11 mm 且基部稍硬化；花冠高脚碟状，白色，有时蓝色或淡蓝色，筒部长约 4 mm，外面稍有毛，檐部长约为筒部的一半，裂片卵形或长圆形，直立或稍开展，长约 1.5 mm，稍不等大，喉部无附属物，但有 5 条延伸到筒部的毛带；雄蕊着生于花冠筒下部，花药长约 1 mm；花柱长 1.5~2.0 mm，柱头头状。小坚果三角状卵球形，长约 3 mm，灰褐色，有疣状突起。

植株　　　　　　生境

叶　　　　　　　花

［生长发育规律］

一年生草本，春季种子萌发，茎叶大量生长，花果期 4—8 月，晚秋枯萎完成一个生长周期。

［分布与为害］

全国广泛分布，西南药材栽培区常见，主要为害大田药地、新垦药地或仿野生药材栽培田，苗期为害严重。

琉璃草 ［拉丁名］ *Cynoglossum furcatum* Wall.
       ［属　别］ 琉璃草属 *Cynoglossum*

［形态特征］

多年生草本。直立草本，高 40~60 cm，稀达 80 cm。茎单一或数条丛生，密被黄褐色糙伏毛。基生叶及茎下部叶具柄，长圆形或长圆状披针形，长 12~20 cm（包括叶柄），宽 3~5 cm，先端钝，基部渐狭，上下两面密生贴伏的伏毛；茎上部叶无柄，狭小，被密伏的伏毛。花序顶生或腋生，分枝钝角叉状分开，无苞片，果期延长呈总状；花梗长 1~2 mm，在果期较花萼短，密生贴伏的糙伏毛；花萼长 1.5~2.0 mm，在果期稍增大，长约 3 mm，裂片卵形或卵状长圆形，外面密伏短糙毛；花冠蓝色，漏斗状，长 3.5~4.5 mm，檐部直径 5~7 mm，裂片长圆形，先端圆钝，喉部有 5 个梯形附属物，附属物长约 1 mm，先端微凹，边缘密生白柔毛；花药长圆形，长约 1 mm，宽 0.5 mm，花丝基部扩张，着生于花冠筒上 1/3 处；花柱肥厚，略四棱形，长约 1 mm，果期长达 2.5 mm，较花萼稍短。小坚果卵球形，长 2~3 mm，直径 1.5~2.5 mm，背面突，密生锚状刺，边缘无翅边或稀中部以下具翅边。

［生长发育规律］

多年生草本，茎叶春季大量生长，花果期 5—10 月，晚秋植株地上部分枯萎完成一个年生长周期。

［分布与为害］

全国广泛分布，西南药材栽培区常见，主要为害大田药地、新垦药地或仿野生药材栽培田，苗期为害严重。

幼苗　　　　　　植株

花序　　　　　　茎

马齿苋科 Portulacaceae

马齿苋 ［拉丁名］*Portulaca oleracea* L.
［属　别］马齿苋属 *Portulaca*

［形态特征］

一年生草本，全株无毛。茎平卧或斜倚，伏地铺散，多分枝，圆柱形，长10~15 cm，淡绿色或带暗红色。叶互生，有时近对生，叶片扁平，肥厚，倒卵形，似马齿状，长1~3 cm，宽0.6~1.5 cm，顶端圆钝或平截，有时微凹，基部楔形，全缘，上面暗绿色，下面淡绿色或带暗红色，中脉微隆起；叶柄粗短。花无梗，直径4~5 mm，常3~5朵簇生于枝端，午时盛开；苞片2~6，叶状，膜质，近轮生；萼片2，对生，绿色，盔形，呈压扁状，长约4 mm，顶端急尖，背部具龙骨状凸起，基部合生；花瓣5，稀4，黄色，倒卵形，长3~5 mm，顶端微凹，基部合生；雄蕊通常8，或更多，长约12 mm，花药黄色；子房无毛，花柱比雄蕊稍长，柱头4~6裂，线形。蒴果卵球形，长约5 mm，盖裂；种子细小，多数，偏斜球形，黑褐色，有光泽，直径不及1 mm，具小疣状凸起。

［生长发育规律］

一年生草本，春季茎叶大量生长，花期5—8月，果期6—9月，晚秋地上植株枯萎完成一个生长周期。

［分布与为害］

全国广泛分布，西南药材栽培区常见，主要为害大田药地、新垦药地或仿野生药材栽培田，苗期为害严重。

幼苗　　　　　植株　　　　　花　　　　　果实

土人参 ［拉丁名］*Talinum paniculatum*（Jacq.）Gaertn.
［属　别］土人参属 *Talinum*

［形态特征］

一年生或多年生草本，全株无毛，高30~100 cm。主根粗壮，圆锥形，有少数分枝，皮黑褐色，断面乳白色。茎直立，肉质，基部近木质，圆柱形，有时具槽。叶互生或近对生，具短柄或近无柄，叶片稍肉质，倒卵形或倒卵状长椭圆形，长5~10 cm，宽2.5~5.0 cm，顶端急尖，有时微凹，具短尖头，基部狭楔形，全缘。圆锥花序顶生或腋生，常二叉状分枝，具长花序梗；花小，直径约6 mm；总苞片绿色或近红色，圆形，顶端圆钝，长3~4 mm；苞片2，膜质，披针形，顶端急尖，长约1 mm；花梗长5~10 mm；萼片卵形，紫红色，早落；花瓣粉红色或淡紫红色，长椭圆形、倒卵形或椭圆形，长6~12 mm，顶端圆钝，稀微凹；雄蕊（10）15~20，比花瓣短；花柱线形，长约2 mm，基部具关节；柱头3裂，稍开展；子房卵球形，长约2 mm。蒴果近球形，直径约4 mm，3瓣裂，坚纸质；种子多数，扁圆形，直径约1 mm，黑褐色或黑色，有光泽。

［生长发育规律］

一年或多年生草本，春季茎叶大量生长，花期6—8月，果期9—11月，晚秋地上植株枯萎完成一个生长周期。

［分布与为害］

全国广泛分布，西南药材栽培区常见，主要为害大田药地、新垦药地或仿野生药材栽培田，苗期为害严重。

幼苗　　　　　　　　植株

花　　　　　　　　果实

忍冬科 Caprifolianceae

接骨草 ［拉丁名］*Sambucus javanica* Reinw. ex Blume
　　　　　［属　别］接骨木属 *Sambucus*

［形态特征］

高大草本或半灌木，高 1~2 m；茎有棱条，髓部白色。羽状复叶的托叶叶状或有时退化成蓝色的腺体；小叶 2~3 对，互生或对生，狭卵形，长 6~13 cm，宽 2~3 cm，嫩时上面被疏长柔毛，先端长渐尖，基部钝圆，两侧不等，边缘具细锯齿，近基部或中部以下边缘常有 1 或数枚腺齿；顶生小叶卵形或倒卵形，基部楔形，有时与第一对小叶相连，小叶无托叶，基部一对小叶有时有短柄。复伞形花序顶生，大而疏散，总花梗基部托以叶状总苞片，分枝 3~5 出，纤细，被黄色疏柔毛；杯形不孕性花不脱落，可孕性花小；萼筒杯状，萼齿三角形；花冠白色，仅基部联合，花药黄色或紫色；子房 3 室，花柱极短或几无，柱头 3 裂。果实红色，近圆形，直径 3~4 mm；核 2~3 粒，卵形，长 2.5 mm，表面有小疣状突起。

［生长发育规律］

多年生草本，茎叶春季大量生长，花期 4—5 月，果熟期 8—9 月，晚秋植株地上部分枯萎完成一个年生长周期。

［分布与为害］

全国广泛分布，西南药材栽培区常见，主要为害大田药地、新垦药地或仿野生药材栽培田，苗期为害严重。

植株

花序

叶片（背面）

茎干

石竹科 Caryophyllaceae

无心菜 ［拉丁名］*Arenaria serpyllifolia* L.
［属　别］无心菜属 *Arenaria*
［俗　名］卵叶蚤缀、鹅不食草、蚤缀、小无心菜

［形态特征］

一年生或二年生草本，高 10~30 cm。主根细长，支根较多而纤细。茎丛生，多分枝，直立或铺散，密生白色短柔毛，节间长 0.5~2.5 cm。叶片线形或卵形，全缘，基部狭，无柄，边缘具缘毛，顶端急尖，两面近无毛或疏生柔毛，下面具 3 脉，茎下部的叶较大，茎上部的叶较小。聚伞花序，具多花；苞片草质，卵形，通常密生柔毛；花梗长约 1 cm，纤细；萼片 5，披针形，边缘膜质，顶端尖，外面被柔毛，具显著的 3 脉；花瓣 5，先端不裂，白色，倒卵形，长为萼片的 1/3~1/2，顶端钝圆；雄蕊 10，短于萼片；子房卵圆形，无毛，花柱 3，线形。蒴果卵圆形，与宿存萼等长，顶端 6 裂；种子小，肾形，表面粗糙，淡褐色。

［生长发育规律］

一年生或二年生草本，每年春秋两季大量生长，花期 6—8 月，果期 8—9 月，晚秋植株地上部分枯萎完成一个年生长周期。

［分布与为害］

全国广泛分布，西南药材栽培区常见，生于海拔 550~3 980 m 沙质或石质荒地、田野、园地或山坡草地，主要为害大田药地、新垦药地或仿野生药材栽培田，苗期为害严重。

群落

叶片

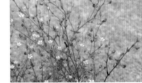
果实

花

簇生泉卷耳 ［拉丁名］*Cerastium fontanum* subsp. *vulgare*（Hartman）Greuter & Burdet
［属　别］卷耳属 *Cerastium*
［俗　名］簇生卷耳

［形态特征］

多年生或一、二年生草本，高 15~30 cm。茎单生或丛生，近直立，被白色短柔毛和腺毛。基生叶叶片近匙形或倒卵状披针形，基部渐狭呈柄状，两面被短柔毛；茎生叶近无柄，叶片卵形、狭卵状长圆形或披针形，长 1~3（4）cm，宽 3~10（12）mm，顶端急尖或钝尖，两面均被短柔毛，边缘具缘毛。聚伞花序顶生；苞片草质；花梗细，长 5~25 mm，密被长腺毛，花后弯垂；萼片 5，长圆状披针形，长 5.5~6.5 mm，外面密被长腺毛，边缘中部以上膜质；花瓣 5，白色，倒卵状长圆形，等长或微短于萼片，顶端 2 浅裂，基部渐狭，无毛；雄蕊短于花瓣，花丝扁线形，无毛；花柱 5，短线形。蒴果圆柱形，长 8~10 mm，长为宿存萼的 2 倍，顶端 10 齿裂；种子褐色，具瘤状凸起。

［生长发育规律］

多年生或一、二年生草本，每年春秋两季大量生长，花期 5—6 月，果期 6—7 月，晚秋植株地上部分枯萎完成一个年生长周期。

［分布与为害］

全国广泛分布，西南药材栽培区常见，生于海拔 1 200~2 300 m 的山地林缘杂草间或疏松沙质土壤中，主要为害大田药地、新垦药地或仿野生药材栽培田，苗期为害严重。

生境

植株

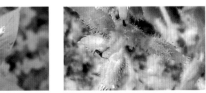

花序

果实

卷耳 ［拉丁名］*Cerastium arvense* subsp. *strictum* Gaudin
［属　别］卷耳属 *Cerastium*
［俗　名］细叶卷耳、狭叶卷耳

［形态特征］

多年生疏丛草本，高 10~35 cm。茎基部匍匐，上部直立，绿色并带淡紫红色，下部被下向的毛，上部混生腺毛。叶片线状披针形或长圆状披针形，长 1.0~2.5 cm，宽 1.5~4.0 mm，顶端急尖，基部楔形，抱茎，被疏长柔毛，叶腋具不育短枝。聚伞花序顶生，具 3~7 花；苞片披针形，草质，被柔毛，边缘膜质；花梗细，长 1.0~1.5 cm，密被白色腺柔毛；萼片 5，披针形，长约 6 mm，宽 1.5~2.0 mm，顶端钝尖，边缘膜质，外面密被长柔毛；花瓣 5，白色，倒卵形，比萼片长 1 倍或更长，顶端 2 裂深达 1/4~1/3；雄蕊 10，短于花瓣；花柱 5，线形。蒴果长圆形，长于宿存萼 1/3，顶端倾斜，10 齿裂；种子肾形，褐色，略扁，具瘤状凸起。

［生长发育规律］

多年生草本，每年春秋两季大量生长，花期 5—8 月，果期 7—9 月，晚秋植株枯萎完成一个年生长周期。

［分布与为害］

全国广泛分布，西南药材栽培区常见，生于海拔 1 200~2 600 m 高山草地、林缘或丘陵区，主要为害大田药地、新垦药地或仿野生药材栽培田，苗期为害严重。

植株　　　　　　　　花　　　　　　　　茎叶　　　　　　　　生境

繁缕 ［拉丁名］*Stellaria media*（L.）Villars
［属　别］繁缕属 *Stellaria*
［俗　名］鸡儿肠、鹅耳伸筋、鹅肠菜

［形态特征］

一年生或二年生草本，高 10~30 cm。茎俯仰或上升，基部常带淡紫红色，被 1（~2）列毛。叶片宽卵形或卵形，长 1.5~2.5 cm，宽 1.0~1.5 cm，顶端渐尖或急尖，基部渐狭或近心形，全缘；基生叶具长柄，上部叶常无柄或具短柄。疏聚伞花序顶生；花梗细弱，具 1 列短毛，花后伸长，下垂，长 7~14 mm；萼片 5，卵状披针形，长约 4 mm，顶端稍钝或近圆形，边缘宽膜质，外面被短腺毛；花瓣白色，长椭圆形，比萼片短，深 2 裂达基部，裂片近线形；雄蕊 3~5，短于花瓣；花柱 3，线形。蒴果卵形，稍长于宿存萼，顶端 6 裂，具多数种子；种子卵圆形至近圆形，稍扁，红褐色，直径 1.0~1.2 mm，表面具半球形瘤状凸起，脊较显著。

［生长发育规律］

一年生或二年生草本，每年春秋两季大量生长，花期 6—7 月，果期 7—8 月，晚秋植株枯萎完成一个年生长周期。

［分布与为害］

全国广泛分布，西南药材栽培区常见，为害大田药地、新垦药地或仿野生药材栽培田，苗期为害严重。

植株　　　　　　　　群落

叶、花　　　　　　　　花

鹅肠菜　[拉丁名] *Stellaria aquatica*（L.）Scop.
　　　　　[属　别] 繁缕属 *Stellaria*
　　　　　[俗　名] 牛繁缕

[形态特征]

　　二年生或多年生草本，具须根。茎上升，多分枝，长50~80 cm，上部被腺毛。叶片卵形或宽卵形，长2.5~5.5 cm，宽1~3 cm，顶端急尖，基部稍心形，有时边缘具毛；叶柄长5~15 mm，上部叶常无柄或具短柄，疏生柔毛。顶生二歧聚伞花序；苞片叶状，边缘具腺毛；花梗细，长1~2 cm，花后伸长并向下弯，密被腺毛；萼片卵状披针形或长卵形，长4~5 mm，果期长达7 mm，顶端较钝，边缘狭膜质，外面被腺柔毛，脉纹不明显；花瓣白色，2深裂至基部，裂片线形或披针状线形，长3.0~3.5 mm，宽约1 mm；

雄蕊10，稍短于花瓣；子房长圆形，花柱短，线形。蒴果卵圆形，稍长于宿存萼。种子近肾形，直径约1 mm，稍扁，褐色，具小疣。

[生长发育规律]

　　二年生或多年生草本，每年春季大量生长，花期5—8月，果期6—9月，晚秋植株枯萎完成一个年生长周期。

[分布与为害]

　　全国广泛分布，西南药材栽培区常见，为害大田药地、新垦药地或仿野生药材栽培田，苗期为害严重。

群落　　　　　　　　群落　　　　　　　　花序　　　　　　　　花

雀舌草　[拉丁名] *Stellaria alsine* Grimm
　　　　　[属　别] 繁缕属 *Stellaria*
　　　　　[俗　名] 天蓬草

[形态特征]

　　二年生草本，高15~25（35）cm，全株无毛，须根细。茎丛生，稍铺散，上升，多分枝。叶无柄，叶片披针形至长圆状披针形，长5~20 mm，宽2~4 mm，顶端渐尖，基部楔形，半抱茎，边缘软骨质，呈微波状，基部具疏缘毛，两面微显粉绿色。聚伞花序通常具3~5花，顶生或花单生于叶腋；花梗细，长5~20 mm，无毛，果时稍下弯，基部有时具2披针形苞片；萼片5，披针形，长2~4 mm，宽1 mm，顶端渐尖，边缘膜质，中脉明显，无毛；花瓣5，白色，短于萼片或与萼片近等长，2深裂几达基部，裂片条形，钝头；雄蕊5，有时6~7，微短于花瓣；子房卵形，花柱3（有时为2），短线形。蒴果卵圆形，与宿存萼等长或稍长于宿存萼，6齿裂，含多数种子；种子肾脏形，微扁，褐色，具皱纹状凸起。

[生长发育规律]

　　二年生草本，每年春季大量生长，花期5—6月，

果期7—8月，晚秋植株枯萎完成一个年生长周期。

[分布与为害]

　　全国广泛分布，西南药材栽培区常见，为害大田药地、新垦药地或仿野生药材栽培田，苗期为害严重。

花序　　　　　　　　生境

漆姑草 [拉丁名] *Sagina japonica*（Sw.）Ohwi
[属　别] 漆姑草属 *Sagina*
[俗　名] 腺漆姑草、日本漆姑草、星宿草、珍珠草、瓜槌草

[形态特征]

　　一年生小草本，高 5~20 cm，上部被稀疏腺柔毛。茎丛生，稍铺散。叶片线形，长 5~20 mm，宽 0.8~1.5 mm，顶端急尖，无毛。花小形，单生枝端；花梗细，长 1~2 cm，被稀疏短柔毛；萼片 5，卵状椭圆形，长约 2 mm，顶端尖或钝，外面疏生短腺柔毛，边缘膜质；花瓣 5，狭卵形，稍短于萼片，白色，顶端圆钝，全缘；雄蕊 5，短于花瓣；子房卵圆形，花柱 5，线形。蒴果卵圆形，微长于宿存萼，5 瓣裂；

种子细，圆肾形，微扁，褐色，表面具尖瘤状凸起。

[生长发育规律]

　　一年生小草本，每年春季大量生长，花期 3—5 月，果期 5—6 月，晚秋植株枯萎完成一个年生长周期。

[分布与为害]

　　全国广泛分布，西南药材栽培区常见，为害大田药地、新垦药地或仿野生药材栽培田，苗期为害严重。

群落

植株

花

花

麦瓶草 [拉丁名] *Silene Conoidea* L.
[属　别] 蝇子草属 *Silene*
[俗　名] 米瓦罐

[形态特征]

　　一年生草本，高 25~60 cm，全株被短腺毛。根为主根系，稍木质。茎单生，直立，不分枝。基生叶片匙形，茎生叶叶片长圆形或披针形，长 5~8 cm，宽 5~10 mm，基部楔形，顶端渐尖，两面被短柔毛，边缘具缘毛，中脉明显。二歧聚伞花序具数花；花直立，直径约 20 mm；花萼圆锥形，长 20~30 mm，直径 3.0~4.5 mm，绿色，基部脐形，果期膨大，长达 35 mm，下部宽卵状，直径 6.5~10.0 mm，纵脉 30 条，沿脉被短腺毛，萼齿狭披针形，长为花萼的 1/3 或更长，边缘下部狭膜质，具缘毛；雌雄蕊柄几无；花瓣淡红色，长 25~35 mm，爪不露出花萼，狭披针形，长 20~25 mm，无毛，耳三角形，瓣片倒卵形，

长约 8 mm，全缘或微凹缺，有时呈微啮蚀状；副花冠片狭披针形，长 2.0~2.5 mm，白色，顶端具数浅齿；雄蕊微外露或不外露，花丝具稀疏短毛；花柱微外露。蒴果梨状，长约 15 mm，直径 6~8 mm；种子肾形，长约 1.5 mm，暗褐色。

[生长发育规律]

　　一年生草本，每年春季大量生长，花期 5—6 月，果期 6—7 月，晚秋植株枯萎完成一个年生长周期。

[分布与为害]

　　全国广泛分布，西南药材栽培区常见，为害大田药地、新垦药地或仿野生药材栽培田，苗期为害严重。

植株

花

花

花

藜科 Chenopodiaceae

藜 [拉丁名] *Chenopodium album* L.
　　[属　别] 藜属 *Chenopodium*
　　[俗　名] 灰条菜、灰藋

[形态特征]

　　一年生草本，植株高大。茎直立，粗壮，具棱及绿色或紫红色的条带，多分枝；枝条斜升或开展。叶片菱状卵形至宽披针形，长 3~6 cm，宽 2.5~5.0 cm，先端急尖或微钝，基部楔形至宽楔形，上面通常无粉，有时嫩叶的上面有紫红色粉，下面多少有粉，边缘具不整齐锯齿；叶柄与叶片近等长，或为叶片长度的 1/2。花两性，花簇生于枝上部排列成或大或小的穗状圆锥状或圆锥状花序；花被裂片 5，宽卵形至椭圆形，背面具纵隆脊，有粉，先端或微凹，边缘膜质；雄蕊 5，花药伸出花被，柱头 2。果皮与种子贴生。种子横生，双凸镜状，直径 1.2~1.5 mm，边缘钝，黑色，有光泽，表面具浅沟纹；胚环形。

[生长发育规律]

　　一年生草本，每年春季大量生长，花果期 5—10 月，晚秋植株枯萎完成一个年生长周期。

[分布与为害]

　　全国广泛分布，西南药材栽培区常见，生于路旁、荒地及田间，为很难除掉的杂草，为害大田药地、新垦药地或仿野生药材栽培田，苗期为害严重。

植株

茎干

叶片

花

小藜 [拉丁名] *Chenopodium ficifolium* Sm.
　　[属　别] 藜属 *Chenopodium*

[形态特征]

　　一年生草本，植株高 20~50 cm，较藜更矮小。茎直立，具棱及绿色的条带。叶片卵状矩圆形，长 2.5~5.0 cm，宽 1.0~3.5 cm，通常 3 浅裂；中裂片两边近平行，先端钝或急尖并具短尖头，边缘具深波状锯齿；侧裂片位于中部以下，通常各具 2 浅裂齿。花两性，数个聚集在一起，在排列于上部的枝上形成较开展的顶生圆锥状花序；花被近球形，5 深裂，裂片宽卵形，不开展，背面具微纵隆脊并有密粉；雄蕊 5，开花时外伸；柱头 2，丝形。胞果包在花被内，果皮与种子贴生。种子双凸镜状，黑色，有光泽，直径约 1 mm，边缘微钝，表面具六角形细洼；胚环形。

[生长发育规律]

　　一年生草本，每年春季大量生长，花期 4—5 月，果期 6—7 月，晚秋植株枯萎完成一个年生长周期。

[分布与为害]

　　全国广泛分布，西南药材栽培区常见，生于路旁、荒地及田间，为很难除掉的杂草，为害大田药地、新垦药地或仿野生药材栽培田，苗期为害严重。

植株

叶片

叶片（背面）

花

灰绿藜 ［拉丁名］*Oxybasis glauca*（L.）S. Fuentes, Uotila & Borsch
［属　别］红叶藜属 *Oxybasia*

［形态特征］

一年生草本，高20~40 cm。茎平卧或外倾，具棱及绿色或紫红色色条。叶片矩圆状卵形至披针形，长2~4 cm，宽6~20 mm，肥厚，先端急尖或钝，基部渐狭，边缘具缺刻状牙齿，上面无粉，平滑，下面有粉而呈灰白色，有的稍带紫红色；中脉明显，黄绿色；叶柄长5~10 mm。花两性兼有雌性，通常数花聚成团伞花序，再于分枝上排列成有间断且通常短于叶的穗状或圆锥状花序；花被裂片3~4，浅绿色，稍肥厚，通常无粉，狭矩圆形或倒卵状披针形，长不及1 mm，先端通常钝；雄蕊1~2，花丝不伸出花被，花药球形；柱头2，极短。胞果顶端露出于花被外，果皮膜质，黄白色。种子扁球形，直径0.75 mm，横生、斜生及直立，暗褐色或红褐色，边缘钝，表面有细点纹。

［生长发育规律］

一年生草本，每年春季大量生长，花期4—5月，果期7—10月，晚秋地上植株枯萎完成一个年生长周期。

［分布与为害］

全国广泛分布，西南药材栽培区常见，生于路旁、荒地及田间，为很难除掉的杂草，为害大田药地、新垦药地或仿野生药材栽培田，苗期为害严重。

群落　　　　　　叶片（背面）　　　　　　叶片（正面）　　　　　　花

土荆芥 ［拉丁名］*Dysphania ambrosioides*（Linnaeus）Mosyakin & Clemants
［属　别］腺毛藜属 *Dysphania*

［形态特征］

一年生或多年生草本，高50~80 cm，有强烈香味。茎直立，多分枝，有色条及棱；枝通常细瘦，有短柔毛并兼有具节的长柔毛，有时近于无毛。叶片矩圆状披针形至披针形，先端急尖或渐尖，边缘具稀疏不整齐的大锯齿，基部渐狭具短柄，上面平滑无毛，下面有散生油点并沿叶脉稍有毛，下部的叶长达15 cm，宽达5 cm，上部叶逐渐狭小而近全缘。花两性及雌性，通常3~5个团集，生于上部叶腋；花被裂片5，少数为3，绿色，果时通常闭合；雄蕊5，花药长0.5 mm；花柱不明显，柱头通常3，较少为4，丝形，伸出花被外。胞果扁球形，完全包于花被内。种子横生或斜生，黑色或暗红色，平滑，有光泽，边缘钝，直径约0.7 mm。

［生长发育规律］

一年生草本，每年春季大量生长，花期和果期的时间都很长，晚秋植株枯萎完成一个年生长周期。

［分布与为害］

全国广泛分布，西南药材栽培区常见，生于路旁、荒地及田间，为很难除掉的杂草，为害大田药地、新垦药地或仿野生药材栽培田，苗期为害严重。

植株　　　　　　植株　　　　　　花

菊叶香藜　[拉丁名] *Dysphania schraderiana*（Roemer & Schultes）Mosyakin & Clemants
　　　　　　[属　别] 腺毛藜属 *Dysphania*

[形态特征]

一年生草本，高 20~60 cm，有强烈气味，全体有具节的疏生短柔毛。茎直立，具绿色的条带，通常有分枝。叶片矩圆形，长 2~6 cm，宽 1.5~3.5 cm，边缘羽状浅裂至羽状深裂，先端钝或渐尖，有时具短尖头，基部渐狭，上面无毛或幼嫩时稍有毛，下面有具节的短柔毛并兼有黄色无柄的颗粒状腺体，很少近于无毛；叶柄长 2~10 mm。复二歧聚伞花序腋生；花两性；花被直径 1.0~1.5 mm，5 深裂；裂片卵形至狭卵形，有狭膜质边缘，背面通常有具刺状突起的纵隆脊并有短柔毛和颗粒状腺体，果时开展；雄蕊 5，花丝扁平，花药近球形。胞果扁球形，果皮膜质。种子横生，周边钝，直径 0.5~0.8 mm，红褐色或黑色，有光泽，具细网纹；胚半环形，围绕胚乳。

[生长发育规律]

一年生小草本，每年春季大量生长，花期 7—9 月，果期 9—10 月，晚秋植株枯萎完成一个年生长周期。

[分布与为害]

全国广泛分布，西南地区主要在四川、云南药材栽培区常见，生于路旁、荒地及田间，为很难除掉的杂草，为害大田药地、新垦药地或仿野生药材栽培田，苗期为害严重。

植株　　　　　　　幼苗　　　　　　　花　　　　　　　花

杖藜　[拉丁名] *Chenopodium giganteum* D. Don
　　　[属　别] 藜属 *Chenopodium*

[形态特征]

一年生大型草本，高可达 3 m。茎直立，粗壮，基部直径达 5 cm，具棱及绿色或紫红色的条带，上部多分枝，幼嫩时顶端的嫩叶有彩色密粉而现紫红色。叶片菱形至卵形，长可达 20 cm，宽可达 16 cm，先端通常钝，基部宽楔形，上面深绿色，无粉，下面浅绿色，有粉或老后变为无粉，边缘具不整齐的浅波状钝锯齿，上部分枝上的叶片渐小，卵形至卵状披针形，有齿或全缘；叶柄长为叶片长度的 1/2~2/3。花序为顶生大型圆锥状花序，多粉，开展或稍收缩，果时通常下垂；花两性，在花序中数个聚集在一起或单生；花被裂片 5，卵形，绿色或暗紫红色，边缘膜质；雄蕊 5。胞果双凸镜形，果皮膜质。种子横生，直径约 1.5 mm，黑色或红黑色，边缘钝，表面具浅网纹。

[生长发育规律]

一年生草本，每年春季大量生长，花期 8 月，果期 9—10 月，晚秋植株枯萎完成一个年生长周期。

[分布与为害]

全国广泛分布，西南地区主要在四川、云南药材栽培区常见，生于路旁、荒地及田间，是很难除掉的杂草，为害大田药地、新垦药地或仿野生药材栽培田，苗期为害严重。

幼苗

植株

植株

果实

菊科 Asteraceae

下田菊 ［拉丁名］*Adenostemma lavenia*（L.）Kuntze
［属　别］下田菊属 *Adenostemma*
［俗　名］牙桑西哈、水胡椒、汗苏麻、风气草、胖婆娘、白龙须、猪耳朵叶

[形态特征]

一年生草本，高 30~100 cm。茎直立，单生，基部直径 0.5~1.0 cm，坚硬，通常自上部叉状分枝，被白色短柔毛，下部或中部以下光滑无毛，全株有稀疏的叶。基部的叶在花期生存或枯萎；中部的茎叶较大，长椭圆状披针形，长 4~12 cm，宽 2~5 cm，顶端急尖或钝，基部宽或狭楔形，叶柄有狭翼，长 0.5~4.0 cm，边缘有圆锯齿，叶两面有稀疏的短柔毛或脱毛，通常沿脉有较密的毛；上部和下部的叶渐小，有短叶柄。头状花序小，少数稀多数，在假轴分枝顶端排列成松散伞房状或伞房圆锥状花序。花序分枝粗壮；花序梗长 0.8~3.0 cm，被灰白色或锈色短柔毛。总苞半球形，长 4~5 mm，宽 6~8 mm，果期变宽，宽可达 10 mm。总苞片 2 层，近等长，狭长椭圆形，质地薄，几膜质，绿色，顶端钝，外层苞片大部合生，外面被白色稀疏长柔毛，基部的毛较密。花冠长约 2.5 mm，下部被黏质腺毛，上部扩大，有 5 齿，被柔毛。瘦果倒披针形，长约 4 mm，宽约 1 mm，顶端钝，基部收窄，被腺点，熟时黑褐色。冠毛约 4 枚，长约 1 mm，棒状，基部结合成环状，顶端有棕黄色的黏质的腺体分泌物。

[生长发育规律]

一年生草本，每年春季大量生长，花期 8 月，果期 9—10 月，晚秋植株枯萎完成一个年生长周期。

[分布与为害]

全国广泛分布，主要在四川、云南药材栽培区常见，生于路旁、荒地及田间，为很难除掉的杂草，为害大田药地、新垦药地或仿野生药材栽培田，苗期为害严重。

花

花

生境

藿香蓟 ［拉丁名］*Ageratum conyzoides* L.
　　　　　［属　别］藿香蓟属 *Ageratum*
　　　　　［俗　名］胜红蓟

[形态特征]

　　一年生草本，高 50~100 cm，有时又不足 10 cm。无明显主根。茎粗壮，基部直径 4 mm，或少有纤细的，基部直径不足 1 mm，不分枝或自基部或自中部以上分枝，或基部平卧而节常生不定根。全部茎枝淡红色，或上部绿色，被白色尘状短柔毛或上部被稠密开展的长茸毛。叶对生，有时上部互生，常有腋生的不发育的叶芽。中部茎叶卵形或椭圆形或长圆形，长 3~8 cm，宽 2~5 cm；上部叶、下部叶和腋生小枝上的叶小，卵形或长圆形，有时植株全部叶小，长仅 1 cm，宽仅达 0.6 mm。全部叶基部钝或宽楔形，基出三脉或不明显五出脉，顶端急尖，边缘圆锯齿，有长 1~3 cm 的叶柄，两面被白色稀疏的短柔毛且有黄色腺点，上面沿脉处及叶下面的毛稍多，有时下面近无毛，上部叶的叶柄或腋生幼枝及腋生枝上的小叶的叶柄通常被白色稠密开展的长柔毛。头状花序 4~18 个，通常在茎顶排成紧密的伞房状花序；花序直径 1.5~3.0 cm，少有排成松散伞房花序的。花梗长 0.5~1.5 cm，被短柔毛。总苞钟状或半球形，宽 5 mm。总苞片 2 层，长圆形或披针状长圆形，长 3~4 mm，外面无毛，边缘撕裂。花冠长 1.5~2.5 mm，外面无毛或顶端有尘状微柔毛，檐部 5 裂，淡紫色。瘦果黑褐色，5 棱，长 1.2~1.7 mm，有白色稀疏细柔毛。冠毛膜片 5 或 6 个，长圆形，顶端急狭或渐狭呈长或短芒状，或部分膜片顶端截形而无芒状渐尖；全部冠毛膜片长 1.5~3.0 mm。

[生长发育规律]

　　一年生草本，每年春季大量生长，花果期全年，入冬后种子成熟、植株凋落完成生长周期。

[分布与为害]

　　全国广泛分布，在我国是重要的入侵生物之一，西南地区主要在云南、贵州、四川、重庆药材栽培区常见，生于路旁、荒地及田间，为很难除掉的杂草，为害大田药地、新垦药地或仿野生药材栽培田，苗期为害严重。

植株

群落

花

花

长穗兔儿风 ［拉丁名］ *Ainsliaea henryi* Diels
［属　别］兔儿风属 *Ainsliaea*

［形态特征］

多年生草本。根状茎粗短或伸长而微弯曲，直径 4~6 mm，密被黄褐色茸毛；根纤细，绕节丛生，长 5~20 cm。茎直立，不分枝，高 40~80 cm，直径 1.5~2.0 mm，常呈暗紫色，开花期被毛，后渐脱毛。叶基生，密集，莲座状，叶片稍厚，长卵形或长圆形，基部渐狭成翅柄，边缘具波状圆齿，凹缺中间具胼胝体状细齿，上面绿色，被疏柔毛，下面淡绿或有时带淡紫色，其与边缘被绢质长柔毛；中脉在上面平坦，在下面增宽而稍凸起，侧脉通常 3 对，很纤弱，弧形上升，无明显网脉；叶柄长 2~5 cm，被柔毛，上部具阔翅，翅向下渐狭，下部无翅；茎生叶极少而小，苞片状，卵形，长 8~25 cm，被柔毛。头状花序含花 3 朵，在开花期长 10~16 mm，直径约 3 mm，常 2~3 朵聚集成小聚伞花序，小聚伞花序无梗或中央者具纤细的梗，于茎顶呈穗状花序排列，花序轴被柔毛；总苞圆筒形，直径约 2 mm；总苞片约 5 层，顶端具长尖头，外层苞片卵形，长 1.5~2.0 mm，宽 1.0~1.5 mm，有时呈紫红色，中层苞片卵状披针形，长 4~6 mm，宽 1.4~2.0 mm，最内层苞片线形，长可达 16 mm，宽近 1 mm，上部常带紫红色。花全部两性，闭花受精的花冠圆筒形，隐藏于冠毛之中，长约 3.2 mm；花药长约 1.5 mm，顶端钝，基部的尾长为花药的 1/2；花柱长约 2.7 mm，花柱分枝顶端钝。瘦果圆柱形，长约 6 mm，无毛，有粗纵棱。冠毛污白至污黄色，羽毛状，长约 8 mm。

［生长发育规律］

多年生草本，每年春季大量生长，花期 7—9 月，果期 11—12 月。

［分布与为害］

分布于我国西南东部至华东南部一带海拔 700~2 700 m 坡地或林下沟边，云南、贵州、四川、重庆等地的高山药材栽培区常见，生于路旁、荒地及田间，为害新垦药地或仿野生药材栽培田，苗期为害严重。

植株

生境

幼苗

花

香青 [拉丁名] *Anaphalis sinica* Hance
[属 别] 香青属 *Anaphalis*

[形态特征]

多年生草本。根状茎细或粗壮、木质，有长达 8 cm 的细匍枝。茎直立，疏散或密集丛生，高 20~50 cm，细或粗壮，通常不分枝或在花后及断茎上分枝，被白色或灰白色棉毛，全部有密生的叶。下部叶在花期枯萎。中部叶长圆形，倒披针长圆形或线形，长 2.5~9.0 cm，宽 0.2~1.5 cm，基部渐狭，沿茎下延成狭或稍宽的翅，边缘平，顶端渐尖或急尖，有短小尖头，上部叶较小，线状披针形或线形，全部叶上面被蛛丝状棉毛，或下面或两面被白色或黄白色厚棉毛，在棉毛下常杂有腺毛，有单脉或具侧脉向上渐消失的离基三出脉。莲座状叶被密棉毛，顶端钝或圆形。头状花序多数或极多数，密集呈复伞房状或多次复伞房状；花序梗细。总苞钟状或近倒圆锥状，长 4~5 mm（稀达 6 mm），宽 4~6 mm；总苞片 6~7 层，外层卵圆形，浅褐色，被蛛丝状毛，长 2 mm，内层舌状长圆形，长约 3.5 mm，宽 1.0~1.2 mm，乳白色或污白色，顶端钝或圆形；最内层较狭，长椭圆形，有长达全长 2/3 的爪部；雄株的总苞片常较钝。雌株头状花序有多层雌花，中央有 1~4 朵雄花；雄株头状花托有短毛。花序全部有雄花。花冠长 2.8~3.0 mm。冠毛常较花冠稍长；雄花冠毛上部渐宽扁，有锯齿。瘦果长 0.7~1.0 mm，被小腺点。

[生长发育规律]

多年生草本，每年春季大量生长，花期 6—9 月，果期 8—10 月。

[分布与为害]

分布于四川、重庆和贵州药材栽培区，多产于海拔 400~2 000 m 低山或亚高山灌丛、草地、山坡和溪岸，为害新垦药地或仿野生药材栽培田，苗期为害严重。

植株

生境

花序

花

尼泊尔香青 ［拉丁名］*Anaphalis nepalensis*（Spreng.）Hand.-Mazz.
［属　别］香青属 *Anaphalis*

［形态特征］

多年生草本。根状茎细或稍粗壮，有长达 20 cm 稀 40 cm 的细匍枝；匍枝有倒卵形或匙形的、长 1~2 cm 的叶和顶生的莲座状叶丛。茎直立或斜升，高 5~45 cm，或无茎，被白色密棉毛，有密或疏生的叶。下部叶在花期生存，稀枯萎，与莲座状叶同形，匙形、倒披针形或长圆披针形，长 1~7 cm，宽 0.5~2.0 cm 或较大，基部渐狭，边缘平，顶端圆形或急尖；中部叶长圆形或倒披针形，常较狭，基部稍抱茎，不下延，顶端钝或尖，有细长尖头；上部叶渐狭小；或茎短而无中上部叶；全部叶两面或下面被白色棉毛且杂有具柄腺毛，有 1 脉或离基三出脉。头状花序 1 或少数，稀较多而疏散呈伞房状排列；花序梗长 0.5~2.5 cm。总苞多少呈球状，长 8~12 mm，宽 15~20 mm，较花盘长；总苞片 8~9 层，在花期放射状开展，外层苞片卵圆状披针形，长 3.5~5.0 mm，除顶端外其余为深褐色；内层苞片披针形，长 7~10 mm，宽 2.5~3.0 mm，白色，顶端尖，基部深褐色；最内层线状披针形，长 5~8 mm，有长约全长 1/3 的爪部。花托蜂窝状。雌株头状花序外围有多层雌花，中央有 3~6 个雄花；雄株头状花序全部有雄花，或外围有 1~3 个雌花。雄花花冠长 3 mm，雌花花冠长约 4 mm。冠毛长约 4 mm，在雄花上部稍粗厚，有锯齿。瘦果圆柱形，长 1 mm，被微毛。

［生长发育规律］

多年生草本，每年春季大量生长，花期 6—9 月，果期 8—10 月。

［分布与为害］

分布于四川、重庆和贵州等地的药材栽培区，多产于海拔 400~2 000 m 低山或亚高山灌丛、草地、山坡和溪岸，为害新垦药地或仿野生药材栽培田，苗期为害严重。

茎叶

花序

植株

花序

牛蒡 ［拉丁名］*Arctium lappa* L.
　　　 ［属　别］牛蒡属 *Arctium*
　　　 ［俗　名］恶实、大力子

［形态特征］

　　二年生草本。具粗大的肉质直根，长达 15 cm，径可达 2 cm，有分枝支根。茎直立，高达 2 m，粗壮，基部直径达 2 cm，通常带紫红或淡紫红色，有多数高起的棱，分枝斜升，多数，全部茎枝被稀疏的乳突状短毛及长蛛丝毛并混杂以棕黄色的小腺点。基生叶宽卵形，长达 30 cm，宽达 21 cm，边缘有稀疏的浅波状凹齿或齿尖，基部心形，有长达 32 cm 的叶柄，两面异色，上面绿色，有稀疏的短糙毛及黄色小腺点，下面灰白色或淡绿色，被薄茸毛或稀疏茸毛，有黄色小腺点，叶柄灰白色，被稠密的蛛丝状茸毛及黄色小腺点，但中下部常脱毛。茎生叶与基生叶同形或近同形，具等样的及等量的毛被，花序下部的叶小，基部平截或浅心形。头状花序多数或少数在茎枝顶端排成疏松的伞房花序或圆锥状伞房花序，花序梗粗壮。总苞卵形或卵球形，直径 1.5~2.0 cm。总苞片多层，多数，外层苞片三角状或披针状钻形，宽约 1 mm，中层、

内层苞片披针状或线状钻形，宽 1.5~3.0 mm；全部苞片近等长，长约 1.5 cm，顶端有软骨质钩刺。小花紫红色，花冠长 1.4 cm，细管部长 8 mm，檐部长 6 mm，外面无腺点，花冠裂片长约 2 mm。瘦果倒长卵形或偏斜倒长卵形，长 5~7 mm，宽 2~3 mm，两侧压扁状，浅褐色，有多数细脉纹，有深褐色的色斑或无色斑。冠毛多层，浅褐色；冠毛糙毛状，不等长，长达 3.8 mm，基部不连合成环，分散脱落。

［生长发育规律］

　　二年生草本，每年春季出苗，花果期 6—9 月，次年秋季后种子成熟、植株枯萎完成生长周期。

［分布与为害］

　　全国各地广泛分布；常生于海拔 750~3 500 m 山坡、山谷、林缘、林中、灌木丛中、河边潮湿地、村庄路旁或荒地中；为害新垦药地或仿野生药材栽培田，苗期为害严重。

苗

花序

花果

黄花蒿　[拉丁名] *Artemisia annua* L.
　　　　　[属　别] 蒿属 *Artemisia*
　　　　　[俗　名] 臭蒿、草蒿、臭黄蒿

[形态特征]

　　一年生草本；植株有浓烈的挥发性香气。根单生，垂直，狭纺锤形；茎单生，高 100~200 cm，基部直径可达 1 cm，有纵棱，多分枝；茎、枝、叶两面及总苞片背面无毛或初时背面微有极稀疏短柔毛，后脱落无毛。叶纸质，绿色；茎下部叶宽卵形或三角状卵形，绿色，两面具细小脱落性的白色腺点及细小凹点，三（至四）回栉齿状羽状深裂，每侧有裂片 5~8（10）枚，裂片长椭圆状卵形，再次分裂，小裂片边缘具多枚栉齿状三角形或长三角形的深裂齿，中肋明显，在叶面上稍隆起，中轴两侧有狭翅而无小栉齿，稀上部有数枚小栉齿，叶柄长 1~2 cm，基部有半抱茎的假托叶；中部叶具二（至三）回栉齿状的羽状深裂，小裂片栉齿状三角形，稀为细短狭线形，具短柄；上部叶与苞片叶一（至二）回栉齿状羽状深裂，近无柄。头状花序球形，多数，直径 1.5~2.5 mm，有短梗，下垂或倾斜，基部有线形的小苞叶，在分枝上排成总状或复总状花序，并在茎上组成开展的、尖塔形的圆锥花序；

总苞片 3~4 层，内、外层近等长，外层总苞片长卵形或狭长椭圆形，中肋绿色，边膜质，中层、内层总苞片宽卵形或卵形，花序托凸起，半球形；花深黄色，雌花 10~18 朵，花冠狭管状，檐部具 2（~3）裂齿，外面有腺点，花柱线形，伸出花冠外，先端 2 叉，叉端钝尖；两性花 10~30 朵，结实或中央少数花不结实，花冠管状，花药线形，上端附属物尖，长三角形，基部具短尖头，花柱与花冠近等长，先端 2 叉，叉端截形，有短睫毛。瘦果小，椭圆状卵形，略扁。

[生长发育规律]

　　一年生草本，每年春季出苗，花果期 8—11 月，每年秋季后种子成熟、植株枯萎完成生长周期。

[分布与为害]

　　我国西南各地广泛分布；适应性强，分布海拔达 3 650 m，常生于路旁、荒地、山坡、林缘等处，主要为害大田药材栽培地、新垦药地或仿野生药材栽培田，苗期为害严重。

幼苗

植株

群落

茎叶

花

青蒿 ［拉丁名］ *Artemisia caruifolia* Buch.-Ham. ex Roxb.
　　　［属　别］蒿属 *Artemisia*
　　　［俗　名］草蒿、苹蒿

［形态特征］

　　一年生草本。茎单生，高可达 1.5 m，无毛。叶两面无毛；基生叶与茎下部叶三回栉齿状羽状分裂，叶柄长；中部叶长圆形、长圆状卵形或椭圆形，长 5~15 cm，二回栉齿状羽状分裂，第一回全裂，每侧裂片 4~6，裂片具长三角形栉齿或近线状披针形小裂片，中轴与裂片羽轴有小锯齿，叶柄长 0.5~1.0 cm，基部有小的半抱茎假托叶；上部叶与苞片叶一（二）回栉齿状羽状分裂，无柄。头状花序近半球形，径 3.5~4.0 mm，具短梗，下垂，基部有线形小苞叶，穗状总状花序组成圆锥花序；总苞片背面无毛；雌花 10~20；两性花 30~40。瘦果长圆形。

［生长发育规律］

　　一年生草本，每年春季出苗，花果期 6—9 月，每年秋季后种子成熟、植株枯萎完成生长周期。

［分布与为害］

　　我国西南各地广泛分布；适应性强，常生于海拔 200~1 500 m 路旁、荒地、山坡、林缘等处，为害大田药材栽培地、新垦药地或仿野生药材栽培田，苗期为害严重。

群落　　　　　　植株

茎叶　　　　　　花序

艾 ［拉丁名］ *Artemisia argyi* H. Lév. & Van.
　　［属　别］蒿属 *Artemisia*
　　［俗　名］金边艾、艾蒿、端阳

［形态特征］

　　多年生草本或稍亚灌木状，植株有浓香。茎有少数短分枝，茎、枝被灰色蛛丝状柔毛。叶上面被灰白色柔毛，兼有白色腺点与小凹点，下面密被白色蛛丝状毛；基生叶具长柄；茎下部叶近圆形或宽卵形，羽状深裂，每侧裂片 2~3，裂片有 2~3 小裂齿，干后下面主、侧脉常深褐或锈色，叶柄长 0.5~0.8 cm；中部叶卵形、三角状卵形或近菱形，长 5~8 cm，一（二）回羽状深裂或半裂，每侧裂片 2~3，裂片卵形、卵状披针形或披针形，宽 2~3（4） mm，干后主脉和侧脉深褐或锈色，叶柄长 0.2~0.5 cm；上部叶与苞片叶羽状半裂、浅裂、3 深裂或不裂。头状花序椭圆形，直径 2.5~3（3.5） mm，排成穗状花序或复穗状花序，在茎上常组成尖塔形窄圆锥花序；总苞片背面密被灰白色蛛丝状绵毛，边缘膜质；雌花 6~10；两性花 8~12，檐部紫色。瘦果长卵圆形或长圆形。

［生长发育规律］

　　多年生草本或稍亚灌木状，每年春季出苗，花果期 7—10 月。

［分布与为害］

　　我国西南各地广泛分布；适应性强，常生于海拔 200~1 500 m 路旁、荒地、山坡、林缘等处，为害大田药材栽培地、新垦药地或仿野生药材栽培田，苗期为害严重。

群落　　　　　茎叶　　　　　植株　　　　　根

茵陈蒿 [拉丁名] *Artemisia capillaris* Thunb.
[属　别] 蒿属 *Artemisia*
[俗　名] 因陈、茵陈、绵茵陈、白茵陈、日本茵陈、家茵陈、绒蒿

[形态特征]

多年生亚灌木状草本，植株有浓香；茎、枝初密被灰白或灰黄色绢质柔毛；枝端有密集叶丛，基生叶常呈莲座状；基生叶、茎下部叶与营养枝叶两面均被棕黄或灰黄色绢质柔毛，叶卵圆形或卵状椭圆形，长2~4（5）cm，二回羽状全裂，每侧裂片2~3（4），裂片3~5全裂，小裂片线形或线状披针形，细直，不弧曲，长0.5~1.0 cm,叶柄长3~7 mm；中部叶宽卵形、近圆形或卵圆形，长2~3 cm，（一至）二回羽状全裂，小裂片线形或丝线形，细直，长0.8~1.2 cm，近无毛，基部裂片常半抱茎；上部叶与苞片叶羽状5全裂或3全裂。头状花序卵圆形，稀近球形，径1.5~2.0 mm，有短梗及线形小苞片，在分枝的上端或小枝端偏向外侧生长，排成复总状花序，在茎上端组成大型、开展圆锥花序；总苞片淡黄色，无毛；雌花6~10；两性花3~7。瘦果长圆形或长卵圆形。

[生长发育规律]

多年生草本，每年春季2月出苗，花果期7—10月。

[分布与为害]

四川、重庆均有分布，常生于低海拔地区河岸附近的湿润沙地、路旁及低山坡地区，主要为害新垦药地或仿野生药材栽培田，苗期为害严重。

幼苗

茎叶

植株

生境

牡蒿　[拉丁名] *Artemisia japonica* Thunb.
　　　　[属　别] 蒿属 *Artemisia*

[形态特征]

　　多年生草本；植株有香气。主根稍明显，侧根多，常有块根；根状茎稍粗短，直立或斜向上。茎单生或少数，高50~130 cm，有纵棱，上半部分枝。叶纸质，两面无毛或初时微有短柔毛，后无毛；基生叶与茎下部叶倒卵形或宽匙形，自叶上端斜向基部羽状深裂或半裂，裂片上端常有缺齿或无缺齿，具短柄，花期凋谢；中部叶匙形，上端有3~5枚斜向基部的浅裂片或深裂片，每裂片的上端有2~3枚小锯齿或无锯齿，叶基部楔形，渐狭窄，常有小型、线形的假托叶；上部叶小，上端具3浅裂或不分裂；苞片叶长椭圆形、椭圆形、披针形或线状披针形，先端不分裂或偶有浅裂。头状花序多数，卵球形或近球形，直径1.5~2.5 mm，无梗或有短梗，基部具线形的小苞叶，在分枝上通常排成穗状花序或穗状花序状的总状花序，并在茎上组成狭窄或中等开展的圆锥花序；雌花3~8朵，花冠狭圆锥状，檐部具2~3裂齿；两性花5~10朵，不孕育，花冠管状。瘦果小，倒卵形。

[生长发育规律]

　　多年生草本，每年春季出苗，花果期7—10月。

[分布与为害]

　　四川、重庆等地均有分布，常生于低海拔地区河岸附近的湿润沙地、路旁及低山坡等处，主要为害新垦药地或仿野生药材栽培田，苗期为害严重。

生境

植株

茎叶

花序

牛尾蒿 [拉丁名] *Artemisia dubia* Wall. ex Bess.
[属　别] 蒿属 *Artemisia*
[俗　名] 水蒿、艾蒿、米蒿

[形态特征]

多年生半灌木状草本。主根木质粗长，多侧根；根状茎粗短，直径 0.5~2.0 cm，有营养枝。茎丛生，直立或斜向上，高 80~120 cm，基部木质，纵棱明显，紫褐色或绿褐色，分枝多，开展，枝长 15~35 cm 或更长，常呈屈曲延伸状；茎、枝幼时被短柔毛，后渐稀疏或无毛。叶厚纸质或纸质，叶面微有短柔毛，背面毛密，宿存；基生叶与茎下部叶大，卵形或长圆形，羽状 5 深裂，有时裂片上还有 1~2 枚小裂片，无柄，在花期凋落；中部叶卵形，长 5~12 cm，宽 3~7 cm，羽状 5 深裂，裂片椭圆状披针形、长圆状披针形或披针形，长 3~8 cm，宽 5~12 mm，先端尖，边缘无裂齿，基部渐狭，楔形，呈柄状，有披针形或线形的假托叶；上部叶与苞片叶指状 3 深裂或不分裂，裂片或不分裂的苞片叶椭圆状披针形或披针形。头状花序多数，宽卵球形或球形，直径 1.5~2.0 mm，有短梗或近无梗，基部有小苞叶，在分枝的小枝上排成穗状花序或穗状花序状的总状花序，而在分枝上排成复总状花序，在茎上组成开展、具多级分枝的大型圆锥花序；总苞片 3~4 层，外层总苞片略短小，中层总苞片卵形、长卵形，背面无毛，有绿色中肋，边膜质，内层总苞片半膜质；雌花 6~8 朵，花冠狭小，略呈圆锥形，檐部具 2 裂齿，花柱伸出花冠外甚长；两性花 2~10 朵，不孕育，花冠管状，花药线形，先端附属物尖，长三角形，基部圆钝，花柱短，先端稍膨大，2 裂。瘦果小，长圆形或倒卵形。

[生长发育规律]

多年生草本，每年春季 2 月出苗，花果期 8—10 月。

[分布与为害]

分布范围广，主要分布于四川、云南等地，生于低海拔至海拔 3 500 m 地区的山坡、草原、疏林下及林缘。主要为害新垦药地或仿野生药材栽培田，苗期为害严重。

生境　植株

花序　群落

钻叶紫菀 [拉丁名] *Symphyotrichum subulatum* （Michx.）G.L.Nesom
[属　别] 联毛紫菀属 *Symphyotrichum*

[形态特征]

一年生草本，高可达 150 cm。主根圆柱状，向下渐狭。茎单一，直立，茎和分枝具粗棱，光滑无毛，基生叶在花期凋落；茎生叶多数，叶片披针状线形，极稀为狭披针形，两面绿色，光滑无毛，中脉在背面凸起，侧脉数对，头状花序极多数，花序梗纤细、光滑，总苞钟形，总苞片外层披针状线形，内层线形，边缘膜质，光滑无毛。雌花花冠舌状，舌片淡红色、红色、紫红色或紫色，线形，两性花花冠管状，冠管细。瘦果线状长圆形，稍扁。

[生长发育规律]

一年生草本，每年春季 2 月出苗，6—10 月开花结果，秋季后种子成熟、植株枯萎完成生长周期。

[分布与为害]

分布范围广，我国西南地区各地均有分布，生长在海拔 200~1 900 m 的山坡灌丛、草坡、沟边、路旁或荒地中。主要为害新垦药地或仿野生药材栽培田，苗期为害严重。

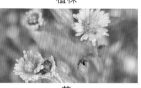

植株　幼苗

花　果

鬼针草 ［拉丁名］*Bidens pilosa* L.
　　　　　［属　别］鬼针草属 *Bidens*

［形态特征］

　　一年生草本。茎直立，高30~100 cm，钝四棱形，无毛或上部被极稀疏的柔毛，基部直径可达6 mm。茎下部叶较小，3裂或不分裂，通常在开花前枯萎，中部叶具长1.5~5.0 cm无翅的柄，三出，小叶3枚，很少为具5（~7）小叶的羽状复叶，两侧小叶椭圆形或卵状椭圆形，长2.0~4.5 cm，宽1.5~2.5 cm，先端锐尖，基部近圆形或阔楔形，有时偏斜，不对称，具短柄，边缘有锯齿、顶生小叶较大，长椭圆形或卵状长圆形，长3.5~7.0 cm，先端渐尖，基部渐狭或近圆形，具长1~2 cm的柄，边缘有锯齿，无毛或被极稀疏的短柔毛，上部叶小，3裂或不分裂，条状披针形。头状花序直径8~9 mm，有长1~6 cm（果时长3~10 cm）的花序梗。总苞基部被短柔毛，苞片7~8枚，条状匙形，上部稍宽，开花时长3~4 mm，果时长5 mm，草质，边缘疏被短柔毛或几无毛，外层托片披针形，果时长5~6 mm，干膜质，背面褐色，具黄色边缘，内层较狭，条状披针形。无舌状花，盘花筒状，长约4.5 mm，冠檐5齿裂。瘦果黑色，条形，略扁，具棱，长7~13 mm，宽约1 mm，上部具稀疏瘤状突起及刚毛，顶端芒刺3~4枚，长1.5~2.5 mm，具倒刺毛。

［生长发育规律］

　　一年生草本，每年春季3月出苗，8—10月开花结果，秋季后种子成熟、植株枯萎完成生长周期。

［分布与为害］

　　分布范围广，我国西南地区各地均有分布，生长在海拔200~1 200 m（中低海拔）的山坡灌丛中、草坡、沟边、路旁或荒地中。主要为害新垦药地或仿野生药材栽培田，苗期为害严重。

植株

群落

花序

果序

狼耙草　[拉丁名] *Bidens tripartita* L.
　　　　　[属　别] 鬼针草属 *Bidens*

[形态特征]

一年生草本。茎高 20~150 cm，圆柱状或具钝棱而稍呈四方形，基部直径 2~7 mm，无毛，绿色或带紫色，上部分枝或有时自基部分枝。叶对生，下部的叶较小，不分裂，边缘具锯齿，通常于花期枯萎；中部叶具柄，柄长 0.8~2.5 cm，有狭翅；叶片无毛或下面有极稀疏的小硬毛，长 4~13 cm，长椭圆状披针形，不分裂或近基部浅裂成一对小裂片，通常 3~5 深裂，裂深几达中肋，两侧裂片披针形至狭披针形，长 3~7 cm，宽 8~12 mm，顶生裂片较大，披针形或长椭圆状披针形，长 5~11 cm，宽 1.5~3.0 cm，两端渐狭，与侧生裂片边缘均具疏锯齿；上部叶较小，披针形，三裂或不分裂。头状花序单生茎端及枝端，直径 1~3 cm，高 1.0~1.5 cm，具较长的花序梗。总苞盘状，外层苞片 5~9 枚，条形或匙状倒披针形，长 1.0~3.5 cm，先端钝，具缘毛，叶状，内层苞片长椭圆形或卵状披针形，长 6~9 mm，膜质，褐色，有纵条纹，具透明或淡黄色的边缘；托片条状披针形，约与瘦果等长，背面有褐色条纹，边缘透明。无舌状花，全为筒状两性花，花冠长 4~5 mm，冠檐 4 裂。花药基部钝，顶端有椭圆形附器，花丝上部增宽。瘦果扁，楔形或倒卵状楔形，长 6~11 mm，宽 2~3 mm，边缘有倒刺毛，顶端芒刺通常 2 枚，极少 3~4 枚，长 2~4 mm，两侧有倒刺毛。

[生长发育规律]

一年生草本，每年春季 3 月出苗，8—10 月开花结果，秋季后种子成熟、植株枯萎完成生长周期。

[分布与为害]

分布范围广，我国西南地区各均有分布，生长在海拔 200~1 900 m 的山坡灌丛、草坡、沟边、路旁或荒地中。主要为害新垦药地或仿野生药材栽培田，苗期为害严重。

植株

叶

花序

果

翠菊 ［拉丁名］*Callistephus chinensis*（L.）Nees
［属 别］翠菊属 *Callistephus*
［俗 名］五月菊

[形态特征]

一年生或二年生草本，高（15）30~100 cm。茎直立，单生，有纵棱，被白色糙毛，基部直径6~7 mm，或纤细达 1 mm，分枝斜升或不分枝。下部茎叶花期脱落或生存；中部茎叶卵形、菱状卵形、匙形或近圆形，长 2.5~6.0 cm，宽 2~4 cm，顶端渐尖，基部截形、楔形或圆形，边缘有不规则的粗锯齿，两面被稀疏的短硬毛，叶柄长 2~4 cm，被白色短硬毛，有狭翼；上部的茎叶渐小，菱状披针形，长椭圆形或倒披针形，边缘有 1~2 个锯齿，或线形而全缘。头状花序单生于茎枝顶端，直径6~8 cm，有长花序梗。总苞半球形，宽 2~5 cm；总苞片 3 层，近等长，外层长椭圆状披针形或匙形，叶质，长 1.0~2.4 cm，宽2~4 mm，顶端钝，边缘有白色长睫毛，中层匙形，较短，质地较薄，染紫色，内层苞片长椭圆形，膜质，半透明，顶端钝。雌花 1 层，在园艺栽培类型中可为多层，红色、淡红色、蓝色、黄色或淡蓝紫色，舌状长 2.5~3.5 cm，宽 2~7 mm，有长 2~3 mm 的短管部；两性花花冠黄色，檐部长 4~7 mm，管部长 1.0~1.5 mm。瘦果长椭圆状倒披针形，稍扁，长3.0~3.5 mm，中部以上被柔毛。外层冠毛宿存，内层冠毛雪白色，不等长，长 3.0~4.5 mm，顶端渐尖，易脱落。

[生长发育规律]

一年生或二年生草本，每年春季 3 月出苗，5—10月开花结果，秋季后种子成熟，植株枯萎完成生长周期。

[分布与为害]

分布范围广，栽培类型为草本花卉，野生类型为农田杂草。我国西南地区各地均有分布，生长在海拔200~2 700 m 山坡荒地、山坡草丛、水边或疏林阴处。主要为害新垦药地或仿野生药材栽培田，苗期为害严重。

生境

群落

花

天名精　[拉丁名] *Carpesium abrotanoides* L.
　　　　　[属　别] 天名精属 *Carpesium*
　　　　　[俗　名] 天蔓青、鹤虱、野烟叶、野烟、野叶子烟

[形态特征]

多年生粗壮草本。茎高 60~100 cm，圆柱状，下部木质，近于无毛，上部密被短柔毛，有明显的纵条纹，多分枝。基叶于开花前凋萎，茎下部叶广椭圆形或长椭圆形，长 8~16 cm，宽 4~7 cm，先端钝或锐尖，基部楔形，三面深绿色，被短柔毛，老时脱落，几无毛，叶面粗糙，下面淡绿色，密被短柔毛，有细小腺点，边缘具不规整的钝齿，齿端有腺体状胼胝体；叶柄长 5~15 mm，密被短柔毛；茎上部节间长 1.0~2.5 cm，叶较密，长椭圆形或椭圆状披针形，先端渐尖或锐尖，基部阔楔形，无柄或具短柄。头状花序多数，生于茎端及沿茎、枝生于叶腋，近无梗，穗状花序式排列，着生于茎端及枝端者具椭圆形或披针形长 6~15 mm 的苞叶 2~4 枚，腋生头状花序无苞叶或有时具 1~2 枚甚小的苞叶。总苞钟球形，基部宽，上端稍收缩，成熟时开展为扁球形，直径 6~8 mm；苞片 3 层，外层苞片较短，卵圆形，先端钝或短渐尖，膜质或先端草质，具缘毛，背面被短柔毛；内层苞片长圆形，先端圆钝或具不明显的啮蚀状小齿。雌花狭筒状，长 1.5 mm，两性花筒状，长 2~2.5 mm，向上渐宽，冠檐 5 齿裂。瘦果长约 3.5 mm。

[生长发育规律]

多年生草本，每年春季 3—4 月出苗，6—10 月开花结果，秋季种子成熟后地上部分枯萎，完成一个年生长周期，以宿存根越冬。

[分布与为害]

广泛分布于西南地区，分布海拔可达 2 000 m，常生于村旁、路边荒地、溪边及林缘。主要为害新垦药地或仿野生药材栽培田，苗期为害严重。

植株

幼苗

茎叶

花

烟管头草 ［拉丁名］*Carpesium cernuum* L.
　　　　　［属　别］天名精属 *Carpesium*
　　　　　［俗　名］烟袋草、杓儿菜

［形态特征］

　　多年生草本。高50~100 cm，下部密被白色长柔毛及卷曲的短柔毛，基部及叶腋处尤密，常呈棉毛状，上部被疏柔毛，后渐脱落稀疏，有明显的纵条纹，多分枝。基叶于开花前凋萎，稀宿存，茎下部叶较大，具长柄，柄长约为叶片的2/3或两者近等长，下部具狭翅，向叶基渐宽，叶片长椭圆形或匙状长椭圆形，长6~12 cm，宽4~6 cm，先端锐尖或钝，上面绿色，被稍密的倒伏柔毛，下面淡绿色，被白色长柔毛，沿叶脉较密，在中肋及叶柄上常密集成茸毛状，两面均有腺点，边缘有稍不规整具胼胝尖的锯齿，中部叶椭圆形至长椭圆形，长8~11 cm，宽3~4 cm，先端渐尖或锐尖，基部楔形，具短柄，上部叶渐小，椭圆形至椭圆状披针形，近全缘。头状花序单生于茎端及枝端，开花时下垂；苞叶多枚，大小不等，其中2~3枚较大，椭圆状披针形，长2~5 cm，两端渐狭，具短柄，密被柔毛及腺点，其余较小，条状披针形或条状

匙形，稍长于总苞。总苞壳斗状，直径1~2 cm，长7~8 mm；苞片4层，外层苞片叶状，披针形，与内层苞片等长或稍长，草质或基部干膜质，密被长柔毛，先端钝，通常反折，中层及内层苞片干膜质，狭矩圆形至条形，先端钝，有不规整的微齿。雌花狭筒状，长约1.5 mm，中部较宽，两端稍收缩，两性花筒状，向上增宽，冠檐5齿裂。瘦果长4.0~4.5 mm。

［生长发育规律］

　　多年生草本，每年3—4月出苗，6—10月开花结果，秋季种子成熟后植株地上部分枯萎凋落，完成一个年生长周期，以宿存根越冬。

［分布与为害］

　　在我国西南地区分布范围广，垂直分布海拔可达2 000 m，常生于村旁、路边荒地、溪边及林缘。主要为害新垦药地或仿野生药材栽培田，苗期为害严重。

植株

花

幼苗

花序

暗花金挖耳 [拉丁名] *Carpesium triste* Maxim.
[属　别] 天名精属 *Carpesium*
[俗　名] 江北金挖耳、毛暗花金挖耳

[形态特征]

多年生草本。茎高30~100 cm，被开展的疏长柔毛，近基部及叶腋较稠密，中部分枝或有时不分枝。基叶宿存或于开花前枯萎，具长柄，柄与叶片等长或更长，上部具宽翅，向下渐狭。叶片卵状长圆形，长7~16 cm，宽3.0~8.5 cm，先端锐尖或短渐尖，基部近圆形，很少阔楔形，骤然下延，边缘有不规整具胼胝尖的粗齿，上面深绿色，被柔毛，下面淡绿色，被白色长柔毛，有时甚密；茎下部叶与基叶相似，中部叶较狭，先端长渐尖，叶柄较短，上部叶渐变小，披针形至条状披针形，两端渐狭，几无柄。头状花序生茎、枝端及上部叶腋，具短梗，总状或圆锥花序式排列，开花时下垂；苞叶多枚，其中1~3枚较大，条状披针形，长1.2~3.0 cm，宽1.8~3.0 mm，被稀疏柔毛，其余约与总苞等长。总苞钟状，长5~6 mm，直径4~10 mm，苞片约4层，近等长，外层苞片长圆状披针形或中部稍收缩而略呈匙形，上半部草质，先端钝或锐尖，被疏柔毛或几无毛，内层苞片条状披针形，干膜质，先端钝或有时具细齿。两性花筒状，长3.0~3.5 mm，向上稍宽，冠檐5齿裂，无毛，雌花狭筒形，长约2.5 mm。瘦果长3.0~3.5 mm。

[生长发育规律]

多年生草本，每年春季3—4月出苗，6—10月开花结果，秋季种子成熟后植株地上部分枯萎，完成一个年生长周期，以宿存根越冬。

[分布与为害]

分布在中国东北的辽宁、黑龙江、吉林，以及西南地区的云南、重庆、四川等地，生长于海拔700~3 300 m的地区，常见于林下和溪边。主要为害新垦药地或仿野生药材栽培田，苗期为害严重。

   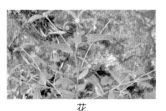

| 植株 | 幼苗 | 群落 | 花 |

石胡荽 [拉丁名] *Centipeda minima*（L.）A. Br. & Asch.
[属　别] 石胡荽属 *Centipeda*
[俗　名] 鹅不食草

[形态特征]

一年生小草本。茎多分枝，高5~20 cm，匍匐状，微被蛛丝状毛或无毛。叶互生，楔状倒披针形，长7~18 mm，顶端钝，基部楔形，边缘有少数锯齿，无毛或背面微被蛛丝状毛。头状花序小，扁球形，直径约3 mm，单生于叶腋，花序梗无或极短；总苞半球形；总苞片2层，椭圆状披针形，绿色，边缘透明膜质，外层较大；边缘花雌性，多层，花冠细管状，长约0.2 mm，淡绿黄色，顶端2~3微裂；盘花两性，花冠管状，长约0.5 mm，顶端4深裂，淡紫红色，下部有明显的狭管。瘦果椭圆形，长约1 mm，具4棱，棱上有长毛，无冠状冠毛。

[生长发育规律]

一年生草本，每年春季3—4月出苗，6—10月开花结果，秋季种子成熟，植株枯萎，完成一个生长周期。

[分布与为害]

全国广泛分布，生于路旁、荒野阴湿地中。主要为害新垦药地或仿野生药材栽培田，苗期为害严重。

苗　　　　　　植株

 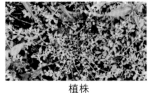

| 果 | 植株 |

矢车菊 ［拉丁名］*Centaurea cyanus* L.
　　　　　［属　别］矢车菊属 *Centaurea*
　　　　　［俗　名］蓝芙蓉、蓝花矢车菊

[形态特征]

　　一年生或二年生草本，高30~70 cm或更高，直立，自中部分枝，极少不分枝。全部茎枝灰白色，被薄蛛丝状卷毛。基生叶及下部茎叶长椭圆状倒披针形或披针形，不分裂，边缘全缘无锯齿或边缘疏锯齿至大头羽状分裂；侧裂片1~3对，长椭圆状披针形、线状披针形或线形，边缘全缘无锯齿，顶裂片较大，长椭圆状倒披针形或披针形，边缘有小锯齿。中部茎叶线形、宽线形或线状披针形，长4~9 cm，宽4~8 mm，顶端渐尖，基部楔状，无叶柄，边缘全缘无锯齿，上部茎叶与中部茎叶同形，但向上渐小。全部茎叶两面异色或近异色，上面绿色或灰绿色，被稀疏蛛丝毛或脱毛，下面灰白色，被薄茸毛。头状花序多数或少数在茎枝顶端排成伞房花序或圆锥花序。总苞椭圆状，直径 1.0~1.5 cm，有稀疏蛛丝毛。总苞片约7层，全部总苞片由外向内为椭圆形、长椭圆形，外层与中层苞片包括顶端附属物（长3~6 mm，宽2~4 mm），内层苞片包括顶端附属物（长1~11 cm，宽3~4 mm）。全部苞片顶端有浅褐色或白色的附属物，全部附属物沿苞片下延，边缘有流苏状锯齿。花有蓝色、白色、红色或紫色，檐部5~8裂，盘花浅蓝色或红色。瘦果椭圆形，长3 mm，宽1.5 mm，有细条纹，被稀疏的白色柔毛。冠毛白色或浅土红色，2列，外列多层，向内层渐长，长达3 mm，内列1层，极短。

[生长发育规律]

　　一年生或二年生草本，每年春季出苗，2—8月开花结果，秋季种子成熟，植株枯萎，完成一个生长周期。

[分布与为害]

　　四川、贵州、重庆等地均有分布，生于路旁、荒野阴湿地处。主要为害新垦药地或仿野生药材栽培田，苗期为害严重。

群落

生境

花

植株

菊苣　[拉丁名] *Cichorium intybus* L.
　　　　[属　别] 菊苣属 *Cichorium*
　　　　[俗　名] 蓝花菊苣

[形态特征]

　　多年生草本，高 40~100 cm。茎直立，单生，分枝开展或极开展，全部茎枝绿色，有条棱，被极稀疏的长而弯曲的糙毛或刚毛，或几无毛。基生叶莲座状，倒披针状长椭圆形，包括基部渐狭的叶柄，全长 15~34 cm，宽 2~4 cm，基部渐狭有翼柄，侧裂片 3~6 对或更多，顶侧裂片较大，向下侧裂片渐小，全部侧裂片镰刀形或不规则镰刀形或三角形。茎生叶少数，较小，卵状倒披针形至披针形，无柄，基部圆形或戟形扩大半抱茎。全部叶质地薄，两面被稀疏的多细胞长节毛，但叶脉及边缘的毛较多。头状花序多数，单生或数个集生于茎顶或枝端，或 2~8 个为一组沿花枝排列成穗状花序。总苞圆柱状，长 8~12 mm；总苞片 2 层，外层苞片披针形，长 8~13 mm，宽 2.0~2.5 mm，上半部绿色，草质，边缘有长缘毛，背面有极稀疏的头状具柄的长腺毛或单毛，下半部淡黄白色，质地坚硬，革质；内层苞片线状披针形，长达 1.2 cm，宽约 2 mm，下部稍坚硬，上部边缘及背面通常有极稀疏的头状具柄的长腺毛并杂有长单毛。舌状小花蓝色，长约 14 mm，有色斑。瘦果倒卵状、椭圆状或倒楔形，外层瘦果压扁，紧贴内层总苞片，3~5 棱，顶端截形，向下收窄，褐色，有棕黑色色斑。冠毛极短，2~3 层，膜片状，长 0.2~0.3 mm。

[生长发育规律]

　　多年生草本，每年春季 2—3 月出苗，5—10 月开花结果，秋季种子成熟，植株枯萎，完成一个年生长周期。

[分布与为害]

　　四川、贵州、重庆等地均有分布，生于路旁、荒野阴湿地处。主要为害新垦药地或仿野生药材栽培田，苗期为害严重。

幼苗

花

茎叶

刺儿菜　[拉丁名] *Cirsium arvense* var. *integrifolium* Wimm. & Grabowski
　　　　　[属　别] 蓟属 *Cirsium*
　　　　　[俗　名] 野刺儿菜、野红花、大小蓟、小蓟、大蓟、小刺盖、蓟蓟芽、刺刺菜

[形态特征]

多年生草本。茎有棱，幼茎被白色蛛丝状毛。基生叶和中部茎叶椭圆形、长椭圆形或椭圆状倒披针形，顶端钝或圆形，基部楔形，有时有极短的叶柄，通常无叶柄，长 7~15 cm，宽 1.5~10.0 cm，上部茎叶渐小，椭圆形、披针形或线状披针形，或全部茎叶不分裂，叶缘有细密的针刺，针刺紧贴叶缘。或叶缘有刺齿，齿顶针刺大小不等，针刺长达 3.5 mm，或大部分茎叶羽状浅裂或半裂，或边缘有粗大圆锯齿，裂片或锯齿斜三角形，顶端钝，齿顶及裂片顶端有较长的针刺，齿缘及裂片边缘的针刺较短且贴伏。极少两面异色，上面绿色、无毛，下面被稀疏或稠密的茸毛而呈现灰色，亦极少两面同色，两面都为灰绿色，被薄茸毛。头状花序单生茎端，或植株含少数或多数头状花序在茎枝顶端排成伞房花序。总苞卵形、长卵形或卵圆形，直径 1.5~2.0 cm。总苞片约 6 层，覆瓦状排列，向内层渐长，外层与中层苞片宽 1.5~2.0 mm，包括顶端针刺长 5~8 mm；内层及最内层苞片长椭圆形至线形，长 1.1~2.0 cm，宽 1.0~1.8 mm；中外层苞片顶端有长不足 0.5 mm 的短针刺，内层及最内层渐尖，膜质，短针刺。小花紫红色或白色，雌花花冠长 2.4 cm，檐部长 6 mm，细管部细丝状，长 18 mm，两性花花冠长 1.8 cm，檐部长 6 mm，细管部细丝状，长 1.2 mm。瘦果淡黄色，椭圆形或偏斜椭圆形，压扁状，长 3 mm，宽 1.5 mm，顶端斜截形。冠毛污白色，多层，整体脱落；冠毛刚毛长羽毛状，长 3.5 cm，顶端渐细。

[生长发育规律]

多年生草本，每年春季出苗，5—9 月开花结果，秋季后种子成熟，植株枯萎，完成一个年生长周期。

[分布与为害]

西南地区广泛分布，生于林缘、路旁、荒地中。主要为害新垦药地或仿野生药材栽培田，苗期为害严重。

植株

植株

茎叶

花

香丝草 ［拉丁名］*Erigeron bonariensis* L.
　　　　 ［属　别］飞蓬属 *Erigeron*
　　　　 ［俗　名］蓑衣草、野地黄菊、野塘蒿

［形态特征］

　　一年生或二年生草本，根纺锤状，常斜升，具纤维状根。茎直立或斜升，高 20~50 cm，稀更高，中部以上常分枝，常有斜上不育的侧枝，密被贴伏短毛，杂有开展的疏长毛。叶密集，基部叶在花期常枯萎，下部叶倒披针形或长圆状披针形，长 3~5 cm，宽 0.3~1.0 cm，顶端尖或稍钝，基部渐狭成长柄，通常具粗齿或羽状浅裂，中部和上部叶具短柄或无柄，狭披针形或线形，长 3~7 cm，宽 0.3~0.5 cm，中部叶具齿，上部叶全缘，两面均密被贴伏糙毛。头状花序多数，径 8~10 mm，在茎端排列成总状或总状圆锥花序，花序梗长 10~15 mm；总苞椭圆状卵形，长约 5 mm，宽约 8 mm，总苞片 2~3 层，线形，顶端尖，背面密被灰白色短糙毛，外层苞片比内层稍短或短一半，内层苞片长约 4 mm，宽 0.7 mm，具干膜质边缘。花托稍平，有明显的蜂窝孔，直径 3~4 mm；雌花多层，白色，花冠细管状，长 3.0~3.5 mm，无舌片或顶端仅有 3~4 个细齿；两性花淡黄色，花冠管状，长约 3 mm，管部上部被疏微毛，上端具 5 齿裂。瘦果线状披针形，长 1.5 mm，压扁状，被疏短毛；冠毛 1 层，淡红褐色，长约 4 mm。

　　与小蓬草相比，本种相对矮小。

［生长发育规律］

　　一年生或二年生草本，每年秋季出苗或春季 2—3 月出苗，5—10 月开花结果，秋季后种子成熟，植株枯萎，完成一个年生长周期。

［分布与为害］

　　四川、贵州、重庆等地均有分布，生于路旁、荒野阴湿地中。主要为害新垦药地或仿野生药材栽培田，苗期为害严重。

群落

苗

花

果实

小蓬草 [拉丁名] *Erigeron canadensis* L.
[属 别] 飞蓬属 *Erigeron*
[俗 名] 小飞蓬、飞蓬、加拿大蓬、小白酒草、蒿子草

[形态特征]

一年生草本，根纺锤状，具纤维状根。茎直立，高50~100 cm或更高，圆柱状，多少具棱，有条纹，被疏长硬毛，上部多分枝。叶密集，基部叶在花期常枯萎；下部叶倒披针形，长6~10 cm，宽1.0~1.5 cm，顶端尖或渐尖，基部渐狭成柄，边缘具疏锯齿或全缘；中部和上部叶较小，线状披针形或线形，近无柄或无柄，全缘或少有具1~2个齿，两面或仅上面被疏短毛。头状花序多数，小，直径3~4 mm，排列成顶生多分枝的大圆锥花序；花序梗细，长5~10 mm，总苞近圆柱状，长2.5~4.0 mm；总苞片2~3层，淡绿色，线状披针形或线形，顶端渐尖，外层苞片背面被疏毛，约比内层的苞片短一半，内层苞片长3.0~3.5 mm，宽约0.3 mm，边缘干膜质，无毛；花托平，径2.0~2.5 mm，具不明显的突起；雌花多数，舌状，白色，长2.5~3.5 mm，舌片小，稍超出花盘，线形，顶端具2个钝小齿；两性花淡黄色，花冠管状，长2.5~3.0 mm，上端具4或5个齿裂，管部上部被疏微毛。瘦果线状披针形，长1.2~1.5 mm，稍扁压状，被贴微毛；冠毛污白色，1层，糙毛状，长2.5~3.0 mm。与香丝草相比，小蓬草更加高大粗壮。

[生长发育规律]

一年生草本，每年春季出苗，5—9月开花结果，秋季后种子成熟，植株枯萎，完成一个年生长周期。

[分布与为害]

四川、云南、贵州、重庆等地均有分布，生于路旁、荒野阴湿地中。主要为害新垦药地或仿野生药材栽培田，苗期为害严重。

群落

植株

花

果实

白酒草 [拉丁名] *Eschenbachia japonica*（Thunb.）J. Kost.

[属　别] 白酒草属 *Eschenbachia*

[俗　名] 劲直假蓬、山地菊、假蓬、劲直白酒草

[形态特征]

　　一年生或二年生草本。根斜上，不分枝。茎直立，高 20~45 cm 或更高，基部直径 2~4 mm，自茎基部或在中部以上分枝，枝斜上或开展，全株被白色长柔毛或短糙毛。叶通常密集于茎较下部，呈莲座状，基部叶倒卵形或匙形，顶端圆形，基部长渐狭，较下部叶有长柄，叶片长圆形或椭圆状长圆形，顶端圆形，基部楔形，常下延成具宽翅的柄，边缘有圆齿或粗锯齿，有 4~5 对侧脉，在下面明显，两面被白色长柔毛；中部叶疏生，倒披针状长圆形或长圆状披针形，无柄，顶端钝，基部宽而半抱茎，边缘有小尖齿，上部叶渐小，披针形或线状披针形，两面被长贴毛。头状花序较多数，通常在茎及枝端密集成球状或伞房状，干时直径 11 mm；花序梗纤细，长 4~6 mm，密被长柔毛；总苞半球形，总苞片 3~4 层，覆瓦状排列，外层苞片较短，卵状披针形，内层苞片线状披针形，顶端尖或渐尖，边缘膜质或多少变紫色，背面沿中脉绿色，被长柔毛，干时常反折。花全部结实，黄色，外围的雌花极多数，花冠丝状，长 1.7~2.0 mm，顶端有微毛，短于花柱；中央的两性花少数，花冠管状，长约 4 mm，上部膨大，有 5 个卵形裂片，裂片顶端有微毛；花托半球形，中央明显凸起，两性花的窝孔较外围雌花的大，具短齿。瘦果长圆形，黄色，长 1.0~1.2 mm，扁压状，两端缩小，边缘脉状，两面无肋，有微毛；冠毛污白色或稍红色，长 4.5 mm，糙毛状，近等长，顶端狭。

[生长发育规律]

　　一年生或二年生草本，每年春季 2—3 月出苗，5—9 月开花结果，秋季后种子成熟，植株枯萎，完成一个年生长周期。

[分布与为害]

　　四川、云南、贵州、重庆等地均有分布，常生于海拔 700~2 500 m 山谷田边、山坡草地或林缘。主要为害新垦药地或仿野生药材栽培田，苗期为害严重。

植株

茎叶

花序

幼苗

苏门白酒草 ［拉丁名］*Erigeron sumatrensis* Retz.
［属　别］飞蓬属 *Erigeron*
［俗　名］苏门白酒菊

［形态特征］

　　一年生或二年生草本，根纺锤状，直或弯，具纤维状根。茎粗壮，直立，高80~150 cm，基部直径4~6 mm，具棱，整体绿色或下部红紫色，中部或中部以上有长分枝，被较密灰白色上弯糙短毛，杂有开展的疏柔毛。叶密集，基部叶花期凋落，下部叶倒披针形或披针形，长6~10 cm，宽1~3 cm，顶端尖或渐尖，基部渐狭成柄，边缘上部每边常有4~8个粗齿，基部全缘，中部和上部叶渐小，狭披针形或近线形，具齿或全缘，两面特别是下面被密糙短毛。头状花序多数，径5~8 mm，在茎枝端排列成大而长的圆锥花序；花序梗长3~5 mm；总苞卵状短圆柱状，长4 mm，宽3~4 mm，总苞片3层，灰绿色，线状披针形或线形，顶端渐尖，背面被糙短毛，外层苞片比内层苞片稍短或短于内层之半，内层苞片长约4 mm，边缘干膜质；花托稍平，具明显小窝孔，直径2.0~2.5 mm；雌花多层，长4.0~4.5 mm，管部细长，舌片淡黄色或淡紫色，极短细，丝状，顶端具2细裂；两性花6~11个，花冠淡黄色，长约4 mm，檐部狭漏斗形，上端具5齿裂，管部上部被疏微毛。瘦果线状披针形，长1.2~1.5 mm，压扁状，被贴微毛；冠毛1层，初时白色，后变黄褐色。

［生长发育规律］

　　一年生或二年生草本，每年春季2—3月出苗，5—10月开花结果，秋季后种子成熟，植株枯萎，完成一个年生长周期。

［分布与为害］

　　四川、云南、贵州、重庆等地均有分布，生于路旁、荒野阴湿地中。主要为害新垦药地或仿野生药材栽培田，苗期为害严重。

花序

幼苗

生境　　　　　　　　植株

芫荽菊 ［拉丁名］*Cotula anthemoides* L.
［属　别］山芫荽属 *Cotula*

［形态特征］

　　一年生小草本。茎具多数铺散的分枝，多少被淡褐色长柔毛。叶互生，二回羽状分裂，两面疏生长柔毛或几无毛；基生叶倒披针状长圆形，长3~5 cm，宽1~2 cm，有稍膜质扩大的短柄，一回裂片约5对，下部的裂片渐小而直展；中部茎生叶长圆形或椭圆形，长1.5~2.0 cm，宽0.7~1.0 cm，基部半抱茎；全部叶末次裂片多为浅裂的三角状短尖齿，或为半裂的三角状披针形小裂片，顶端短尖头。头状花序单生枝端，或叶腋或与叶对生，直径约5 mm，花序梗纤细，长5~12 mm，被长柔毛或近无毛；总苞盘状；总苞片2层，矩圆形，绿色，具1红色中脉，边缘膜质，顶端钝或短尖，内层苞片显著短小。花托乳突在果期伸长成果梗。边缘花雌性，多数，无花冠；盘花两性，少数，花冠管状，黄色，4裂。瘦果倒卵状矩圆形，扁平，长1.2 mm，宽0.8 mm，边缘有粗厚的宽翅，被腺点。

［生长发育规律］

　　一年生草本，每年春季2—3月出苗，花果期9月至翌年3月，种子成熟后植株枯萎，完成一个生长周期。

［分布与为害］

　　云南有分布，生于河边湿地。主要为害新垦药地或仿野生药材栽培田，苗期为害严重。

生境

幼苗

花果　　　　　　　　果序

野茼蒿 [拉丁名] *Crassocephalum crepidioides*（Benth.）S. Moore
[属　别] 野茼蒿属 *Crassocephalum*
[俗　名] 冬风菜、假茼蒿、草命菜、昭和草

[形态特征]

一年生直立草本。高 2.0~120 cm，茎有纵条棱，无毛。叶膜质，椭圆形或长圆状椭圆形，长 7~12 cm，宽 4~5 cm，顶端渐尖，基部楔形，边缘有不规则锯齿或重锯齿，或有时基部羽状裂，两面无或近无毛；叶柄长 2.0~2.5 cm。头状花序数个在茎端排成伞房状，直径约 3 cm，总苞钟状，长 1.0~1.2 cm，基部截形，有数枚不等长的线形小苞片；总苞片 1 层，线状披针形，等长，宽约 1.5 mm，具狭膜质边缘，顶端有簇状毛，小花全部管状，两性，花冠红褐色或橙红色，檐部 5 齿裂，花柱基部呈小球状，分枝，顶端尖，被乳头状毛。瘦果狭圆柱形，赤红色，有肋，被毛；冠毛极多数，白色，绢毛状，易脱落。

[生长发育规律]

一年生草本，每年春季 2—3 月出苗，7—12 月开花结果，种子成熟后植株枯萎，完成生长周期。

[分布与为害]

四川、云南、贵州、重庆等地均有分布，生于路旁、荒野阴湿地中。主要为害新垦药地或仿野生药材栽培田，苗期为害严重。

植株

幼苗

花序

花果

鱼眼草 [拉丁名] *Dichrocephala integrifolia*（Linnaeus f.）Kuntze
[属　别] 鱼眼草属 *Dichrocephala*
[俗　名] 口疮叶、馒头草、地苋菜，胡椒草

[形态特征]

一年生草本，直立或铺散，高 12~50 cm。茎通常粗壮，少有纤细的，不分枝或自基部分枝而铺散，或自中部分枝而斜升，基部直径 2~5 mm；茎枝被白色长或短茸毛，上部及接花序处的毛较密，或在果期脱毛或近无毛。叶卵形、椭圆形或披针形；中部茎叶长 3~12 cm，宽 2.0~4.5 cm，大头羽裂，顶裂片宽大，宽达 4.5 cm，侧裂片 1~2 对，通常对生而少有偏斜的，基部渐狭成具翅的长或短柄，柄长 1.0~3.5 cm。自中部向上或向下的叶渐小但同形；基部叶通常不裂，常卵形。全部叶边缘重粗锯齿或缺刻状，少有规则圆锯齿的，叶两面被稀疏的短柔毛，下面沿脉的毛较密，或稀毛或无毛。中下部叶的叶腋通常有不发育的叶簇或小枝；叶簇或小枝被较密的茸毛。头状花序小，球形，直径 3~5 mm，生枝端，多数头状花序在枝端或茎顶排列成疏松或紧密的伞房状花序或伞房状圆锥花序；花序梗纤细。总苞片 1~2 层，膜质，长圆形或长圆状披针形，稍不等长，长约 1 mm，顶端急尖，微锯齿状撕裂。外围雌花多层，紫色，花冠极细，线形，长 0.5 mm，顶端通常 2 齿；中央两性花黄绿色，少数，长 0.5 mm，管部短，狭细，檐部长钟状，顶端 4~5 齿。瘦果为压扁状，倒披针形，边缘脉状加厚。无冠毛，或两性花瘦果顶端有 1~2 个细毛状冠毛。与小鱼眼草的主要区别是本种叶大头羽状分裂，基部渐狭成具翅的柄，柄长 1.0~3.5 cm。

[生长发育规律]

一年生草本，每年春季 2—3 月出苗，花果期全年，种子成熟后植株枯萎，完成一个生长周期。

[分布与为害]

广泛分布于四川、云南、贵州、重庆等热带和亚热带地区，生于海拔 200~2 000 m 山坡、山谷阴处或阳处，或山坡林下，或平川耕地、荒地或水沟边。主要为害新垦药地或仿野生药材栽培田，苗期为害严重。

花

植株

花序

根

小鱼眼草　[拉丁名] *Dichrocephala benthamii* C. B. Clarke
　　　　　　[属　别] 鱼眼草属 *Dichrocephala*
　　　　　　[俗　名] 鱼眼菊

[形态特征]

　　一年生草本，高 15~35 cm，近直立或铺散。茎单生或簇生，通常粗壮，常自基部长出多数密集匍匐斜升的茎而无明显的主茎，或明显假轴分枝而主茎扭曲不显著，或有明显的主茎而基部直径约 4 mm。整个茎枝被白色长或短柔毛，上部及接花序处的毛常稠密而开展，有时中下部稀毛或脱毛。叶倒卵形、长倒卵形。中部茎叶长 3~6 cm，宽 1.5~3.0 cm，羽裂或少有大头羽裂，侧裂片 1~3 对，向下渐收窄，基部扩大，耳状抱茎。自中部向上或向下的叶渐小，匙形或宽匙形，边缘具深圆锯齿。有时植株全部的叶都较小，匙形，长 2.0~2.5 cm，宽约 1 cm。全部叶两面被白色疏或密短毛，有时脱毛或几无毛。头状花序小，扁球形，直径约 5 mm，生于枝端，少数或多数头状花序在茎顶和枝端排成疏松或紧密的伞房花序或圆锥状伞房花序；花序梗稍粗，被尘状微柔毛或几无毛。总苞片 1~2 层，长圆形，稍不等长，长约 1 mm，边缘锯齿状微裂。

花托呈半圆球形突起，顶端平。外围雌花多层，白色，花冠卵形或坛形，基部膨大，上端收窄，长 0.6~0.7 mm，顶端 2~3 个微齿。中央两性花少数，黄绿色，花冠管状，长 0.8~0.9 mm，管部短，狭细，檐部长钟状，有 4~5 裂齿。瘦果压扁状，光滑倒披针形，边缘脉状加厚。无冠毛，或两性花瘦果的顶端有 1~2 个细毛状冠毛。与鱼眼草的主要区别：本种的叶通常羽裂，少有大头羽裂的，无叶柄，基部扩大，圆耳状抱茎。

[生长发育规律]

　　一年生草本，每年春季出苗，花果期全年，种子成熟后植株枯萎，完成生长周期。

[分布与为害]

　　四川、云南、贵州、重庆等地均有分布，生于路旁、荒野阴湿地中。主要为害新垦药地或仿野生药材栽培田，苗期为害严重。

群落

花序

花

鳢肠　[拉丁名] *Eclipta prostrata*（L.）L.
　　　　[属　别] 鳢肠属 *Eclipta*
　　　　[俗　名] 凉粉草、墨汁草、墨旱莲、墨莱、旱莲草、野万红、黑墨草

[形态特征]

　　一年生草本。茎直立，斜升或平卧，高达 60 cm，通常自基部分枝，被贴生糙毛。叶长圆状披针形或披针形，无柄或有极短的柄，长 3~10 cm，宽 0.5~2.5 cm，顶端尖或渐尖，边缘有细锯齿或有时仅为波状，两面被密硬糙毛。头状花序径 6~8 mm，有长 2~4 cm 的细花序梗；总苞球状钟形，总苞片绿色，草质，5~6 个排成 2 层，长圆形或长圆状披针形，外层苞片较内层稍短，背面及边缘被白色短伏毛；外围的雌花 2 层，舌状，长 2~3 mm，舌片短，顶端 2 浅裂或全缘，中央的两性花多数，花冠管状，白色，长约 1.5 mm，顶端 4 齿裂；花柱分枝钝，有乳头状突起；花托凸，有披针形或线形的托片，托片中部以上有微毛。瘦果暗褐色，长 2.8 mm，雌花的瘦果三棱形，两性花的瘦果扁四棱形，顶端截形，具 1~3 个细齿，基部稍缩小，边缘具白色的肋，表面有小瘤状突起，无毛。

[生长发育规律]

　　一年生草本，每年春季 2—3 月出苗，6—9 月开花结果，秋季后种子成熟，植株枯萎，完成生长周期。

[分布与为害]

　　四川、云南、贵州、重庆等地均有分布，生于路旁、荒野阴湿地中。主要为害新垦药地或仿野生药材栽培田，苗期为害严重。

幼苗　　　　　　　　　　根

花序　　　　　　　　　　花果

一点红　[拉丁名] *Emilia sonchifolia*（L.）DC.
　　　　　[属　别] 一点红属 *Emilia*
　　　　　[俗　名] 紫背叶、红背果、片红青、叶下红、红头草、牛奶奶、花古帽、野木耳菜、羊蹄草、红背叶

[形态特征]

　　一年生草本，根垂直。茎直立或斜升，高 25~40 cm，稍弯，通常自基部分枝，灰绿色，无毛或被疏短毛。叶质较厚，下部叶密集，大头羽状分裂，长 5~10 cm，宽 2.5~6.5 cm，顶生裂片大，宽卵状三角形，顶端钝或近圆形，具不规则的齿，侧生裂片通常 1 对，长圆形或长圆状披针形，顶端钝或尖，具波状齿，上面深绿色，下面常变紫色，两面被短卷毛；中部茎叶疏生，较小，卵状披针形或长圆状披针形，无柄，基部箭状抱茎，顶端急尖，全缘或边缘有不规则细齿；上部叶少数，线形。头状花序长 8 mm，向后延伸达 14 mm，在开花前下垂，花后直立，在枝端排列为疏伞房状；花序梗细，长 2.5~5.0 cm，无苞片，总苞圆柱形，长 8~14 mm，宽 5~8 mm，基部无小苞片；总苞片 1 层，8~9 枚，长圆状线形或线形，黄绿色，约与小花等长，顶端渐尖，边缘窄、膜质，背面无毛。小花粉红色或紫色，长约 9 mm，管部细长，檐部渐扩大，具 5 深裂。瘦果圆柱形，长 3~4 mm，具 5 棱，肋间被微毛；冠毛丰富，白色，细软。

[生长发育规律]

　　一年生草本，每年春季 2—3 月出苗，花果期 7—10 月，秋季后种子成熟，植株枯萎，完成整个生长周期。

[分布与为害]

　　四川、云南、贵州、重庆等地均有分布，常生于海拔 800~2 100 m 山坡荒地、田埂、路旁。主要为害新垦药地或仿野生药材栽培田，苗期为害严重。

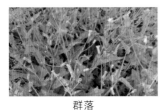

群落　　　　　　植株　　　　　　花果　　　　　　花

一年蓬 [拉丁名] *Erigeron annuus*（L.）Pers.
[属　别] 飞蓬属 *Erigeron*
[俗　名] 治疟草、千层塔

[形态特征]

一年生或二年生草本，茎粗壮，高 30~100 cm，基部直径 6 mm，直立，上部有分枝，绿色，下部被开展的长硬毛，上部被较密的上弯的短硬毛。基部叶在花期枯萎，长圆形或宽卵形，少有近圆形，长 4~17 cm，宽 1.5~4.0 cm，或更宽，顶端尖或钝，基部狭成具翅的长柄，边缘具粗齿，下部叶与基部叶同形，但叶柄较短，中部叶和上部叶较小，长圆状披针形或披针形，长 1~9 cm，宽 0.5~2.0 cm，顶端尖，具短柄或无柄，边缘有不规则的齿或近全缘，最上部叶线形，全部叶边缘被短硬毛，两面被疏短硬毛，或有时近无毛。头状花序数个或多数，排列成疏圆锥花序，长 6~8 mm，宽 10~15 mm，总苞半球形，总苞片 3 层，草质，披针形，长 3~5 mm，宽 0.5~1.0 mm，近等长或外层苞片稍短，淡绿色或多少褐色，背面密被腺毛和疏长节毛。外围的雌花舌状，2 层，长 6~8 mm，管部长 1.0~1.5 mm，上部被疏微毛，舌片平展，白色，或有时淡天蓝色，线形，宽 0.6 mm，顶端具 2 小齿，花柱分枝线形；中央的两性花管状，黄色，管部长约 0.5 mm，檐部近倒锥形，裂片无毛。瘦果披针形，长约 1.2 mm，扁压状，被疏贴柔毛。冠毛异形，雌花的冠毛极短，膜片状连成小冠，两性花的冠毛 2 层，外层鳞片状，内层为 10~15 条长约 2 mm 的刚毛。

[生长发育规律]

一年生或二年生草本，每年春季 2—3 月出苗，6—9 月开花结果，秋季后种子成熟，植株枯萎，完成一个年生长周期。

[分布与为害]

全国广泛分布，四川、云南、贵州、重庆等地均有分布，生于路旁、荒野阴湿地中。主要为害新垦药地或仿野生药材栽培田，苗期为害严重。

生境

植株

茎叶

花序

紫茎泽兰 [拉丁名] *Ageratina adenophora*（Sprengel）R. M. King & H. Robinson
[属 别] 紫茎泽兰属 *Ageratina*
[俗 名] 破坏草

[形态特征]

多年生草本，高 30~90 cm。茎直立，分枝对生、斜向上生长，全部茎枝被白色或锈色短柔毛，上部及花序梗上的毛较密，中下部在花期脱毛或无毛。叶对生，质地薄，卵形、三角状卵形或菱状卵形，长 3.5~7.5 cm，宽 1.5~3.0 cm，有长叶柄，柄长 4~5 cm，上面绿色，下面色淡，两面被稀疏的短柔毛，下面及沿脉的毛稍密，基部平截或稍心形，顶端急尖，基出三脉，侧脉纤细，边缘有粗大圆锯齿；接花序下部的叶波状浅齿或近全缘。头状花序多数在茎枝顶端排成伞房花序或复伞房花序，花序直径 2~4 cm 或可达 12 cm。总苞宽钟状，长 3 mm，宽 4 mm，含 40~50 个小花；总苞片 1 层或 2 层，线形或线状披针形，长 3 mm，顶端渐尖。花托高起，圆锥状。管状花两性，淡紫色，花冠长 3.5 mm。瘦果黑褐色，长 1.5 mm，长椭圆形，5 棱，无毛无腺点。冠毛白色，纤细，与花冠等长。

[生长发育规律]

多年生草本，每年春季出苗，植株 4—10 月开花结果，秋季种子成熟，植株地上部分枯萎，完成一个年生长周期。

[分布与为害]

外来入侵植物，原产于美洲，后引入我国，现四川、云南、贵州、重庆多地均有分布，常生于路旁、荒野阴湿地、农田或河道边缘。主要为害新垦药地或仿野生药材栽培田，苗期为害严重。

群落

植株

茎叶

花序

牛膝菊 [拉丁名] *Galinsoga parviflora* Cav.
[属　别] 牛膝菊属 *Galinsoga*
[俗　名] 铜锤草、珍珠草、向阳花、辣子草

[形态特征]

一年生草本，高 10~80 cm。茎纤细或粗壮，不分枝或自基部分枝，分枝斜升，全部茎枝被疏散或上部稠密的贴伏短柔毛和少量腺毛，茎基部和中部在花期脱毛或稀毛。叶对生，卵形或长椭圆状卵形，长（1.5）2.5~5.5 cm，宽（0.6）1.2~3.5 cm，基部圆形、宽或狭楔形，顶端渐尖或钝，基出三脉或不明显五出脉，在叶下面稍突起，在上面平；有叶柄，柄长 1~2 cm；向上及花序下部的叶渐小，通常披针形；全部茎叶两面粗涩，被白色稀疏贴伏的短柔毛，沿脉和叶柄上的毛较密，边缘具钝锯齿或波状浅锯齿，在花序下部的叶有时全缘或近全缘。头状花序半球形，有长花梗，多数在茎枝顶端排成疏松的伞房花序，花序直径约 3 cm。总苞半球形或宽钟状，宽 3~6 mm；总苞片 1~2 层，约 5 个，外层苞片短，内层苞片卵形或卵圆形，长 3 mm，顶端圆钝，白色，膜质。舌状花 4~5 朵，舌片白色，顶端 3 齿裂，筒部细管状，外面被稠密白色短柔毛；管状花花冠长约 1 mm，黄色，下部被稠密的白色短柔毛。托片倒披针形或长倒披针形，纸质，顶端 3 裂或不裂或侧裂。瘦果长 1.0~1.5 mm，具 3 棱，或中央的瘦果具 4~5 棱，黑色或黑褐色，常为压扁状，被白色微毛。舌状花冠毛毛状，脱落；管状花冠毛膜片状，白色，披针形，边缘流苏状。

[生长发育规律]

一年生草本，每年春季 2—3 月出苗，花果期 7—10 月，秋季后种子成熟，植株枯萎，完成整个生长周期。

[分布与为害]

全国广泛分布，四川、云南、贵州、重庆等地均有分布，常生于林下、河谷地、荒野、河边、田间、溪边或市郊路旁。主要为害新垦药地或仿野生药材栽培田，苗期为害严重。

生境

植株

茎叶

花序

鼠曲草　[拉丁名] *Pseudognaphalium affine*（D. Don）Anderberg
　　　　　[属　别] 鼠曲草属 *Pseudognaphalium*
　　　　　[俗　名] 田艾、清明菜

[形态特征]

　　一年生草本，高 10~40 cm 或更高。茎直立或基部发出的枝下部斜升，基部直径约 3 mm，上部不分枝，有沟纹，被白色厚棉毛，节间长 8~20 mm，上部节间罕有长达 5 cm。叶无柄，匙状倒披针形或倒卵状匙形，长 5~7 cm，宽 11~14 mm，上部叶长 15~20 mm，宽 2~5 mm，基部渐狭，稍下延，顶端圆，具刺尖头，两面被白色棉毛，上面常较薄，叶脉 1 条，在下面不明显。头状花序较多或较少数，径 2~3 mm，近无柄，在枝顶密集成伞房花序，花黄色至淡黄色；总苞钟形，径 2~3 mm；总苞片 2~3 层，金黄色或柠檬黄色，膜质，有光泽；外层苞片倒卵形或匙状倒卵形，背面基部被棉毛，顶端圆，基部渐狭，长约 2 mm；内层苞片长匙形，背面通常无毛，顶端钝，长 2.5~3.0 mm；花托中央稍凹入，无毛。雌花多数，花冠细管状，长约 2 mm，花冠顶端扩大，3 齿裂，裂片无毛。两性花较少，管状，长约 3 mm，向上渐扩大，檐部 5 浅裂，裂片三角状渐尖，无毛。瘦果倒卵形或倒卵状圆柱形，长约 0.5 mm，有乳头状突起。冠毛粗糙，污白色，易脱落，长约 1.5 mm，基部联合成 2 束。

[生长发育规律]

　　一年生草本，花期 1—4 月，果期 8—11 月。

[分布与为害]

　　广布于全球，中国南北各地均有分布。主要为害新垦药地或仿野生药材栽培田，苗期为害严重。

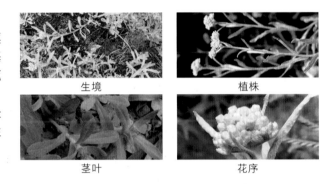

生境　　　　　　　　植株

茎叶　　　　　　　　花序

田基黄　[拉丁名] *Grangea maderaspatana*（L.）Poir.
　　　　　[属　别] 田基黄属 *Grangea*
　　　　　[俗　名] 线球菊

[形态特征]

　　一年生草本，高（5）10~30 cm。茎纤细，基部直径 1~2 mm，通常有铺展分枝，被白色长柔毛或下部在花期稀毛或光滑。叶两面被短柔毛、棕黄色小腺点，下面及沿脉的毛较密。叶倒卵形、倒披针形或倒匙形，长 3.5~7.5 cm，宽 1.5~2.5 cm，基生叶有时长达 10 cm、宽达 4 cm，无柄，基部通常耳状贴茎，中脉在下面微突出，竖琴状半裂或大头羽状分裂；顶裂片倒卵形或圆形，边缘有锯齿；侧裂片 2~5 对；上部叶渐小。头状花序中等大小，球形，直径 8~10 mm，单生于茎顶或枝端，稀 2 枝组合生长。总苞宽杯状；总苞片 2~3 层；外层苞片披针形或长披针形，长 4~8 mm，边缘有撕裂状缘毛；内层苞片倒披针形或倒卵形，顶端钝，基部有明显的爪。花托突起。小花花冠外面被稀疏的棕黄色小腺点；雌花 2~6 层，花冠线形，长约 1 mm，黄色，顶端有 3~4 个短齿；两性花长约 1.5 mm，短钟状，顶端有 5 个卵状三角形的裂片。瘦果扁，通常有明显的加厚边缘，被多数棕黄色小腺点，顶端截形，环状加厚，环缘有鳞片状或片毛状兼锥状的、齿状撕裂的冠毛。

[生长发育规律]

　　一年生草本，种子春季萌发，花果期 3—8 月，11 月地上植株枯萎。

[分布与为害]

　　四川、云南、贵州、重庆多地均有分布。生长于海拔 200~1 000 m 的干燥荒地、河边沙滩、水旁向阳处以及疏林及灌丛中。主要为害新垦药地或仿野生药材栽培田，苗期为害严重。

植株　　　　　　　　植株

茎叶　　　　　　　　花序

泥胡菜　[拉丁名] *Hemisteptia lyrata*（Bunge）Fischer & C. A. Meyer
　　　　　[属　别] 泥胡菜属 *Hemisteptia*
　　　　　[俗　名] 艾草、猪兜菜

[形态特征]

　　一年生草本，高 30~100 cm。茎单生，常纤细，被稀疏蛛丝毛，上部常分枝。基生叶长椭圆形，在花期通常枯萎；中下部茎叶与基生叶同形，长 4~15 cm，宽 1.5~5.0 cm，全部叶大头羽状深裂或几全裂，侧裂片 2~6 对，通常 4~6 对，极少为 1 对，倒卵形、长椭圆形，向基部的侧裂片渐小，顶裂片大，长菱形，全部裂片边缘具三角形锯齿或重锯齿，侧裂片边缘通常具稀锯齿，最下部侧裂片通常无锯齿；有时全部茎叶不裂或下部茎叶不裂，边缘有锯齿或无锯齿。全部茎叶质地薄，两面异色，上面绿色、无毛，下面灰白色、被厚或薄茸毛，基生叶及下部茎叶有长叶柄，叶柄长达 8 cm，柄基扩大抱茎，上部茎叶的叶柄渐短，最上部茎叶无柄。头状花序在茎枝顶端排成疏松伞房花序，少有植株仅含一个头状花序而单生茎顶的。总苞宽钟状或半球形。总苞片多层，覆瓦状排列，最外层苞片长三角形，中层苞片椭圆形或卵状椭圆形，最内层苞片线状长椭圆形或长椭圆形。全部苞片质地薄，草质，中外层苞片的外面上方近顶端有直立的鸡冠状突起的附片，附片紫红色，内层苞片顶端长渐尖，上方染红色，但无鸡冠状突起的附片。小花紫色或红色，花冠长 1.4 cm，檐部长 3 mm，深 5 裂，花冠裂片线形，长 2.5 mm，细管部为细丝状，长 1.1 cm。瘦果小，楔状或偏斜楔形，长 2.2 mm，深褐色，压扁状，有 13~16 条粗细不等的突起的尖细肋，顶端斜截形，有膜质果缘，基底着生面平或稍偏斜。冠毛异型，白色，两层，外层冠毛的刚毛呈羽毛状，长 1.3 cm，基部连合成环，整体脱落；内层冠毛的刚毛极短，鳞片状，3~9 个，着生一侧，宿存。

[生长发育规律]

　　一年生草本。苗期较长，可持续到 3 月初，占整个生育期的 60% 以上。花果期 3—8 月。

[分布与为害]

　　西南地区多地均有分布。生长在海拔 50~3 280 m 的山坡、山谷、平原、丘陵中，林缘、林下、草地、荒地、田间、河边、路旁等处普遍有之。主要为害新垦药地或仿野生药材栽培田，苗期为害严重。

植株

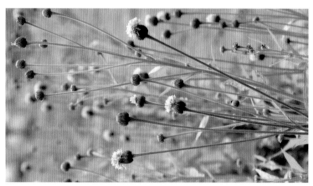

花序

茎叶

花

阿尔泰狗娃花　[拉丁名] *Aster altaicus* Willd.
　　　　　　　　[属　别] 紫菀属 *Aster*
　　　　　　　　[俗　名] 阿尔泰紫菀

[形态特征]

多年生草本，植株绿色，有横走或垂直的根。茎斜升或直立，高 20~60 cm，稀达 100 cm，被上曲的短贴毛，上部常有腺，基部分枝，上部有少数分枝。基部叶在花期枯萎；下部叶条形或矩圆状披针形，倒披针形，或近匙形，长 2.5~6.0 cm，稀达 10 cm，宽 0.7~1.5 cm，全缘或有疏浅齿；上部叶渐狭小，条形；全部叶两面或下面被粗毛或细毛，常有腺点，中脉在下面稍凸起。头状花序直径 2.0~3.5 cm，稀 4 cm，单生枝端。总苞半球形，直径 0.8~1.8 cm；总苞片 2~3 层，近等长或外层稍短，矩圆状披针形或条形，长 4~8 mm，宽 0.6~1.8 mm，顶端渐尖，背面或外层全部草质，被毛，常有腺，边缘膜质。舌状花约 20 个，管部长 1.5~2.8 mm，有微毛；舌片浅蓝紫色，矩圆状条形，长 10~15 mm，宽 1.5~2.5 mm，管状花长 5~6 mm，管部长 1.5~2.2 mm，裂片不等大，长 0.6~1.0 mm 或 1.0~1.4 mm，有疏毛。瘦果扁，倒卵状矩圆形，长 2.0~2.8 mm，宽 0.7~1.4 mm，灰绿色或浅褐色，被绢毛，上部有腺。冠毛污白色或红褐色，长 4~6 mm，有不等长的微糙毛。

[生长发育规律]

多年生轴根植物。一般 5 月开始生长，7 月初开始孕蕾，7 月末至 8 月初开花，8 月末结实，9 月初果实成熟，9 月中旬地上部凋萎，完成一个年生长周期。

[分布与为害]

主要分布在四川省西北部，常生于草原、荒漠地、沙地及干旱山地中，海拔适应范围广泛，4 000 m 以下均可生长。主要为害新垦药地或仿野生药材栽培田，苗期为害严重。

生境

植株

茎叶

花序

中华苦荬菜 ［拉丁名］*Ixeris chinensis*（Thunb.）Nakai
［属　别］苦荬菜属 *Ixeris*
［俗　名］小苦苣、黄鼠草、山苦荬

［形态特征］

多年生草本，高 5~47 cm。根垂直直伸，通常不分枝。根状茎极短缩。茎直立单生或少数茎成簇生，基部直径 1~3 mm，上部伞房花序状分枝。基生叶长椭圆形、倒披针形、线形或舌形，包括叶柄长 2.5~15 cm，宽 2.0~5.5 cm，顶端钝或急尖或向上渐窄，基部渐狭成有翼的短或长柄，全缘，不分裂亦无锯齿或边缘有尖齿或凹齿，或羽状浅裂、半裂或深裂，侧裂片 2~7 对，长三角形、线状三角形或线形，自中部向上或向下的侧裂片渐小，向基部的侧裂片常为锯齿状，有时为半圆形。茎生叶 2~4 枚，极少 1 枚或无茎叶，长披针形或长椭圆状披针形，不裂，边缘全缘，顶端渐狭，基部扩大，耳状抱茎或至少基部茎生叶的基部有明显的耳状抱茎；全部叶两面无毛。头状花序通常在茎枝顶端排成伞房花序，含舌状小花 21~25 枚。

总苞圆柱状，长 8~9 mm；总苞片 3~4 层，外层及最外层宽卵形，长 1.5 mm，宽 0.8 mm，顶端急尖，内层长椭圆状倒披针形，长 8~9 mm，宽 1.0~1.5 mm，顶端急尖。舌状小花黄色，干时带红色。瘦果褐色，长椭圆形，长 2.2 mm，宽 0.3 mm，有 10 条高起的钝肋，肋上有上指的小刺毛，顶端急尖成细喙，喙细，细丝状，长 2.8 mm。冠毛白色，微糙，长 5 mm。

［生长发育规律］

多年生草本，花果期 1—10 月。

［分布与为害］

西南各省份均有分布，常生于山坡路旁、田野、河边灌丛或岩石缝隙中。主要为害新垦药地或仿野生药材栽培田，苗期为害严重。

植株

幼苗

花序

果实

苦荬菜 ［拉丁名］*Ixeris polycephala* Cass. ex DC.
　　　　　［属　别］苦荬菜属 *Ixeris*
　　　　　［俗　名］多头苦荬菜、多头莴苣、深裂苦荬菜

［形态特征］

一年生草本。根垂直直伸，生多数须根。茎直立，高 10~80 cm，基部直径 2~4 mm，上部伞房花序状分枝，或自基部多分枝或少分枝，分枝弯曲斜升，全部茎枝无毛。基生叶花期生存，线形或线状披针形，包括叶柄长 7~12 cm，宽 5~8 mm，顶端急尖，基部渐狭成长或短柄；中下部茎叶披针形或线形，长 5~15 cm，宽 1.5~2.0 cm，顶端急尖，基部箭头状半抱茎，向上或最上部的叶渐小，与中下部茎叶同形，基部箭头状半抱茎或长椭圆形，基部收窄，但不成箭头状半抱茎；全部叶两面无毛，边缘全缘，极少下部边缘有稀疏的小尖头。头状花序多数，在茎枝顶端排成伞房状花序，花序梗细。总苞圆柱状，长 5~7 mm，果期扩大成卵球形；总苞片 3 层，外层及最外层极小，卵形，长 0.5 mm，宽 0.2 mm，顶端急尖，内层卵状披针形，长 7 mm，宽 2~3 mm，顶端急尖或钝，外面近顶端有鸡冠状突起或无鸡冠状突起。舌状小花黄色，极少白色，10~25 枚。瘦果压扁状，褐色，长椭圆形，长 2.5 mm，宽 0.8 mm，无毛，有 10 条高起的尖翅肋，顶端急尖成长 1.5 mm 的喙，喙细，细丝状。冠毛白色，纤细，微糙，不等长，长达 4 mm。

［生长发育规律］

喜温暖湿润气候，既耐寒又抗热。每年春季种子萌发，植株突破地面，花果期 3—6 月，晚秋植株枯萎。

［分布与为害］

小型草本植物，生长于海拔 300~2 200 m 的山坡林缘、灌丛、草地、田野路旁，多散生，局部可成为优势种，形成小群落。四川、云南、贵州、重庆多地广泛分布。主要为害新垦药地或仿野生药材栽培田，苗期为害严重。

植株顶端

植株

幼苗

花序

尖裂假还阳参 [拉丁名] *Crepidiastrum sonchifolium* （Bunge）Pak & Kawano
[属 别] 假还阳参属 *Crepidiastrum*
[俗 名] 抱茎苦荬菜、猴尾草、鸭子食、盘尔草、秋苦荬菜、苦荬菜、抱茎苦麦菜、苦蝶子、野苦荬菜、精细小苦荬、抱茎小苦荬、尖裂黄瓜菜

[形态特征]

一年生草本，高 100 cm。茎直立，单生，上部伞房花序状分枝，全部茎枝无毛。基生叶花期枯萎脱落；中下部茎叶长椭圆状卵形、长卵形或披针形，长 3~8 cm，宽 1.5~2.5 cm，羽状深裂或半裂，基部扩大，圆耳状抱茎，侧裂片约 6 对，狭长，长线形或尖齿状，边缘全缘；上部茎叶及接花序分枝处的叶渐小或更小，卵状心形，向顶端长渐尖，基部心形扩大抱茎，全部叶两面无毛。头状花序多数，在茎枝顶端排成伞房状花序，含舌状小花 15~19 枚。总苞圆柱状，长 4.5~5.5 mm；总苞片 2~3 层，外层及最外层极短，卵形，长宽不足 0.5 mm，顶端钝或急尖，内层长，长椭圆形或披针状长椭圆形，长 4.5~5.5 mm，宽 1.2 mm，顶端钝或急尖。舌状小花黄色。瘦果长椭圆形，长 2 mm，宽不足 0.5 mm，黑色，有 10 条高起的钝肋，上部沿肋有微刺毛，上部渐细成稍粗的喙，喙长 0.7 mm。冠毛白色，长 4 mm，微糙毛状。

[生长发育规律]

一年生草本，花果期 5—9 月。

[分布与为害]

生长在海拔 100~2 700 m 的山坡或平原路旁、林下、河滩地、岩石上或庭院中。四川、云南、贵州、重庆多地广泛分布。主要为害新垦药地或仿野生药材栽培田，苗期为害严重。

生境

植株

茎叶

花序

苦苣菜　[拉丁名] *Sonchus oleraceus* L.
　　　　　[属　别] 苦苣菜属 *Sonchus*
　　　　　[俗　名] 滇苦荬菜

[形态特征]

一年生或二年生草本，高 30~200 cm。根圆锥状，有多数纤维状的须根。茎直立。基生叶及下部茎生叶披针形或长椭圆状披针形。头状花序少数在茎枝顶端排为紧密的伞房花序或总状花序，或单生于茎枝顶端。总苞宽钟状，3~4 层，覆瓦状排列，向内层渐长；外层苞片长披针形或长三角形，长 3~7 mm，宽 1~3 mm，中、内层苞片长披针形至线状披针形，长 8~11 mm，宽 1~2 mm；全部苞片顶端长急尖，外面无毛，或外层或中、内层苞片的上部沿中脉有少数头状具柄的腺毛。舌状小花多数，黄色。瘦果褐色，长椭圆形或长椭圆状倒披针形。

[生长发育规律]

一年生或二年生草本，花期 6—8 月。

[分布与为害]

四川、云南、贵州、重庆等地均有分布。主要为害新垦药地或仿野生药材栽培田，苗期为害严重。

植株

幼苗

茎叶

花果

续断菊 [拉丁名] *Sonchus asper*（L.）Hill
[属　别] 苦苣菜属 *Sonchus*
[俗　名] 断续菊、花叶滇苦菜

[形态特征]

　　一年生草本。根倒圆锥状，垂直直伸。茎单生或少数茎簇生。茎直立，高 20~50 cm，有纵纹或纵棱。基生叶与茎生叶同形，但较小；中下部茎叶长椭圆形、倒卵形、匙状或匙状椭圆形，包括渐狭的翼柄长 7~13 cm，宽 2~5 cm，顶端渐尖、急尖或钝，基部渐狭成短或较长的翼柄；上部茎叶披针形，不裂，基部扩大，圆耳状抱茎。下部叶或全部茎叶羽状浅裂、半裂或深裂，侧裂片 4~5 对。全部叶及裂片与抱茎的圆耳边缘有尖齿刺，两面光滑无毛，质地薄。头状花序少数或较多在茎枝顶端排成稠密的伞房花序。总苞宽钟状，总苞片 3~4 层，向内层渐长，覆瓦状排列，外层长披针形或长三角形，中内层长椭圆状披针形至宽线形；全部苞片顶端急尖，外面光滑无毛。舌状小花黄色。瘦果倒披针状，褐色，长 3 mm，宽 1.1 mm，压扁状，两面各有 3 条细纵肋，肋间无横皱纹。冠毛白色，长达 7 mm，柔软，彼此纠缠，基部连合成环。

[生长发育规律]

　　一年生草本，花果期 5—10 月。

[分布与为害]

　　生长在海拔 1 550~3 650 m 的山坡、林缘及水边。四川、云南、贵州、重庆多地广泛分布。主要为害新垦药地或仿野生药材栽培田，苗期为害严重。

植株

植株上部

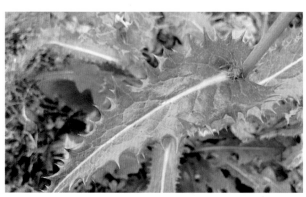

茎叶

花序

苣荬菜　[拉丁名] *Sonchus wightianus* DC.
　　　　　[属　别] 苦苣菜属 *Sonchus*
　　　　　[俗　名] 南苦苣菜

[形态特征]

多年生草本。根垂直直伸，多少有根状茎。茎直立，高 30~150 cm，有细条纹，上部或顶部有伞房状花序分枝，花序分枝与花序梗被稠密的头状具柄的腺毛。基生叶多数，与中下部茎叶全形倒披针形或长椭圆形，羽状或倒向羽状深裂、半裂或浅裂，全长 6~24 cm，高 1.5~6.0 cm，侧裂片 2~5 对，偏斜半椭圆形、椭圆形、卵形、偏斜卵形、偏斜三角形、半圆形或耳状，顶裂片稍大，长卵形、椭圆形或长卵状椭圆形；全部叶裂片边缘有小锯齿或无锯齿而有小尖头；上部茎叶及接花序分枝下部的叶披针形或线钻形，小或极小；全部叶基部渐窄成长或短翼柄，但中部以上茎叶无柄，基部圆耳状扩大半抱茎，顶端急尖、短渐尖或钝，两面光滑无毛。头状花序在茎枝顶端排成伞房状花序。

总苞钟状，基部有稀疏或稍稠密的长或短茸毛。总苞片 3 层，外层披针形，中内层披针形；全部总苞片顶端长渐尖，外面沿中脉有 1 行头状具柄的腺毛。舌状小花多数，黄色。瘦果稍压扁状，长椭圆形，每面有 5 条细肋，肋间有横皱纹。冠毛白色，柔软，彼此纠缠，基部连合成环。

[生长发育规律]

多年生草本植物，花果期 1—9 月。

[分布与为害]

生长于海拔 300~2 300 m 的山坡草地、林间草地、潮湿地或近水旁、村边或河边砾石滩。四川、重庆、云南、贵州等地分布广泛。主要为害新垦药地或仿野生药材栽培田，苗期为害严重。

生境

茎叶

果实

花

马兰 [拉丁名] *Aster indicus* L.
[属　别] 紫菀属 *Aster*
[俗　名] 蓑衣莲、鱼鳅串、路边菊、田边菊、鸡儿肠、马兰头、狭叶马兰、多型马兰

[形态特征]

　　多年生草本。根状茎有匍枝，有时具直根。茎直立，高 30~70 cm，上部有短毛，上部或从下部起有分枝。基部叶在花期枯萎；茎部叶倒披针形或倒卵状矩圆形，长 3~6 cm 或稀达 10 cm，宽 0.8~2.0 cm 或稀达 5 cm，顶端钝或尖，基部渐狭成具翅的长柄，边缘从中部以上具有钝或尖齿或有羽状裂片，上部叶小，全缘，基部急狭无柄，全部叶稍薄质，两面或上面有疏微毛或近无毛，边缘及下面沿脉有短粗毛，中脉在下面凸起。头状花序单生于枝端并排列成疏伞房状。总苞半球形，直径 6~9 mm，长 4~5 mm；总苞片 2~3 层，覆瓦状排列；外层倒披针形，长 2 mm，内层倒披针状矩圆形，长达 4 mm，顶端钝或稍尖，上部草质，有疏短毛，边缘膜质，有缘毛。花托圆锥形。舌状花 1 层，15~20 个，管部长 1.5~1.7mm；舌片浅紫色，长达 10 mm，宽 1.5~2.0 mm；管状花长 3.5 mm，管部长 1.5 mm，被短密毛。瘦果倒卵状矩圆形，极扁，长 1.5~2.0 mm，宽 1 mm，褐色，边缘浅色而有厚肋，

上部被短柔毛。冠毛长 0.1~0.8 mm，弱而易脱落，不等长。

[生长发育规律]

　　多年生草本，花期 5—9 月，果期 8—10 月。每年秋季后种子成熟，植株枯萎凋落，完成一个年生长周期。

[分布与为害]

　　生长在林缘、草丛、溪岸、路旁。四川、重庆、云南、贵州等地分布广泛。主要为害新垦药地或仿野生药材栽培田，苗期为害严重。

植株

生境　　　　　茎叶　　　　　花

稻槎草 [拉丁名] *Lapsanastrum apogonoides* (Maxim.) Pak & K. Bremer
[属　别] 稻槎菜属 *Lapsanastrum*
[俗　名] 稻搓菜

[形态特征]

　　一年生矮小草本，高 7~20 cm。茎细，自基部发出多数或少数的簇生分枝及莲座状叶丛；全部茎枝柔软，被细柔毛或无毛。基生叶椭圆形、长椭圆状匙形或长匙形，长 3~7 cm，宽 1~2.5 cm，大头羽状全裂或几全裂，有长 1~4 cm 的叶柄，顶裂片卵形、菱形或椭圆形，边缘有极稀疏的小尖头，或长椭圆形而边缘大锯齿，齿顶有小尖头，侧裂片 2~3 对，椭圆形，边缘全缘或有极稀疏针刺状小尖头；茎生叶少数，与基生叶同形并等样分裂，向上茎叶渐小，不裂。全部叶质地柔软，两面同色，绿色，或下面色淡，淡绿色，几无毛。头状花序小，果期下垂或歪斜，少数（6~8 枚）在茎枝顶端排列成疏松的伞房状圆锥花序，花序梗纤细，总苞椭圆形或长圆形，

长约 5 mm；总苞片 2 层，外层卵状披针形，长达 1 mm，宽 0.5 mm，内层椭圆状披针形，长 5 mm，宽 1~1.2 mm，先端喙状；全部总苞片草质，外面无毛。舌状小花黄色，两性。瘦果淡黄色，稍压扁，长椭圆形或长椭圆状倒披针形，长 4.5 mm，宽 1 mm，有 12 条粗细不等细纵肋，肋上有微粗毛，顶端两侧各有 1 枚下垂的长钩刺，无冠毛。

[生长发育规律]

　　一年生矮小草本，花果期 1—6 月。

[分布与为害]

　　生长于海拔 500~2 500 m 的田野、荒地和路边。四川、重庆、云南、贵州等地分布广泛。主要为害新垦药地或仿野生药材栽培田，苗期为害严重。

生境　　　　　幼株　　　　　茎叶　　　　　花

掌叶橐吾 ［拉丁名］*Ligularia przewalskii*（Maxim.）Diels
　　　　　［属　别］橐吾属 *Ligularia*
　　　　　［俗　名］龙少、阿拉嘎力格—扎牙海

［形态特征］

　　多年生草本。根肉质，细而多。茎直立，高 30~130 cm，细瘦，光滑，基部直径 3~4 mm，被长的枯叶柄纤维包围。丛生叶与茎下部叶具柄，柄细瘦，长达 50 cm，光滑，基部具鞘，叶片轮廓卵形，掌状 4~7 裂，长 4.5~10.0 cm，宽 8~18 cm，裂片 3~7 深裂，中裂片二回 3 裂，小裂片边缘具条裂齿，两面光滑，稀被短毛，叶脉掌状；茎中上部叶少而小，掌状分裂，常有膨大的鞘。总状花序长达 48 cm；苞片线状钻形；花序梗纤细，长 3~4 mm，光滑；头状花序多数，辐射状；小苞片常缺；总苞狭筒形，长 7~11 mm，宽 2~3 mm，总苞片 2 层，线状长圆形，宽约 2 mm，先端钝圆，具褐色睫毛，背部光滑，边膜狭膜质；舌状花黄色，舌片线状长圆形，长达 17 mm，宽 2~3 mm，先端钝，透明，管部长 6~7 mm；管状花常 3 个，远出于总苞之上，长 10~12 mm，管部与檐部等长，花柱细长，冠毛紫褐色，长约 4 mm，短于管部。瘦果长圆形，长约

5 mm，先端狭缩，具短喙。

［生长发育规律］

　　多年生草本，花果期 6—10 月。

［分布与为害］

　　生于海拔 1 100~3 700 m 的河滩、山麓、林缘、林下及灌丛。四川、重庆、云南、贵州等地分布广泛。主要为害新垦药地或仿野生药材栽培田，苗期为害严重。

花序　　　　花序　　　　叶片

果序

橐吾 ［拉丁名］*Ligularia sibirica*（L.）Cass.
　　　［属　别］橐吾属 *Ligularia*
　　　［俗　名］独脚莲、莲蓬草、荷叶、西伯利亚橐吾

［形态特征］

　　多年生草本。根肉质，细而多。茎直立，高 52~110 cm，最上部及花序被白色蛛丝状毛和黄褐色有节短柔毛，下部光滑，基部直径 2.5~11.0 mm，被枯叶柄纤维包围。丛生叶和茎下部叶具柄，柄长 14~39 cm，光滑，基部鞘状，叶片卵状心形、三角状心形、肾状心形或宽心形，长 3.5~20.0 cm，宽 4.5~29.0 cm，先端圆形或钝，边缘具整齐的细齿，基部心形，弯缺长为叶片的 1/3~1/4，两侧裂片长圆形或近圆形，有时具大齿，两面光滑，叶脉掌状；茎中部叶与下部叶同形，具短柄，柄长 3~14 cm，鞘膨大，

长 3~6 cm；最上部叶仅有叶鞘，鞘缘有时具齿。总状花序长 4.5~42.0 cm，常密集；苞片卵形或卵状披针形，下部者长达 3 cm，宽 0.8~2.0 cm，向上渐小，全缘或有齿；花序梗长 4~12 mm，稀下部者长达 8cm；头状花序多数，辐射状；小苞片狭披针形，全缘，光滑，近膜质；总苞宽钟形、钟形或钟状陀螺形，基部圆形，长 7~14 mm，宽 6~11 mm，总苞片 7~10，2 层，披针形或长圆形，宽 2.0~5.5 mm，先端急尖、钝三角形或渐尖，背部光滑，边缘膜质，有时紫红色。舌状花，黄色，舌片倒披针形或长圆形，长 10~22 mm，宽 3~5 mm，先端钝，管部长 5~10 mm；管状花多数，长 8~13 mm，管部长 4~7 mm，冠毛白色，与花冠等长。瘦果长圆形，长达 10 mm，光滑。

［生长发育规律］

　　多年生草本，花果期 7—10 月。

［分布与为害］

　　生于海拔 373~2 200 m 的沼泽、湿草地、河边、山坡及林缘。四川、重庆、云南、贵州等地分布广泛。主要为害新垦药地或仿野生药材栽培田，苗期为害严重。

群落　　　　　　叶片

花序　　　　　　果序

银胶菊 [拉丁名] *Parthenium hysterophorus* L.
[属　别] 银胶菊属 *Parthenium*

[形态特征]

　　一年生草本。茎直立，高 0.6~1.0 m，基部直径约 5 mm，多分枝，具条纹，被短柔毛，节间长 2.5~5.0 cm。下部和中部叶二回羽状深裂，全形椭圆形，连叶柄长 10~19 cm，宽 6~11 cm，羽片 3~4 对，卵形，长 3.5~7.0 cm，小羽片卵状或长圆状，常具齿，顶端略钝，上面被基部为疣状的疏糙毛，下面的毛较密而柔软；上部叶无柄，羽裂，裂片线状长圆形，全缘或具齿，或有时指状 3 裂，中裂片较大，通常长于侧裂片 3 倍。头状花序多数，直径 3~4 mm，在茎枝顶端排成开展的伞房花序，花序柄长 3~8 mm，被粗毛；总苞宽钟形或近半球形，直径约 5 mm，长约 3 mm；总苞片 2 层，各 5 个，外层较硬，卵形，长 2.2 mm，顶端叶质，钝，背面被短柔毛，内层较薄，几近圆形，长宽近相等，顶端钝，下凹，边缘近膜质，透明，上部被短柔毛。舌状花 1 层，5 个，白色，长约 1.3 mm，舌片卵形或卵圆形，顶端 2 裂。管状花多数，长约 2 mm，檐部 4 浅裂，裂片短尖或短渐尖，具乳头状突起；雄蕊 4 枚。雌花瘦果倒卵形，基部渐尖，干时黑色，长约 2.5 mm，被疏腺点。冠毛鳞片状，长圆形，长约 0.5 mm，顶端截平或有时具细齿。

[生长发育规律]

　　一年生草本，花期 4—10 月。

[分布与为害]

　　入侵物种，原产于美洲热带地区，四川、重庆、云南、贵州等地分布广泛，常生于海拔 90~1 500 m 的旷地、路旁、河边及坡地上。主要为害新垦药地或仿野生药材栽培田，苗期为害严重。

生境　　　　　　　　幼苗

茎叶　　　　　　　　花序

毛连菜 [拉丁名] *Picris hieracioides* L.
[属　别] 毛连菜属 *Picris*

[形态特征]

　　二年生草本。茎上部呈伞房状或伞房圆状分枝，被光亮钩状硬毛。基生叶花期枯萎；下部茎生叶长椭圆形或宽披针形，长 8~34 cm，全缘或有锯齿，基部渐窄成翼柄；中部和上部叶披针形或线形，无柄，基部半抱茎；最上部叶全缘；叶两面被硬毛。头状花序排成伞房或伞房圆锥花序，花序梗细长；总苞圆柱状钟形，长达 1.2 cm，总苞片 3 层，背面被硬毛和柔毛，外层线形，长 2~4 mm，内层线状披针形，长 1.0~1.2 cm，边缘白色膜质；舌状小花黄色，冠筒被白色柔毛。瘦果纺锤形，长约 3 mm，棕褐色；冠毛白色。

[生长发育规律]

　　二年生草本，花果期 6—9 月。

[分布与为害]

　　生长于海拔 560~3 400 m 的山坡草地、林下、沟边、田间、撂荒地或沙滩地中。四川、重庆、云南、贵州等地分布广泛。主要为害新垦药地或仿野生药材栽培田，苗期为害严重。

生境　　　　　　茎叶　　　　　　花　　　　　　果实

狗舌草 [拉丁名] *Tephroseris kirilowii*（Turcz. ex DC.）Holub
[属　别] 狗舌草属 *Tephroseris*

[形态特征]

多年生草本，根茎斜升，常覆盖褐色宿存叶柄。基生叶莲座状，长圆形或倒卵状长圆形，长5~10 cm，基部楔状渐窄成具翅叶柄，两面被白色蛛丝状茸毛；茎生叶少数，下部叶倒披针形或倒披针状长圆形，

生境

茎叶

花序

植株

长4~8 cm，无柄，基部半抱茎；上部叶披针形，苞片状。头状花序排列成顶生伞房花序，花序梗密被蛛丝状茸毛和黄褐色腺毛，基部具苞片，上部无小苞片；总苞近圆柱状钟形，长6~8 mm，总苞片披针形或线状披针形，绿色或紫色，草质，具窄膜质边缘，背面被蛛丝状毛，或脱毛；舌状花黄色，长圆形，长6.5~7.0 mm；管状花多数，花冠黄色，长约8 mm。瘦果圆柱形，密被硬毛；冠毛白色，长约6 mm。

[生长发育规律]

多年生草本，花期2—8月。

[分布与为害]

四川、云南、贵州、重庆多地均有分布。喜半阴，耐寒，常见于疏林下、路边或药草园中，常生于海拔250~2 000 m 的草地山坡、山顶向阳处或松栎林下、灌丛内。主要为害新垦药地或仿野生药材栽培田，苗期为害严重。

蒲儿根 [拉丁名] *Sinosenecio oldhamianus*（Maxim.）B. Nord.
[属　别] 蒲儿根属 *Sinosenecio*

[形态特征]

多年生或二年生茎叶草本。根状茎木质。基部叶在花期凋落，具长叶柄；下部茎叶具柄，叶片卵状圆形或近圆形，顶端尖或渐尖，基部心形，边缘具浅至深重齿或重锯齿，最上部叶卵形或卵状披针形。头状花序多数排列成顶生复伞房状花序；总苞宽钟状，苞片紫色，草质；舌状花黄色，长圆形；管状花多数，花冠黄色；花柱分枝外弯。瘦果圆柱形。

[生长发育规律]

多年生或二年生茎叶草本，花期1—12月。

[分布与为害]

常生长在海拔360~2 100 mm 的林缘、溪边、潮湿岩石边及草坡、田边。四川、云南、贵州、重庆多地分布广泛。主要为害新垦药地或仿野生药材栽培田，苗期为害严重。

生境　　　　花

花序　　　　植株

千里光 [拉丁名] *Senecio scandens* Buch.-Ham. ex D. Don
[属　别] 千里光属 *Senecio*
[俗　名] 蔓黄菀、九里明

[形态特征]

多年生攀缘草本。根状茎木质，粗，直径达 1.5 cm。茎伸长，弯曲，多分枝，被柔毛或无毛，老时变木质，皮淡色。叶具柄，叶片卵状披针形至长三角形，顶端渐尖，基部宽楔形、截形、戟形或稀心形，通常具浅或深齿，稀全缘，有时具细裂或羽状浅裂，至少向基部具 1~3 对较小的侧裂片，两面被短柔毛至无毛；羽状脉，侧脉 7~9 对，弧状，叶脉明显；叶柄具柔毛或近无毛，无耳或基部有小耳；上部叶变小，披针形或线状披针形，长渐尖。头状花序有舌状花，多数，在茎枝端排列成顶生复聚伞圆锥花序；分枝和花序梗被密至疏短柔毛；花序梗长 1~2 cm，具苞片，小苞片通常 1~10 枚，线状钻形。总苞圆柱状钟形，具外层苞片；苞片约 8 枚，线状钻形。总苞片 12~13 枚，线状披针形，渐尖，上端和上部边缘有缘毛状短柔毛，草质，边缘宽干膜质，背面有短柔毛或无毛，具 3 脉。舌状花 8~10 枚，管部长 4.5 mm；舌片黄色，长圆形，具 3 细齿，具 4 脉；管状花多数；花冠黄色，长 7.5 mm，管部长 3.5 mm，檐部漏斗状；裂片卵状长圆形，尖，上端有乳头状毛。花药长 2.3 mm，基部有钝耳；耳长约为花药颈部的 1/7；附片卵状披针形；花药颈部伸长，向基部略膨大；花柱分枝长 1.8 mm，顶端截形，有乳头状毛。瘦果圆柱形，被柔毛；冠毛白色。

[生长发育规律]

多年生攀缘草本，花期 8 月至翌年 4 月。

[分布与为害]

常生长在海拔 50~3 200 m 的森林、灌丛中，攀缘于灌木、岩石上或溪边。四川、云南、贵州、重庆多地分布广泛。主要为害新垦药地或仿野生药材栽培田，苗期为害严重。

生境

植株

茎叶

花序

稀莶　[拉丁名] *Sigesbeckia orientalis* Linnaeus
　　　　[属　别] 稀莶属 *Sigesbeckia*
　　　　[俗　名] 粘糊菜、虾柑草

[形态特征]

一年生草本。茎直立，分枝斜升，上部的分枝常成复二歧状；全部分枝被灰白色短柔毛。基部叶花期枯萎；中部叶三角状卵圆形或卵状披针形，基部阔楔形，下延成具翼的柄，顶端渐尖，边缘有规则的浅裂或粗齿，纸质，上面绿色，下面淡绿，具腺点，两面被毛，三出基脉，侧脉及网脉明显；上部叶渐小，卵状长圆形，边缘浅波状或全缘，近无柄。头状花序直径 15~20 mm，多数聚生于枝端，排列成具叶的圆锥花序；花梗长 1.5~4.0 cm，密生短柔毛；总苞阔钟状；总苞片 2 层，叶质，背面被紫褐色头状具柄的腺毛；外层苞片 5~6 枚，线状匙形或匙形，开展；内层苞片卵状长圆形或卵圆形。外层托片长圆形，内弯，内层托片倒卵状长圆形。花黄色；雌花花冠的管部长 0.7 mm；两性管状花上部钟状，上端有 4~5 枚卵圆形裂片。瘦果倒卵圆形，有 4 棱，顶端有灰褐色环状突起。

[生长发育规律]

一年生草本，花期 4—9 月，果期 6—11 月。适应性较强，在温暖潮湿环境生长得好。

[分布与为害]

四川、云南、贵州、重庆多地分布广泛，常生长于海拔 110~2 700 m 的山野、荒草地、灌丛、林缘及林下，也常见于耕地中。主要为害新垦药地或仿野生药材栽培田，苗期为害严重。

生境　　　　果实

茎叶　　　　花

蒲公英　[拉丁名] *Taraxacum mongolicum* Hand.-Mazz.
　　　　　[属　别] 蒲公英属 *Taraxacum*
　　　　　[俗　名] 黄花地丁、婆婆丁、蒙古蒲公英、灯笼草、姑姑英、地丁

[形态特征]

多年生草本。叶倒卵状披针形、倒披针形或长圆状披针形，长 4~20 cm，边缘有时具波状齿或羽状深裂，有时倒向羽状深裂或大头羽状深裂，顶端裂片较大，三角形或三角状戟形，全缘或具齿，每侧裂片 3~5 枚，裂片三角形或三角状披针形，通常具齿，平展或倒向，裂片间常生小齿，基部渐窄成叶柄，叶柄及主脉常带红紫色，疏被蛛丝状白色柔毛或几无毛。花葶 1 至数个，高 10~25 cm，上部紫红色，总苞钟状，长 1.2~1.4 cm，淡绿色，总苞片 2~3 层，外层卵状披针形或披针形，长 0.8~1.0 cm，边缘宽膜质，基部淡绿色，上部紫红色，先端背面增厚或具角状突起；内层线状披针形，长 1.0~1.6 cm，先端紫红色，背面具小角状突起。瘦果倒卵状披针形，暗褐色，长约 4~5 mm，上部具小刺，下部具成行小瘤，顶端渐收缩成长约 1 mm 的圆锥形或圆柱形喙基，喙长 0.6~1.0 cm，纤细；冠毛白色，长约 6 mm。

[生长发育规律]

多年生草本，花期 4—9 月，果期 5—10 月。

[分布与为害]

广泛生于中、低海拔地区的山坡草地、路边、田野、河滩。四川、云南、贵州、重庆多地分布广泛。主要为害新垦药地或仿野生药材栽培田，苗期为害严重。

植株　　　　植株

花　　　　果

夜香牛 ［拉丁名］*Cyanthillium cinereum*（L.）H. Rob.
［属　别］夜香牛属 *Cyanthillium*
［俗　名］缩盖斑鸠菊、染色草、伤寒草、消山虎、假咸虾花、寄色草、小花夜香牛

[形态特征]

　　一年生或多年生草本。茎上部分枝，被灰色贴生柔毛，具腺。下部和中部叶具柄，菱状卵形、菱状长圆形或卵形，长 3.0~6.5 cm，基部窄楔状，具翅柄，疏生具小尖头锯齿或波状，侧脉 3~4 对，上面被疏毛，下面沿脉被灰白或淡黄色柔毛，两面均有腺点；叶柄长 1~2 cm；上部叶窄长，圆状披针形或线形，近无柄。头状花序直径 6~8 mm，具 19~23 朵花，多数在枝端成伞房状圆锥花序；花序梗细长，具线形小苞片或无苞片，被密柔毛；总苞钟状，直径 6~8 mm；总苞片 4 层，绿色或近紫色，背面被柔毛，外层线形，长 1.5~2.0 mm，中层线形，内层线状披针形，先端刺尖；花淡红紫色。瘦果圆柱形，密被白色柔毛和腺点；冠毛白色，2 层，外层多数而短，宿存。

[生长发育规律]

　　一年生或多年生草本，花期全年。

[分布与为害]

　　常见于山坡旷野、荒地、田边、路旁。四川、云南、贵州、重庆多地分布广泛。主要为害新垦药地或仿野生药材栽培田，苗期为害严重。

生境　　　　　　　　花　　　　　　　　茎叶　　　　　　　　果实

苍耳 ［拉丁名］*Xanthium strumarium* L.
［属　别］苍耳属 *Xanthium*
［俗　名］苍子、稀刺苍耳、菜耳、猪耳、野茄、胡苍子、痴头婆、抢子、青棘子、羌子裸子、绵苍浪子、苍浪子、刺八裸、道人头、敝子、野茄子、老苍子、苍耳子、虱马头、粘头婆、怠耳、告发子、刺苍耳、蒙古苍耳、偏基苍耳、近无刺苍耳

[形态特征]

　　一年生草本，高 20~90 cm。根纺锤状，分枝或不分枝。茎直立，不分枝或少有分枝，下部圆柱形，直径 4~10 mm，上部有纵沟，被灰白色糙伏毛。叶三角状卵形或心形，近全缘，或有 3~5 片不明显浅裂，顶端尖或钝，基部稍心形或截形，与叶柄连接处呈相等的楔形，边缘有不规则的粗锯齿，有三基出脉，侧脉弧形，直达叶缘，脉上密被糙伏毛，上面绿色，下面苍白色，被糙伏毛；雄性的头状花序球形，有或无花序梗，总苞片长圆状披针形，被短柔毛，花托柱状，托片倒披针形，顶端尖，有微毛，花冠钟形，管部上端有 5 枚宽裂片；花药长圆状线形；雌性的头状花序椭圆形，外层总苞片小，披针形，长约 3 mm，被短柔毛，内层总苞片结合成囊状，宽卵形或椭圆形，绿色，淡黄绿色或有时带红褐色。在瘦果成熟时变坚硬，外面有疏生的具钩状的刺，刺极细而直，基部被柔毛，常有腺点，或全部无毛；喙坚硬，锥形，上端略呈镰刀状，少有结合而成 1 个喙的。瘦果倒卵形。

[生长发育规律]

　　一年生草本，喜温暖稍湿润气候，耐干旱瘠薄。4 月下旬发芽，5—6 月出苗，7—9 月开花，9—10 月种子成熟。种子易混入农作物种子中，根系发达，入土较深，不易清除和拔出。

[分布与为害]

　　常生长于平原、丘陵、低山、荒野、路边、田边。四川、云南、贵州、重庆多地分布广泛。主要为害新垦药地或仿野生药材栽培田，苗期为害严重。

植株　　　　　　　　茎叶　　　　　　　　群落　　　　　　　　果序

黄鹌菜　[拉丁名] *Youngia japonica*（L.）DC.
　　　　　[属　别] 黄鹌菜属 *Youngia*
　　　　　[俗　名] 黄鸡婆

[形态特征]

　　多年生草本，高 10~100 cm。根垂直直伸，生多数须根。茎下部被柔毛。基生叶倒披针形、椭圆形、长椭圆形或宽线形，长 2.5~13 cm，大头羽状深裂或全裂，叶柄长 1~7 cm，有翼或无翼，顶裂片卵形、倒卵形或卵状披针形，有锯齿或几全缘，侧裂片 3~7 对，椭圆形，最下方侧裂片耳状，侧裂片均有锯齿或细锯齿或有小尖头，稀全缘，叶及叶柄被柔毛；无茎生叶或极少有茎生叶。头状花序排成伞房花序；总苞圆柱状，长 4~5 mm，总苞片 4 层，背面无毛，外层宽卵形或宽形，长宽不及 0.6 mm，内层长 4~5 mm，披针形，边缘白色宽膜质，内面有糙毛；冠毛长 2.5~3.5 mm，糙毛状。瘦果纺锤形，褐色或红褐色，长 1.5~2 mm，无喙，有 11~13 条纵肋；冠毛糙毛状。

[生长发育规律]

　　多年生草本，以种子繁殖。秋季发芽出苗，以幼苗越冬，来年返青，进行营养生长，4—9 月开花、结果。种子边成熟边脱落，借冠毛随风传播。

[分布与为害]

　　生长在山坡、山谷及山沟林缘、林下、林间草地及潮湿地、河边沼泽地、田间与荒地上。四川、云南、贵州、重庆多地分布广泛。主要为害新垦药地或仿野生药材栽培田，苗期为害严重。

生境

花序

植株

果序

旋花科 Convolvulaceae

旋花 [拉丁名] *Calystegia sepium*（L.）R. Br.
[属　别] 打碗花属 *Calystegia*

[形态特征]

多年生草本，全体不被毛。茎缠绕，伸长，有细棱。叶形多变，三角状卵形或宽卵形，长 4~10（15）cm 或更长，宽 2~6（10）cm 或更宽，顶端渐尖或锐尖，基部戟形或心形，全缘或基部稍伸展为具 2~3 个大齿缺的裂片；叶柄常短于叶片或两者近等长。花腋生，1 朵；花梗通常稍长于叶柄，长达 10 cm，有细棱或有时具狭翅；苞片宽卵形，长 1.5~2.3 cm，顶端锐尖；萼片卵形，长 1.2~1.6 cm，顶端渐尖或有时锐尖；花冠通常白色或有时淡红色或紫色，漏斗状，长 5~6（7）cm，冠檐微裂；雄蕊花丝基部扩大，被小鳞毛；子房无毛，柱头 2 裂，裂片卵形，扁平。蒴果卵形，长约 1 cm，为苞片和萼片所包被。种子黑褐色，长 4 mm，表面有小疣。

[生长发育规律]

多年生草本，花期 6—7 月，果期 7—8 月。

[分布与为害]

西南地区广泛分布，生于路旁、溪边草丛、田边或山坡林缘处。旋花对中药材为害严重，大面积发生时，茎缠绕向上可使直立中药材倒伏。

植株

叶片

茎

花

田旋花 [拉丁名] *Convolvulus arvensis* L.
[属　别] 旋花属 *Convolvulus*
[俗　名] 田福花、燕子草、小旋花、三齿草藤、面根藤、白花藤、扶秧苗、扶田秧、箭叶旋花

[形态特征]

多年生草本，根状茎横走，茎平卧或缠绕，有条纹及棱角，无毛或上部被疏柔毛。叶卵状长圆形至披针形，长 1.5~5.0 cm，宽 1~3 cm，先端钝或具小短尖头，基部大多戟形，或箭形及心形，全缘或 3 裂，侧裂片展开，微尖，中裂片卵状椭圆形，狭三角形或披针状长圆形，微尖或近圆；叶柄较叶片短，长 1~2 cm；叶脉羽状，基部掌状。花序腋生，总梗长 3~8 cm，1 朵或有时 2~3 朵至更多花，花柄比花萼长得多；苞片 2 枚，线形，长约 3 mm；萼片有毛，长 3.5~5.0 mm，稍不等，2 个外萼片稍短，长圆状椭圆形，钝，具短缘毛，内萼片近圆形，钝或稍凹，或多或少具小短尖头，边缘膜质；花冠宽漏斗形，长 15~26 mm，白色或粉红色，或白色具粉红或红色的瓣中带，或粉红色具红色或白色的瓣中带，5 浅裂；雄蕊 5 枚，稍不等长，较花冠短一半，花丝基部扩大，具小鳞毛；雌蕊较雄蕊稍长，子房有毛，2 室，每室 2 胚珠，柱头 2 枚，线形。蒴果卵状球形，或圆锥形，无毛，长 5~8 mm。种子 4 枚，卵圆形，无毛，长 3~4 mm，暗褐色或黑色。

[生长发育规律]

多年生草本植物，春季萌芽，花期 5—8 月，果期 7—11 月。

[分布与为害]

四川、云南、贵州、重庆等地区均有分布，生于耕地及荒坡草地上。田旋花为田间有害杂草，为害小麦、玉米、棉花、大豆、果树等，也是规模化药材栽培基地中的主要杂草。

植株

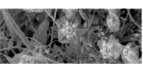
群落

茎叶

花

圆叶牵牛 ［拉丁名］*Ipomoea purpurea*（L.）Roth

［属　别］番薯属 *Ipomoea*

［俗　名］紫花牵牛、打碗花、连簪簪、牵牛花、心叶牵牛、重瓣圆叶牵牛

［形态特征］

一年生缠绕草本，茎上被倒向的短柔毛，杂有倒向或开展的长硬毛。叶圆心形或宽卵状心形，长4~18 cm，宽3.5~16.5 cm，基部圆或心形，顶端锐尖、骤尖或渐尖，通常全缘，偶有3裂，两面疏或密被刚伏毛；叶柄长2~12 cm。花腋生，单一着生于花序梗顶端或2~5朵着生于花序梗顶端成伞形聚伞花序，花序梗比叶柄短或近等长，长4~12 cm，毛被与茎相同；苞片线形，长6~7 mm，被开展的长硬毛；花梗长1.2~1.5 cm，被倒向短柔毛及长硬毛；萼片近等长，长1.1~1.6 cm，外面3片长椭圆形，渐尖，内面2片线状披针形，外面均被开展的硬毛，基部更密；花冠漏斗状，长4~6 cm，紫红色、红色或白色，花冠管通常白色，瓣中带于内面色深，外面色淡；雄蕊与花柱内藏；雄蕊不等长，花丝基部被柔毛；子房无毛，3室，每室2胚珠，柱头头状；花盘环状。蒴果近球形，直径9~10 mm，3瓣裂。种子卵状三棱形，长约5 mm，黑褐色或米黄色，被极短的糠秕状毛。

生境　　　　　　花、茎

茎叶　　　　　　花

［生长发育规律］

一年生缠绕草本，每年春季出苗，5—10月开花，8—11月结果。

［分布与为害］

四川、云南、贵州、重庆等地均有分布，生长在田边、路边、宅旁或山谷林内。属外来入侵生物，原产于热带美洲，有时侵入农田或果园为害。该种适应性较强，故分布广泛，目前已成为庭院常见杂草，有时为害草坪和灌木。

南方菟丝子 ［拉丁名］*Cuscuta australis* R. Br.

［属　别］菟丝子属 *Cuscuta*

［俗　名］欧洲菟丝子、飞扬藤、金线藤、女萝、松萝

［形态特征］

一年生寄生草本。茎缠绕，金黄色，纤细，直径1 mm左右，无叶。花序侧生，少花或多花簇生成小伞形或小团伞花序，总花序梗近无；苞片及小苞片均小，鳞片状；花梗稍粗壮，长1.0~2.5 mm；花萼杯状，基部连合，裂片3~5枚，长圆形或近圆形，通常不等大，长约0.8~1.8 mm，顶端圆；花冠乳白色或淡黄色，杯状，长约2 mm，裂片卵形或长圆形，顶端圆，约与花冠管近等长，直立，宿存；雄蕊着生于花冠裂片弯缺处，比花冠裂片稍短；鳞片小，边缘短流苏状；子房扁球形，花柱2枚，等长或稍不等长，柱头球形。蒴果扁球形，直径3~4 mm，下半部为宿存花冠所包，成熟时不规则开裂，不为周裂。通常有4枚种子，淡褐色，卵形，长约1.5 mm，表面粗糙。

［生长发育规律］

一年生寄生草本，花果期5—10月。

［分布与为害］

分布于四川、云南、贵州、重庆等地。常寄生在海拔100~2000 m田边、路旁的豆科、菊科、马鞭草科等的草本植物或小灌木上。遇到适宜的寄主就缠绕在其上面，在接触处形成吸根，吸根进入寄主组织后，部分组织分化为导管和筛管，分别与寄主的导管和筛管相连，吸取寄主的养分和水分。幼芽缠绕于寄主植物体上，生活力极强，生长旺盛。

群落　　　　　　植株

茎　　　　　　　花

菟丝子　［拉丁名］*Cuscuta chinensis* Lam.
　　　　　［属　别］菟丝子属 *Cuscuta*
　　　　　［俗　名］朱匣琼瓦、禅真、雷真子、无娘藤、无根藤、无叶藤、黄丝藤、鸡血藤、金丝藤、无根草、山麻子、豆阎王、龙须子、豆寄生、黄丝、日本菟丝子

［形态特征］

一年生寄生草本。茎缠绕，黄色，纤细，直径约 1 mm，无叶。花序侧生，少花或多花簇生成小伞形或小团伞花序，近于无总花序梗；苞片及小苞片小，鳞片状；花梗稍粗壮，长约 1 mm；花萼杯状，中部以下连合，裂片三角状，长约 1.5 mm，顶端钝；花冠白色，壶形，长约 3 mm，裂片三角状卵形，顶端锐尖或钝，向外反折，宿存；雄蕊着生于花冠裂片弯缺微下处；鳞片长圆形，边缘长流苏状；子房近球形，花柱 2 枚，等长或不等长，柱头球形。蒴果球形，直径约 3 mm，几乎全被宿存的花冠所包围，成熟时整齐地周裂。种子 2~49 粒，淡褐色，卵形，长约 1 mm，表面粗糙。

群落　　　　　　　　　　植株

茎　　　　　　　　　　花序

［生长发育规律］

一年生寄生草本，花果期 5—10 月。以种子繁殖和传播。菟丝子种子成熟后落入土中，休眠越冬后，在翌年 3—6 月间温湿度适宜时萌发，幼苗胚根伸入土中，胚芽伸出土面，形成丝状的菟丝子。

［分布与为害］

分布于四川、云南、贵州、重庆等地。生于海拔 200~3 000 m 的田边、山坡阳处、路边灌丛或海边沙丘中，通常寄生于豆科、菊科、蒺藜科等多种植物上。

马蹄金　［拉丁名］*Dichondra micrantha* Urban
　　　　　［属　别］马蹄金属 *Dichondra*
　　　　　［俗　名］金马蹄草、小灯盏、小金钱、小铜钱草、小半边钱、落地金钱、铜钱草、小元宝草、玉馄饨、小金钱草、金钱草、黄疸草、小马蹄金、金锁匙、肉馄饨草、荷苞草

［形态特征］

多年生匍匐小草本，茎细长，被灰色短柔毛，节上生根。叶肾形至圆形，直径 4~25 mm，先端宽圆形或微缺，基部阔心形，叶面微被毛，背面被贴生短柔毛，全缘；具长的叶柄，叶柄长（1.5）3~5（6）cm。花单生叶腋，花柄短于叶柄，丝状；萼片倒卵状长圆形至匙形，钝，长 2~3 mm，背面及边缘被毛；花冠钟状，较短至稍长于萼，黄色，深 5 裂，裂片长圆状披针形，无毛；雄蕊 5 枚，着生于花冠 2 裂片间弯缺处，花丝短，等长；子房被疏柔毛，2 室，具 4 枚胚珠，花柱 2 枚，柱头头状。蒴果近球形，小，短于花萼，直径约 1.5 mm，膜质。种子黄色至褐色，无毛。

［生长发育规律］

多年生匍匐小草本，花果期 5—10 月。

［分布与为害］

分布于四川、云南、贵州、重庆等地。生长于海拔 1 300~1 980 m 的山坡草地、路旁或沟边。主要为害新垦药地或仿野生药材栽培田，苗期为害严重。

群落　　　　　　　　　　植株

叶　　　　　　　　　　花

景天科 Crassulaceae

珠芽景天 [拉丁名] *Sedum bulbiferum* Makino
[属 别] 景天属 *Sedum*
[俗 名] 鼠芽半枝莲

[形态特征]

多年生草本，须根系。茎高 7~22 cm，茎下部常横卧。叶腋常有圆球形、肉质、小的珠芽着生。基部叶常对生，上部的互生，下部叶卵状匙形，上部叶匙状倒披针形，长 10~15 mm，宽 2~4 mm，先端钝，基部渐狭。花序聚伞状，分枝 3，常再二歧分枝；萼片 5，披针形至倒披针形，长 3~4 mm，宽达 1 mm，有短距，先端钝；花瓣 5，黄色，披针形，长 4~5 mm，宽 1.25 mm，先端有短尖；雄蕊 10，长 3 mm；心皮 5 枚，略叉开，基部 1 mm 合生，全长 4 mm。

[生长发育规律]

多年生草本，每年冬季地上部分枯萎，根系宿存越冬，翌年春季地上部分再次萌发，花期 4—5 月。

[分布与为害]

西南地区广泛分布，常生长于海拔 400 m 左右的地边和荒坡等处，每年春季种子出苗成为药田杂草，苗期为害严重。

植株	植株

茎叶	花

细叶景天 [拉丁名] *Sedum elatinoides* Franch.
[属 别] 景天属 *Sedum*

[形态特征]

一年生草本，无毛，有须根。茎单生或丛生，高 5~30 cm。3~6 片叶轮生，叶狭倒披针形，长 8~20 mm，宽 2~4 mm，先端急尖，基部渐狭，全缘，无柄或几无柄。花序圆锥状或伞房状，分枝长，下部叶腋也生有花序；花稀疏；花梗长 5~8 mm，细；萼片 5，狭三角形至卵状披针形，长 1.0~1.5 mm，先端近急尖；花瓣 5，白色，披针状卵形，长 2~3 mm，急尖；雄蕊 10，较花瓣短；鳞片 5，宽匙形，长 0.5 mm，先端有缺刻；心皮 5，近直立，椭圆形，下部合生，有微乳头状突起。蓇葖成熟时上半部斜展；种子卵形，长 0.4 mm。

[生长发育规律]

一年生草本。花期 5—7 月，果期 8—9 月。

[分布与为害]

西南地区广泛分布，常生长于海拔 400~3 400 m 的田地边和荒坡等处，每年春季种子出苗成为药田杂草，苗期为害严重。

 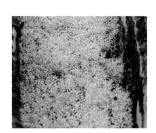

群落	生境

花	花

凹叶景天 ［拉丁名］*Sedum emarginatum* Migo
［属　别］景天属 *Sedum*

［形态特征］

　　多年生草本。茎细弱，高 10~15 cm。叶对生，匙状倒卵形至宽卵形，长 1~2 cm，宽 5~10 mm，先端圆，有微缺，基部渐狭，有短距。花序聚伞状，顶生，宽 3~6 mm，有多花，常有 3 个分枝；花无梗；萼片 5，披针形至狭长圆形，长 2~5 mm，宽 0.7~2.0 mm，先端钝；基部有短距；花瓣 5，黄色，线状披针形至披针形，长 6~8 mm，宽 1.5~2.0 mm；鳞片 5，长圆形，长 0.6 mm，钝圆。心皮 5，长圆形，长 4~5 mm，基部合生。蓇葖

略叉开，腹面有浅囊状隆起；种子细小，褐色。

［生长发育规律］

　　多年生草本，每年晚春出苗，花期 5—6 月，果期 6 月，初冬植株枯萎。

［分布与为害］

　　在西南地区常分布于海拔 600~1 800 m 的山坡阴湿处。春季出苗成为药田杂草，影响中药材生长。

群落

植株

花

花

垂盆草 ［拉丁名］*Sedum sarmentosum* Bunge
［属　别］景天属 *Sedum*
［俗　名］三叶佛甲草

［形态特征］

　　多年生草本。不育枝及花茎细，匍匐而节上生根，直到花序之下，长 10~25 cm。3 叶轮生，叶倒披针形至长圆形，长 15~28 mm，宽 3~7 mm，先端近急尖，基部急狭，有距。聚伞花序，有 3~5 个分枝，花少，宽 5~6 cm；花无梗；萼片 5，披针形至长圆形，长 3.5~5.0 mm，先端钝，基部无距；花瓣 5，黄色，披针形至长圆形，长 5~8 mm，先端有稍长的短尖；雄蕊 10，较花瓣短；鳞片 10，楔状四方形，长 0.5 mm，先端稍有微缺；心皮 5，长圆形，长 5~6 mm，略叉开，有长花柱。种子卵形，长 0.5 mm。

［生长发育规律］

　　多年生草本，每年春季出苗，花期 5—7 月，果期 8 月。

［分布与为害］

　　在西南地区常分布于海拔 1 600 m 以下的山坡向阳处或岩石上。春季出苗成为药田杂草，影响中药材生长。

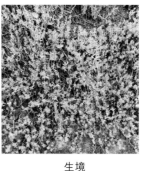
生境

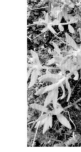

植株

茎叶

群落

佛甲草 [拉丁名] *Sedum lineare* Thunb.
[属　别] 景天属 *Sedum*
[俗　名] 狗豆芽、珠芽佛甲草、指甲草

[形态特征]

多年生草本，无毛。茎高 10~20 cm。3 叶轮生，少有 4 叶轮生或对生的，叶线形，长 20~25 mm，宽约 2 mm，先端钝尖，基部无柄，有短距。花序聚伞状，顶生，疏生花，宽 4~8 cm，中央有一朵有短梗的花，另有 2~3 个分枝，分枝常再有 2 个分枝，着生花无梗；萼片 5，线状披针形，长 1.5~7.0 mm，不等长，不具距，有时有短距，先端钝；花瓣 5，黄色，披针形，长 4~6 mm，先端急尖，基部稍狭；雄蕊 10，较花瓣短；鳞片 5，宽楔形至近四方形，长 0.5 mm，宽 0.5~0.6 mm。蓇葖略叉开，长 4~5 mm，花柱短；种子小。

[生长发育规律]

多年生草本，每年春季出苗，花期 4—5 月，果期 6—7 月。

[分布与为害]

在西南地区常生于低山或平地草坡上。春季出苗成为药田杂草，影响中药材生长。

植株

群落

花

枝叶

费菜 [拉丁名] *Phedimus aizoon* (Linnaeus) 't Hart
[属　别] 费菜属 *Phedimus*
[俗　名] 土三七、三七景天、景天三七、养心草

[形态特征]

多年生草本。根状茎短，粗茎高 20~50 cm，有 1~3 条茎，直立，无毛，不分枝。叶互生，狭披针形、椭圆状披针形至卵状倒披针形，长 3.5~8.0 cm，宽 1.2~2.0 cm，先端渐尖，基部楔形，边缘有不整齐的锯齿；叶坚实，近革质。聚伞花序有多花，水平分枝，平展，下托以苞叶。萼片 5，线形，肉质，不等长，长 3~5 mm，先端钝；花瓣 5，黄色，长圆形至椭圆状披针形，长 6~10 mm，有短尖；雄蕊 10，较花瓣短；鳞片 5，近正方形，长 0.3 mm，心皮 5，卵状长圆形，基部合生，腹面凸出，花柱长钻形。蓇葖星芒状排列，长 7 mm；种子椭圆形，长约 1 mm。

[生长发育规律]

多年生草本，每年春季出苗，花期 6—7 月，果期 8—9 月。

[分布与为害]

在西南地区常生于海拔 1 350 m 左右的山坡阴地。春季出苗成为药田杂草，影响中药材生长。

植株

群落

花序

茎叶

十字花科 Brassicaceae

拟南芥　［拉丁名］*Arabidopsis thaliana*（L.）Heynh.
　　　　　［属　　别］拟南芥属 *Arabidopsis*
　　　　　［俗　　名］鼠耳芥

［形态特征］

一年生细弱草本，高 20~35 cm，被单毛与分枝毛。茎不分枝或自中上部分枝，下部有时为淡紫白色，茎上常有纵槽，上部无毛，下部被单毛，偶杂有 2 叉毛。基生叶莲座状，倒卵形或匙形，长 1~5 cm，宽 3~15 mm，顶端钝圆或略急尖，基部渐窄成柄，边缘有少数不明显的齿，两面均有 2~3 叉毛；茎生叶无柄，披针形、条形、长圆形或椭圆形，长 5~15（50）mm，宽 1~2（10）mm。花序为疏松的总状花序，结果时可伸长达 20 cm；萼片长圆卵形，长约 1.5 mm，顶端钝，外轮的基部呈囊状，外面无毛或有少数单毛；花瓣白色，长圆条形，长 2~3 mm，先端钝圆，基部线形。角果长 10~14 mm，宽不到 1 mm，果瓣两端钝或钝圆，有 1 条中脉与稀疏的网状脉，多为橘黄色或淡紫色；果梗伸展，长 3~6 mm。种子每室 1 行，种子卵形、小、红褐色。

［生长发育规律］

拟南芥一般是冬性一年生植物，自然条件下种子在秋天发芽，以幼苗形态过冬，花分生组织在春季分化，种子在夏季成熟脱落。大多数实验室栽植的拟南芥品种在发芽后 4 周开花，而在 4~6 周后采集种子。不同拟南芥生态型的发育进程快慢、开花时间早晚、何时成熟等除了取决于遗传特性以外，也受外界环境条件的影响。

［分布与为害］

西南地区广泛分布。分布海拔为 300~4 700 m，一般生于山坡、平地、河边以及路边。主要为害新垦药地或仿野生药材栽培田，苗期为害严重。

植株

幼苗

花序

果序

荠　[拉丁名] *Capsella bursa-pastoris*（L.）Medik.
　　　　[属　别] 荠属 *Capsella*
　　　　[俗　名] 地米菜、芥、荠菜

[形态特征]

　　一年生或二年生草本，高（7）10~50 cm，无毛、有单毛或分叉毛；茎直立，单一或从下部分枝。基生叶丛生呈莲座状，大头羽状分裂，长可达 12 cm，宽可达 2.5 cm，顶裂片卵形至长圆形，长 5~30 mm，宽 2~20 mm，侧裂片 3~8 对，长圆形至卵形，长 5~15 mm，顶端渐尖，浅裂，或有不规则粗锯齿或近全缘，叶柄长 5~40 mm；茎生叶窄披针形或披针形，长 5.0~6.5 mm，宽 2~15 mm，基部箭形，抱茎，边缘有缺刻或锯齿。总状花序顶生及腋生，果期延长达 20 cm；花梗长 3~8 mm；萼片长圆形，长 1.5~2.0 mm；花瓣白色，卵形，长 2~3 mm，有短爪。短角果倒三角形或倒心状三角形，长 5~8 mm，宽 4~7 mm，扁平，无毛，顶端微凹，裂瓣具网脉；花柱长约 0.5 mm；果梗长 5~15 mm。种子 2 行，长椭圆形，长约 1 mm，浅褐色。

[生长发育规律]

　　一年生或二年生草本，花果期 4—6 月，生长周期较短。属于耐寒性植物，喜冰凉的气候，在严冬也能忍受零下的低温。

[分布与为害]

　　起源于东欧和小亚细亚，西南地区广泛分布。野生，也可人工栽培，常生在山坡、田边及路旁。主要为害新垦药地或仿野生药材栽培田，苗期为害严重。

生境	幼苗
植株	花

粗毛碎米荠　[拉丁名] *Cardamine hirsuta* L.
　　　　　　　[属　别] 碎米荠属 *Cardamine*
　　　　　　　[俗　名] 宝岛碎米荠、碎米荠

[形态特征]

　　一年生小草本，高 15~35 cm。茎直立或斜升，分枝或不分枝，下部有时淡紫色，被较密柔毛，上部毛渐少。基生叶具叶柄，有小叶 2~5 对，顶生小叶肾形或肾圆形，长 4~10 mm，宽 5~13 mm，边缘有 3~5 个圆齿，小叶柄明显，侧生小叶卵形或圆形，较顶生的形小，基部楔形而两侧稍歪斜，边缘有 2~3 个圆齿，有或无小叶柄；茎生叶具短柄，有小叶 3~6 对，生于茎下部的与基生叶相似，生于茎上部的顶生小叶菱状长卵形，顶端 3 齿裂，侧生小叶长卵形至线形，多数全缘；全部小叶两面稍有毛。总状花序生于枝顶，花小，直径约 3 mm，花梗纤细，长 2.5~4.0 mm；萼片绿色或淡紫色，长椭圆形，长约 2 mm，边缘膜质，外面有疏毛；花瓣白色，倒卵形，长 3~5 mm，顶端钝，向基部渐狭；花丝稍扩大；雌蕊柱状，花柱极短，柱头扁球形。长角果线形，稍扁，无毛，长达 30 mm；果梗纤细，直立开展，长 4~12 mm。种子椭圆形，宽约 1 mm，顶端有的具明显的翅。

[生长发育规律]

　　一年生小草本，花期 2—4 月，果期 4—6 月。粗毛碎米荠从营养生长转向生殖生长的过程中，需要低温阶段即春化作用才能完成自己的生活史。春化作用需要 5 ℃以下的低温 6 d 左右。

[分布与为害]

　　西南地区广泛分布，多生于海拔 1 000 m 以下的山坡、路旁、荒地及耕地的草丛中。主要为害新垦药地或仿野生药材栽培田，苗期为害严重。

植株	茎叶	花序	果序

播娘蒿 ［拉丁名］*Descurainia sophia*（L.）Webb ex Prantl
　　　　［属　别］播娘蒿属 *Descurainia*
　　　　［俗　名］腺毛播娘蒿

［形态特征］

　　一年生草本，高 20~80 cm，有毛或无毛，毛为叉状毛，以下部茎生叶为多，向上渐少。茎直立，分枝多，下部常呈现淡紫色。叶为 3 回羽状深裂，长 2~12（15）cm，末端裂片条形或长圆形，裂片长（2）3~5（10）mm，宽 0.8~1.5（2）mm，下部叶具柄，上部叶无柄。花序伞房状，果期伸长；萼片直立，早落，长圆条形，背面有分叉细柔毛；花瓣黄色，长圆状倒卵形，长 2.0~2.5 mm，或稍短于萼片，具爪；雄蕊 6 枚，比花瓣长三分之一。长角果圆筒状，长 2.5~3.0 cm，宽约 1 mm，无毛，稍内曲，与果梗不

成 1 条直线，果瓣中脉明显；果梗长 1~2 cm。种子每室 1 行，种子形小，多数，长圆形，长约 1 mm，稍扁，淡红褐色，表面有细网纹。

［生长发育规律］

　　一年生草本，花期 4—5 月。

［分布与为害］

　　四川、贵州、云南等地区均有分布，生于山坡、田野中。播娘蒿是农田恶性杂草，在潮湿的土壤中易生长。播娘蒿影响小麦等作物的生产。

植株　　　　　　　茎叶　　　　　　　叶　　　　　　　群落

小花糖芥 ［拉丁名］*Erysimum cheiranthoides* L.
　　　　　［属　别］糖芥属 *Erysimum*

［形态特征］

　　一年生草本，高 15~50 cm；茎直立，分枝或不分枝，有棱角，具 2 叉毛。基生叶莲座状，无柄，平

群落　　　　　　　花

铺地面，叶片长（1）2~4 cm，宽 1~4 mm，有 2~3 叉毛；叶柄长 7~20 mm；茎生叶披针形或线形，长 2~6 cm，宽 3~9 mm，顶端急尖，基部楔形，边缘具深波状疏齿或近全缘，两面具 3 叉毛。总状花序顶生，果期长达 17 cm；萼片长圆形或线形，长 2~3 mm，外面有 3 叉毛；花瓣浅黄色，长圆形，长 4~5 mm，顶端圆形或截形，下部具爪。长角果圆柱形，长 2~4 cm，宽约 1 mm，侧扁，稍有棱，具 3 叉毛；果瓣有 1 条不明显中脉；花柱长约 1 mm，柱头头状；果梗粗，长 4~6 mm；种子每室 1 行，种子卵形，长约 1 mm，淡褐色。

［生长发育规律］

　　一年生草本，花期 5 月，果期 6 月。

［分布与为害］

　　四川、云南等地区均有分布。生于海拔 500~2 000 m 的山坡、山谷、路旁及村旁荒地中。为常见农田杂草，主要为害新垦药地或仿野生药材栽培田，苗期为害严重。

 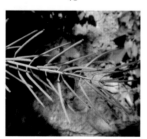

花　　　　　　　果序

独行菜　[拉丁名] *Lepidium apetalum* Willd.
　　　　　[属　别] 独行菜属 *Lepidium*
　　　　　[俗　名] 腺茎独行菜、辣辣菜、拉拉罐、拉拉罐子、昌古、辣辣根、羊拉拉、小辣辣、羊辣罐、辣
　　麻麻

[形态特征]

　　一年生或二年生草本，高5~30 cm；茎直立，有分枝，无毛或具微小头状毛。基生叶窄匙形，一回羽状浅裂或深裂，长3~5 cm，宽1.0~1.5 cm；叶柄长1~2 cm；茎上部叶线形，有疏齿或全缘。总状花序在果期可延长至5 cm；萼片早落，卵形，长约0.8 mm，外面有柔毛；花瓣不存或退化成丝状，比萼片短；雄蕊2或4。短角果近圆形或宽椭圆形，扁平，长2~3 mm，宽约2 mm，顶端微缺，上部有短翅，隔膜宽不到1 mm；果梗弧形，长约3 mm。种子椭圆形，长约1 mm，平滑，棕红色。

[生长发育规律]

　　一年生或二年生草本，花果期5—7月，7—8月种子成熟。独行菜的生育期很短，可分成4个时期，包括发芽期、幼苗期、抽薹期和开花结实期。

[分布与为害]

　　西南地区广泛分布。多生于海拔400~2 000 m的山坡、山沟、路旁及村庄附近。为常见农田杂草，主要为害新垦药地或仿野生药材栽培田，苗期为害严重。

生境　　　　　　　　花　　　　　　　　幼苗　　　　　　　　果序

豆瓣菜　[拉丁名] *Nasturtium officinale* R. Br. ex W. T. Aiton
　　　　　[属　别] 豆瓣菜属 *Nasturtium*
　　　　　[俗　名] 西洋菜、水田芥、水蔊菜、水生菜

[形态特征]

　　多年生水生草本，高20~40 cm，全体光滑无毛。茎匍匐或浮水生，多分枝，节上生不定根。单数羽状复叶，小叶片3~7（9）枚，宽卵形、长圆形或近圆形，顶端1片较大，长2~3 cm，宽1.5~2.5 cm，钝头或微凹，近全缘或呈浅波状，基部截平，小叶柄细而扁，侧生小叶与顶生的相似，基部不等称，叶柄基部成耳状，略抱茎。总状花序顶生，花多数；萼片长卵形，长2~3 mm，宽约1 mm，边缘膜质，基部略呈囊状；花瓣白色，倒卵形或宽匙形，具脉纹，长3~4 mm，宽1.0~1.5 mm，顶端圆，基部渐狭成细爪。长角果圆柱形而扁，长15~20 mm，宽1.5~2.0 mm；果柄纤细，开展或微弯；花柱短。种子每室2行，卵形，直径约1 mm，红褐色，表面具网纹。

[生长发育规律]

　　多年生水生草本，每年花期4—5月，果期6—7月。

[分布与为害]

　　在我国分布较为广泛，西南地区常见，栽培或野生，喜生水中，如水沟边、山涧河边、沼泽地或水田中，海拔850~3 700 m处均可生长。

群落　　　　　　　　植株　　　　　　　　花序　　　　　　　　果实

诸葛菜 [拉丁名] *Orychophragmus violaceus*（Linnaeus）O. E. Schulz
[属　别] 诸葛菜属 *Orychophragmus*
[俗　名] 二月蓝、紫金菜、菜子花、短梗南芥、毛果诸葛菜、缺刻叶诸葛菜

[形态特征]

一年生或二年生草本，高 10~50 cm，无毛；茎单一，直立，基部或上部稍有分枝，浅绿色或带紫色。基生叶及下部茎生叶大头羽状全裂，顶裂片近圆形或短卵形，长 3~7 cm，宽 2.0~3.5 cm，顶端钝，基部心形，有钝齿，侧裂片 2~6 对，卵形或三角状卵形，长 3~10 mm，越向下越小，偶在叶轴上杂有极小裂片，全缘或边缘具牙齿，叶柄长 2~4 cm，疏生细柔毛；上部叶长圆形或窄卵形，长 4~9 cm，顶端急尖，基部耳状，抱茎，边缘有不整齐牙齿。花紫色、浅红色或褪成白色，直径 2~4 cm；花梗长 5~10 mm；花萼筒状，紫色，萼片长约 3 mm；花瓣宽倒卵形，长 1.0~1.5 cm，宽 7~15 mm，密生细脉纹，爪长 3~6 mm。长角果线形，长 7~10 cm，具 4 棱，裂瓣有 1 凸出中脊，喙长 1.5~2.5 cm；果梗长 8~15 mm。种子卵形至长圆形，长约 2 mm，稍扁平，黑棕色，有纵条纹。

[生长发育规律]

一年生或二年生草本，花期 4—5 月，果期 5—6 月。

[分布与为害]

在我国广泛分布，在西南地区主要分布在四川省，生长在平原、山地、路旁或田边等处。

群落　　　　　　　植株

植株　　　　　　　花

薄菜 [拉丁名] *Rorippa indica*（L.）Hiern
[属　别] 薄菜属 *Rorippa*
[俗　名] 印度薄菜、塘葛菜、葶苈、江剪刀草、香荠菜、野油菜、干油菜、野菜子、天菜子

[形态特征]

一、二年生直立草本，高 20~40 cm，植株较粗壮，无毛或具疏毛。茎单一或分枝，表面具纵沟。叶互生，基生叶及茎下部叶具长柄，叶形多变化，通常大头羽状分裂，长 4~10 cm，宽 1.5~2.5 cm，顶端裂片大，卵状披针形，边缘具不整齐牙齿，侧裂片 1~5 对；茎上部叶片宽披针形或匙形，边缘具疏齿，具短柄或基部耳状抱茎。总状花序顶生或侧生，花小，多数，具细花梗；萼片 4，卵状长圆形，长 3~4 mm；花瓣 4，黄色，匙形，基部渐狭成短爪，与萼片近等长；雄蕊 6，2 枚稍短。长角果线状圆柱形，短而粗，长 1~2 cm，宽 1.0~1.5 mm，直立或稍内弯，成熟时果瓣隆起；果梗纤细，长 3~5 mm，斜升或近水平开展。种子每室 2 行，多数，细小，卵圆形而扁，一端微凹，表面褐色，具细网纹；子叶缘倚胚根。

[生长发育规律]

一、二年生直立草本，花期 4—6 月，果期 6—8 月。

[分布与为害]

西南地区分布较为广泛，生于海拔 230~1 450 m 的田边、园圃、河边、屋边及山坡路旁等较潮湿处。

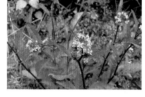

生境　　　　　　　花

幼苗　　　　　　　果序

菥蓂　[拉丁名] *Thlaspi arvense* L.

　　　　[属　别] 菥蓂属 *Thlaspi*

　　　　[俗　名] 遏蓝菜、败酱、布郎鼓、布朗鼓、铲铲草、臭虫草、大蕺

[形态特征]

　　一年生草本，高 9~60 cm，无毛；茎直立，不分枝或分枝，具棱。基生叶倒卵状长圆形，长 3~5 cm，宽 1.0~1.5 cm，顶端圆钝或急尖，基部抱茎，两侧箭形，边缘具疏齿；叶柄长 1~3 cm。总状花序顶生；花白色，直径约 2 mm；花梗细，长 5~10 mm；萼片直立，卵形，长约 2 mm，顶端圆钝；花瓣长圆状倒卵形，长 2~4 mm，顶端圆钝或微凹。短角果倒卵形或近圆形，长 13~16 mm，宽 9~13 mm，扁平，顶端凹入，边缘有翅，宽约 3 mm。种子每室 2~8 个，倒卵形，长约 1.5 mm，稍扁平，黄褐色，有同心环状条纹。

[生长发育规律]

　　一年生草本，花期 3—4 月，果期 5—6 月。

[分布与为害]

　　我国广泛分布，几乎遍布全国，生在平地路旁、沟边或村落附近。是西南药材基地重要杂草，苗期为害严重。

群落

果实

花序

葫芦科 Cucurbitaceae

马㼎儿　[拉丁名] *Zehneria japonica*（Thunberg）H. Y. Liu

　　　　[属　别] 马㼎儿属 *Zehneria*

　　　　[俗　名] 老鼠拉冬瓜、马交儿

[形态特征]

　　一年生攀缘或平卧草本；茎、枝纤细，疏散，有棱沟，无毛。叶柄细，长 2.5~3.5 cm，初被长柔毛，后无毛；叶片膜质，多型。雌雄同株。雄花单生或稀 2~3 朵生于短的总状花序上；花序梗纤细，极短，无毛；花梗丝状，长 3~5 mm，无毛；花萼宽钟形，基部急尖或稍钝，长 1.5 mm；花冠淡黄色，有极短的柔毛，裂片长圆形或卵状长圆形，长 2.0~2.5 mm，宽 1.0~1.5 mm；雄蕊 3，2 枚 2 室，1 枚 1 室，有时全部 2 室，生于花萼筒基部，花丝短，长 0.5 mm，花药卵状长圆形或长圆形，有毛，长 1 mm，药室稍弓曲，有毛，药隔宽，稍伸出。雌花在与雄花同一叶腋内单生或稀双生；花梗丝状，无毛，长 1~2 cm，花冠阔钟形，直径 2.5 mm，裂片披针形，先端稍钝，长 2.5~3.0 mm，宽 1.0~1.5 mm；子房狭卵形，有疣状凸起，长 3.5~4.0 mm，直径 1~2 mm，花柱短，长 1.5 mm，柱头 3 裂，退化雄蕊腺体状。果梗纤细，无毛，长 2~3 cm；果实长圆形或狭卵形，两端钝，外面无毛，长 1.0~1.5 cm，宽 0.5~0.8（1.0）cm，成熟后橘红色或红色。种子灰白色，卵形，基部稍变狭，边缘不明显，长 3~5 mm，宽 3~4 mm。

[生长发育规律]

　　一年生草本，花期 4—7 月，果期 7—10 月。

[分布与为害]

　　西南地区广泛分布，常生长于海拔 400 m 左右的地边和荒坡，每年春季种子出苗成为药田杂草，苗期为害严重。

叶片

茎

雄花

果实

纽子瓜 ［拉丁名］*Zehneria bodinieri*（H. Léveillé）W. J. de Wilde & Duyfjes
［属　别］马㼎儿属 *Zehneria*
［俗　名］野杜瓜、钮子瓜

[形态特征]

　　一年生草质藤本；茎、枝细弱，伸长，有沟纹，多分枝，无毛或稍被长柔毛。叶柄细，长 2~5 cm，无毛；叶片膜质，宽卵形或稀三角状卵形，长、宽均为 3~10 cm，上面深绿色，粗糙，被短糙毛，背面苍绿色，近无毛，先端急尖或短渐尖，基部弯缺半圆形，深 0.5~1.0 cm，宽 1.0~1.5 cm，稀近截平，边缘有小齿或深波状锯齿，不分裂或有时 3~5 浅裂，脉掌状。卷须丝状，单一，无毛。雌雄同株。雄花常 3~9 朵生于总梗顶端呈近头状或伞房状花序，花序梗纤细，长 1~4 cm，无毛；雄花梗开展，极短，长 1~2 mm；花萼筒宽钟状，长 2 mm，宽 1~2 mm，无毛或被微柔毛，裂片狭三角形，长 0.5 mm；花冠白色，裂片卵形或卵状长圆形，长 2.0~2.5 mm，先端近急尖，上部常被柔毛；雄蕊 3 枚，2 枚 2 室，1 枚 1 室，有时全部为 2 室，

插生在花萼筒基部，花丝长 2 mm，被短柔毛，花药卵形，长 0.6~0.7 mm。雌花单生，稀几朵生于总梗顶端或极稀雌雄同序；子房卵形。果梗细，无毛，长 0.5~1.0 cm；果实球状或卵状，直径 1.0~1.4 cm，浆果状，外面光滑无毛。种子卵状长圆形，扁压状，平滑，边缘稍拱起。

[生长发育规律]

　　一年生草质藤本，每年晚春出苗，花期 4—8 月，果期 8—11 月，初冬植株枯萎。

[分布与为害]

　　云南西北部、四川均有分布，海拔适应范围广，在海拔 400~3 400 m 的区域内均可生长，常生于向阳坡地。春季出苗成为药田杂草。

叶片

群落

植株

果实

大戟科 Euphorbiaceae

铁苋菜 ［拉丁名］*Acalypha australis* L.
　　　　［属　别］铁苋菜属 *Acalypha*
　　　　［俗　名］蛤蜊花、海蚌含珠、蚌壳草

［形态特征］

一年生草本，小枝细长，被贴毛柔毛，毛逐渐稀疏。叶膜质，长卵形、近菱状卵形或阔披针形，顶端短渐尖，基部楔形，稀圆钝，边缘具圆锯，上面无毛，下面沿中脉具柔毛；基出脉3条，侧脉3对；具短柔毛；托叶披针形，具短柔毛。雌雄花同序，花序腋生，稀顶生，长1.5~5.0 cm，花序梗长0.5~3.0 cm，花序轴具短毛，雌花苞片1~2（4）枚，卵状心形，花后增大，长1.4~2.5 cm，宽1~2 cm，边缘具三角形齿，外面沿掌状脉具疏柔毛，苞腋具雌花1~3朵；花梗无；雄花生于花序上部，排列呈穗状或头状，雄花苞片卵形，苞腋具雄花5~7朵，簇生；花梗长0.5 mm；雄花无毛，花萼裂片4枚，卵形，长约0.5 mm；雄蕊7~8枚；雌花萼片3枚，长卵形，具疏毛；子房具疏毛，花柱3枚。

蒴果直径4 mm，果皮具疏生毛和毛基变厚的小瘤体；种子近卵状，种皮平滑，假种阜细长。

［生长发育规律］

一年生草本，花果期4—12月。

［分布与为害］

我国除西部高原或干旱地区外，大部分地区均有分布。生于海拔20~1 200（1 900）m的平原或山坡较湿润耕地和空旷草地，以及石灰岩山疏林下。其花果期长，为害时间较长。

群落　　　　植株　　　　茎叶　　　　花序

裂苞铁苋菜 ［拉丁名］*Acalypha supera* Forsskal
　　　　　　［属　别］铁苋菜属 *Acalypha*
　　　　　　［俗　名］短穗铁苋菜

［形态特征］

一年生草本，高20~80 cm，全株被短柔毛和散生的毛。叶膜质，卵形、阔卵形或菱状卵形，长2.0~5.5 cm，宽1.5~3.5 cm，顶端急尖或短渐尖，基部浅心形，有时楔形，上半部边缘具圆锯齿；基出脉3~5条；叶柄细长，长2.5~6.0 cm，具短柔毛；托叶披针形，长约5 mm。雌雄花同序，花序1~3个，腋生，长5~9 mm，花序梗几无，雌花苞片3~5枚，长约5 mm，掌状深裂，裂片长圆形，宽1~2 mm，最外侧的裂片通常长不及1 mm，苞腋具1朵雌花；雄花密生于花序上部，呈头状或短穗状，苞片卵形，长0.2 mm；有时花序轴顶端具1朵异形雌花；雄花长0.3 mm，疏生短柔毛；雄蕊7~8枚；花梗长0.5 mm；雌花萼片3枚，近长圆形，长0.4 mm，具缘毛；子房疏生长毛和柔毛，花柱3，长约1.5 mm；花梗短；异形雌花萼片4枚，长约0.5 mm；子房陀螺状，1室，长约1 mm，被柔毛，顶部具一环齿裂，膜质，花柱1枚，位于子房基部。蒴果直径2 mm，果皮具疏生

柔毛和毛基变厚的小瘤体；种子卵状，长约1.2 mm，种皮稍粗糙；假种阜细小。

［生长发育规律］

一年生草本，花期5—12月。

［分布与为害］

西南地区分布较广泛，生于海拔100~1 900 m的山坡、路旁湿润草地或溪畔、林间小道旁草地。花期长，为害时间长，影响作物正常生长。

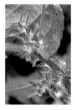   

茎叶　　　　幼苗　　　　群落　　　　植株

一品红 [拉丁名] *Euphorbia pulcherrima* Willd. ex Klotzsch
[属 别] 大戟属 *Euphorbia*
[俗 名] 圣诞花、老来娇、猩猩木

[形态特征]

灌木。根圆柱状，极多分枝。茎直立，高1~3（4）m，直径1~4（5）cm，无毛。叶互生，卵状椭圆形、长椭圆形或披针形，长6~25 cm，宽4~10 cm，先端渐尖或急尖，基部楔形或渐狭，绿色，边缘全缘或浅裂或波状浅裂，叶面被短柔毛或无毛，叶背被柔毛；叶柄长2~5 cm，无毛；无托叶；苞叶5~7枚，狭椭圆形，长3~7 cm，宽1~2 cm，通常全缘，极少边缘浅波状分裂，朱红色；叶柄长2~6 cm。花序数个聚伞排列于枝顶；花序柄长3~4 mm；总苞坛状，淡绿色，高7~9 mm，直径6~8 mm，边缘齿状5裂，裂片三角形，无毛；腺体常1枚，极少2枚，黄色，常为压扁状，呈两唇状，长4~5 mm，宽约3 mm。雄花多数，常伸出总苞之外；苞片丝状，具柔毛；雌花1枚，子房柄明显伸出总苞之外，无毛；子房光滑；花柱3，中部以下合生；柱头2深裂。蒴果，三棱状圆形，长1.5~2.0 cm，直径约1.5 cm，平滑无毛。种子卵状，长约1 cm，直径8~9 mm，灰色或淡灰色，近平滑；无种阜。

[生长发育规律]

灌木，花果期10月至次年4月。

[分布与为害]

西南地区分布广泛，主要为害新垦药地和仿野生药材栽培田，苗期为害严重。

| 群落 | 植株 | 茎叶 | 花序 |

泽漆 [拉丁名] *Euphorbia helioscopia* L.
[属 别] 大戟属 *Euphorbia*
[俗 名] 五风草、五灯草、五朵云、猫儿眼草、眼疼花、漆茎、鹅脚板

[形态特征]

一年生草本。根纤细，长7~10 cm，直径3~5 mm，下部分枝。茎直立，单一或自基部多分枝，分枝斜展向上，高10~30（50）cm，直径3~5（7）mm，光滑无毛。叶互生，倒卵形或匙形，长1.0~3.5 cm，宽5~15 mm，先端具牙齿，中部以下渐狭或呈楔形；总苞叶5枚，倒卵状长圆形，长3~4 cm，宽8~14 mm，先端具齿，基部略渐狭，无柄；苞叶2枚，卵圆形，先端具齿，基部呈圆形。花序单生，有柄或近无柄；总苞钟状，高约2.5 mm，直径约2 mm，光滑无毛，边缘5裂，裂片半圆形，边缘和内侧具柔毛；腺体4，盘状，中部内凹，基部具短柄，淡褐色。雄花数枚，明显伸出总苞外；雌花1枚，子房柄略伸出总苞边缘。蒴果三棱状阔圆形，光滑，无毛；具明显的三纵沟，长2.5~3.0 mm，直径3.0~4.5 mm。种子卵状，长约2 mm，直径约1.5 mm，暗褐色，具明显的脊网；种阜扁平状，无柄。

[生长发育规律]

一年生草本，花果期4—10月。

[分布与为害]

广布于全国，西南地区广泛分布。生于山沟、路旁、荒野和山坡处，较常见。主要为害新垦药地和仿野生药材栽培田，苗期为害严重。

| 群落 | 植株 | 花 | 果实 |

飞扬草　［拉丁名］*Euphorbia hirta* L.
　　　　　［属　别］大戟属 *Euphorbia*
　　　　　［俗　名］飞相草、乳籽草、大飞扬

［形态特征］

　　一年生草本。根纤细。茎单一，自中部向上分枝或不分枝，高 30~60（70）cm，直径约 3 mm。叶对生，披针状长圆形、长椭圆状卵形或卵状披针形，长 1~5 cm，宽 5~13 mm，先端极尖或钝，基部略偏斜；边缘于中部以上有细锯齿，中部以下较少具有齿或全缘；叶柄极短，长 1~2 mm。花序多数，于叶腋处密集呈头状；总苞钟状，被柔毛，边缘 5 裂，裂片三角状卵形；腺体 4，近于杯状，边缘具白色附属物；雄花数枚，微达总苞边缘；雌花 1 枚，具短梗，伸出总苞之外；子房三棱状，被少许柔毛；花柱 3，分离；柱头 2 浅裂。蒴果三棱状，被短柔毛。种子近圆状四棱，每个棱面有数个纵槽，无种阜。

［生长发育规律］

　　一年生草本，花果期 6—12 月。

［分布与为害］

　　西南地区广泛分布，常生长在路旁、草丛、灌丛及山坡处，多见于沙质土中。繁殖速度快，以种子繁殖为主，影响作物生长。

植株

果实

茎叶　　　　　　　　　　　　　　叶片

地锦草　［拉丁名］*Euphorbia humifusa* Willd.ex Schltdl
　　　　　［属　别］大戟属 *Euphorbia*
　　　　　［俗　名］千根草、小虫儿卧单、血见愁草、草血竭、小红筋草、奶汁草、红丝草

［形态特征］

　　一年生草本。根细小。茎匍匐，基部以上多分枝，稀先端斜上伸展，基部常为红色或淡红色，长达 20（30）cm，被柔毛；质脆，易折断，断面黄白色，中空。叶对生，矩圆形或椭圆形，长 5~10 mm，宽 3~6 mm，先端钝圆，基部偏斜，略渐狭，边缘常于中部以上具细锯齿；叶面绿色，叶背淡绿色，有时淡红色，两面被疏柔毛；叶柄极短，长 1~2 mm。花序单生叶腋；总苞陀螺状，边缘 4 裂，裂片三角形，腺体 4，长圆形，边缘具白色或淡红色肾形附属物；雄花数枚，与总苞边缘近等长；雌花 1，子房柄伸至总

苞边缘；子房无毛；花柱分离。蒴果三棱状球形，表面光滑。种子细小，卵形，褐色，长约 1.3 mm，直径约 0.9 mm，灰色，每个棱面均无横沟，无种阜。

［生长发育规律］

　　一年生草本，花果期 5—10 月，每年秋季种子成熟，植株枯萎，完成一个年生长周期。

［分布与为害］

　　四川、云南、贵州、重庆多地均有分布，较常见于野荒地、路旁、田间、沙丘、海滩、山坡等地。主要为害新垦药地或仿野生药材栽培田，苗期为害严重。

植株

叶片

茎叶

花

通奶草 [拉丁名] *Euphorbia hypericifolia* L.
[属　别] 大戟属 *Euphorbia*
[俗　名] 小飞扬草

[形态特征]

　　一年生草本，根纤细。茎直立，自基部分枝或不分枝，高 15~30 cm，直径 1~3 mm，无毛或被少许短柔毛。叶对生，狭长圆形或倒卵形，长 1.0~2.5 cm，宽 4~8 mm，先端钝或圆，基部圆形，通常偏斜，不对称，边缘全缘或基部以上具细锯齿，上面深绿色，下面淡绿色，有时略带紫红色，两面被稀疏的柔毛，或上面的毛早脱落；叶柄极短，长 1~2 mm；托叶三角形，分离或合生。苞叶 2 枚，与茎生叶同形；雄花数枚，微伸出总苞外；雌花 1 枚，子房柄长于总苞；子房三棱状，无毛；花柱 3，分离；柱头 2 浅裂。蒴果三棱状，长约 1.5 mm，直径约 2 mm，无毛，成熟时分裂为 3 个分

果爿。种子卵棱状，长约 1.2 mm，直径约 0.8 mm，每个棱面具数个皱纹，无种阜。

[生长发育规律]

　　一年生草本，花果期 8—12 月。

[分布与为害]

　　四川、云南、贵州、重庆多地均有分布，生长于海拔 30~2 100 m 的地区，常生长在灌丛、旷野荒地、路旁或田间。主要为害新垦药地或仿野生药材栽培田，苗期为害严重。

植株

茎叶

果实

花序

大戟 [拉丁名] *Euphorbia pekinensis* Rupr.
[属　别] 大戟属 *Euphorbia*
[俗　名] 湖北大戟、京大戟、北京大戟

[形态特征]

　　多年生草本；茎高达 80（90）cm；叶互生，椭圆形，稀披针形或披针状椭圆形，先端尖或渐尖，基部楔形、近圆形或近平截，全缘，两面无毛或有时下面具柔毛；花序单生于二歧分枝顶端，无梗；总苞杯状，直径 3.5~4.0 mm，边缘 4 裂，裂片半圆形，腺体 4，半圆形或肾状圆形，淡褐色；雄花多数，伸出总苞；雌花 1，子房柄长 3~5（6）mm；蒴果球形，直径 4.0~4.5 mm，疏被瘤状突起；种子卵圆形，暗褐色，

腹面具浅色条纹。

[生长发育规律]

　　多年生草本，花期 5—8 月，果期 6—9 月。

[分布与为害]

　　四川、云南、贵州、重庆等地均有分布，常生于海拔 200~3 000 m 的山坡、灌丛、路旁、荒地、草丛、林缘和疏林内。主要为害新垦药地或仿野生药材栽培田，苗期为害严重。

群落

植株

花

叶片

斑地锦草　[拉丁名] *Euphorbia maculata* L.
　　　　　　[属　别] 大戟属 *Euphorbia*
　　　　　　[俗　名] 斑地锦

[形态特征]

一年生草本；根纤细，长 4~7 cm，直径约 2 mm；茎匍匐，长 10~17 cm，直径约 1 mm，被白色疏柔毛；叶对生，长椭圆形至肾状长圆形，长 6~12 mm，宽 2~4 mm，先端钝，基部偏斜，不对称，略呈渐圆形，边缘中部以下全缘，中部以上常具细小疏锯齿；叶面绿色，中部常具有一个长圆形的紫色斑

点，叶背淡绿色或灰绿色，新鲜时可见紫色斑，干时不清楚，两面无毛；叶柄极短，长约 1 mm；托叶钻状，不分裂，边缘具睫毛；花序单生于叶腋，基部具短柄，柄长 1~2 mm；总苞狭杯状，高 0.7~1.0 mm，直径约 0.5 mm，外部具白色疏柔毛，边缘 5 裂，裂片三角状圆形；腺体 4，黄绿色，横椭圆形，边缘具白色附属物；蒴果三角状卵形，长约 2 mm，直径约 2 mm，被稀疏柔毛；种子卵状四棱形，长约 1 mm，直径约 0.7 mm，灰色或灰棕色，每个棱面具 5 个横沟，无种阜。

植株

茎叶

叶片

花

[生长发育规律]

一年生草本，花果期 4—9 月。每年春季 2—3 月出苗，4—9 月开花结果，秋季后种子成熟，植株枯萎，完成一个年生长周期。

[分布与为害]

四川、云南、贵州、重庆等地均有分布，通常生长在平原或低山地的路旁湿地，侵入草地和农田中为害。

千根草　[拉丁名] *Euphorbia thymifolia* L.
　　　　　[属　别] 大戟属 *Euphorbia*
　　　　　[俗　名] 小飞扬、细叶小锦草

[形态特征]

一年生草本；根纤细，长约 10 cm，具多数不定根；茎纤细，常匍匐状，基部极多分枝，长达 20 cm，疏被柔毛；叶对生，椭圆形、长圆形或倒卵形，长 4~8 mm，先端圆，基部偏斜，圆或近心形，有细齿，稀全缘，绿或淡红色，两面常疏被柔毛；叶柄长约 1 mm；花序单生或数个簇生于叶腋，具短梗，疏被柔

毛；总苞窄钟状或陀螺状，外面疏被柔毛，边缘 5 裂，裂片卵形，腺体 4，被白色附属物；雄花少数，微伸出总苞边缘；雌花 1，子房柄极短；子房被贴伏短柔毛，花柱分离；蒴果卵状三棱形，长约 1.5 mm，被贴伏短柔毛，熟时不完全伸出总苞；种子长卵状四棱形，长约 0.7 mm，暗红色，棱面具 4~5 条横沟；无种阜。

[生长发育规律]

一年生草本，花果期 6—11 月。每年春季 2—3 月出苗，6—11 月开花结果，秋季后种子成熟，植株枯萎，完成一个年生长周期。

[分布与为害]

四川、云南、贵州、重庆等地均有分布，常见于路旁、屋旁、草丛、稀疏灌丛中，多生于沙质土中。主要为害新垦药地或仿野生药材栽培田，苗期为害严重。

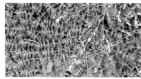

生境

植株

叶片

花

蜜甘草 ［拉丁名］*Phyllanthus ussuriensis* Rupr. & Maxim.
　　　　 ［属　别］叶下珠属 *Phyllanthus*
　　　　 ［俗　名］蜜柑草

［形态特征］

一年生草本，高 15~60 cm。全株光滑无毛。茎直立，分枝细长。叶互生，具短柄；托叶小，2枚；叶片纸质，椭圆形至长圆形，长 5~15 mm，宽 3~6 mm，顶端急尖至钝，基部近圆，下面白绿色；侧脉每边 5~6 条；叶柄极短或几乎无叶柄；托叶卵状披针形。花簇生或单生于叶腋；花小，单性，花雌雄同株，单生或数朵簇生于叶腋；花梗长约 2 mm，丝状，基部有数枚苞片；雄花萼片 4，宽卵形；花盘腺体 4，分离，与萼片互生；雄蕊 2，花丝分离，药室纵裂；雌花萼片 6，长椭圆形，果时反折；花盘腺体 6，长圆形；子房卵圆形，3 室，花柱 3，顶端 2 裂。蒴果有细柄，下垂，圆形，直径约 2 mm，褐色，表面平滑；种子三角形，灰褐色，具细瘤点。

［生长发育规律］

一年生草本，花期 4—7 月，果期 7—10 月，每年秋季种子成熟，植株枯萎，完成一个年生长周期。

［分布与为害］

四川、云南、贵州、重庆等地均有分布，常见于路旁、山坡。主要为害新垦药地或仿野生药材栽培田，苗期为害严重。

群落

植株

叶片

果实

叶下珠 ［拉丁名］*Phyllanthus urinaria* L.
　　　　 ［属　别］叶下珠属 *Phyllanthus*
　　　　 ［俗　名］珠仔草、假油树、珍珠草、阴阳草

［形态特征］

一年生草本，高 10~60 cm，茎通常直立，基部多分枝，枝倾卧而后上升；枝具翅状纵棱，上部被纵列疏短柔毛。叶片纸质，因叶柄扭转而呈羽状排列，长圆形或倒卵形，长 4~10 mm，宽 2~5 mm，顶端圆、钝或急尖而有小尖头，下面灰绿色，近边缘或边缘有 1~3 列短粗毛；侧脉每边 4~5 条，明显；叶柄极短；托叶卵状披针形，长约 1.5 mm。花雌雄同株，直径约 4 mm；雄花 2~4 朵簇生于叶腋，通常仅上面 1 朵开花，下面的很小；花梗长约 0.5 mm，基部有苞片 1~2 枚；萼片 6，倒卵形，长约 0.6 mm，顶端钝；雄蕊 3，花丝全部合生成柱状；花粉粒长球形，通常具 5 孔沟，少数具 3、4、6 孔沟，内孔横长椭圆形；花盘腺体 6，分离，与萼片互生；雌花单生于小枝中下部的叶腋内；花梗长约 0.5 mm；萼片 6，近相等，卵状披针形，长

约 1 mm，边缘膜质，黄白色；花盘圆盘状，边全缘；子房卵状，有鳞片状凸起，花柱分离，顶端 2 裂，裂片弯卷。蒴果圆球状，直径 1~2 mm，红色，表面具小凸刺，有宿存的花柱和萼片，开裂后轴柱宿存；种子长 1.2 mm，橙黄色。

［生长发育规律］

一年生草本，花期 4—6 月，果期 7—11 月，每年秋季后种子成熟，植株枯萎，完成一个年生长周期。

［分布与为害］

分布在四川、云南、贵州等地，喜生长在温暖湿润、土壤疏松的地域，稍耐阴，生长地土壤以森林棕壤和沙质土为主。生于海拔 200~1 000 m 的山地灌木丛中或稀疏林下。主要为害新垦药地或仿野生药材栽培田，苗期为害严重。

群落

植株

茎叶

果实

龙胆科 Gentianaceae

深红龙胆 ［拉丁名］*Gentiana rubicunda* Franch.
［属　别］龙胆属 *Gentiana*

［形态特征］

一年生草本，高 8~15 cm。茎直立，紫红色或草黄色，光滑，不分枝或中、上部有少数分枝。叶先端钝或钝圆，基部钝，边缘具乳突，上面具极细乳突，下面光滑，叶脉 1~3 条，细，在下面明显，叶柄背面具乳突，长 1~5 mm；基生叶数枚或缺如，卵形或卵状椭圆形，长 10~25 mm，宽 4~10 mm；茎生叶疏离，常短于节间，稀长于节间，卵状椭圆形，矩圆形或倒卵形，长 4~22 mm，宽 2~7 mm。花数朵，单生于小枝顶端；花梗紫红色或草黄色，光滑，长（3）10~15 mm，裸露；花萼倒锥形，长 8~14 mm，萼筒外面常具细乳突，裂片丝状或钻形，长 3~6 mm，边缘光滑，基部向萼筒下延成脊，弯缺截形；花冠紫红色，有时冠筒上具黑紫色短而细的条纹和斑点，倒锥形，长 2~3 cm，裂片卵形，长 3.5~4.0 mm，先端钝，褶卵形，长 2~3 mm，先端钝，边缘啮蚀形或全缘；雄蕊着生于冠筒中部，整齐，花丝丝状，长 7~8 mm，花药狭矩圆形，长 2.5~3.0 mm；子房椭圆形，长 5.0~6.5 mm，两端渐狭，柄粗，长 7.5~8.5 mm，花柱线形，长 1.5~2.0 mm，柱头 2 裂，裂片外翻，线形。蒴果外露，稀内藏，矩圆形，长 7.5~8.0 mm，先端钝圆，具宽翅，两侧边缘具狭翅，基部钝，柄粗，长达 35 mm；种子褐色，有光泽，椭圆形，长 1.0~1.3 mm，表面具细网纹。

［生长发育规律］

一年生草本，花果期 3—10 月。

［分布与为害］

主产于云南、贵州、四川等地的中高海拔区域，常生于海拔 520~3 300 m 的荒地、路边、溪边、山坡草地、林下、岩边及山沟处，易对仿野生中药材栽培地造成影响，为害时间为每年 4—8 月。

生境

植株

花（侧面）

花

鳞叶龙胆 [拉丁名] *Gentiana squarrosa* Ledeb.
[属　别] 龙胆属 *Gentiana*

[形态特征]

一年生草本。茎黄绿色或紫红色，密被黄绿色乳突，有时夹杂有紫色的乳突，自基部起多分枝，枝铺散，斜升。叶先端钝圆或急尖，具短小尖头，基部渐狭，边缘厚软骨质，密生细乳突，两面光滑，中脉白色软骨质，在下面突起，密生细乳突，叶柄白色膜质，边缘具短睫毛，背面具细乳突；基生叶大，在花期枯萎，宿存，卵形、卵圆形或卵状椭圆形；茎生叶小，外翻，密集或疏离，长于或短于节间，倒卵状匙形或匙形。花多数，单生于小枝顶端；花梗黄绿色或紫红色，密被黄绿色乳突，有时夹杂有紫色乳突，藏于或大部分藏于最上部叶中；花萼倒锥状筒形，外面具细乳突，萼筒常具白色膜质和绿色叶质相间的宽条纹，裂片外翻，绿色，叶状，整齐，卵圆形或卵形，先端钝圆或钝，具短小尖头，基部圆形，突然收缩成爪，边缘厚软骨质，密生细乳突，两面光滑，中脉白色厚软骨质，在下面突起，并向萼筒下延成短脊或否，密生细乳突，弯缺宽，截形；花冠蓝色，筒状漏斗形，裂片卵状三角形，先端钝，无小尖头，褶卵形先端钝，全缘或边缘有细齿；雄蕊着生于冠筒中部，整齐，花丝丝状，花药矩圆形；子房宽椭圆形，先端钝圆，基部渐狭成柄，柄粗，花柱柱状，柱头2裂，外反，半圆形或宽矩圆形。蒴果外露，倒卵状矩圆形，先端圆形，有宽翅，两侧边缘有狭翅，基部渐狭成柄，柄粗壮，直立；种子黑褐色，椭圆形或矩圆形，表面有白色光亮的细网纹。

[生长发育规律]

一年生草本，花果期4—9月。

[分布与为害]

主要分布于西南（除西藏）、西北、华北及东北等地区，常生于海拔110~4 200 m的山坡、山谷、山顶、干草原、河滩、荒地、路边、灌丛及高山草甸。易对仿野生中药材栽培地造成影响，为害时间为每年4—8月。

植株

群落

植株

花

獐牙菜 [拉丁名] *Swertia bimaculata*（Sieb. & Zucc.）Hook. f. & Thoms. & C. B. Clarke

[属　别] 獐牙菜属 *Swertia*

[俗　名] 双斑西伯菜、双斑享乐菜

[形态特征]

一年生草本，高 0.3~1.4（2.0）m。根细，棕黄色。茎直立，圆形，中空，基部直径 2~6 mm，中部以上分枝。基生叶在花期枯萎；茎生叶无柄或具短柄，叶片椭圆形至卵状披针形，长 3.5~9.0 cm，宽 1~4 cm，先端长渐尖，基部钝，叶脉 3~5 条，弧形，在背面明显突起，最上部叶呈苞叶状。大型圆锥状复聚伞花序疏松，开展，长达 50 cm，多花；花梗较粗，直立或斜伸，不等长，长 6~40 mm；花萼绿色，长为花冠的 1/4~1/2，裂片狭倒披针形或狭椭圆形，长 3~6 mm，先端渐尖或急尖，基部狭缩，边缘具窄的白色膜质，常外卷，背面有细的、不明显的 3~5 脉；花冠黄色，上部具多数紫色小斑点，裂片椭圆形或长圆形，长 1.0~1.5 cm，先端渐尖或急尖，基部狭缩，中部具 2 个黄绿色、半圆形的大腺斑；花丝线形，长 5.0~6.5 mm，花药长圆形，长约 2.5 mm；子房无柄，披针形，长约 8 mm，花柱短，柱头小，头状，2 裂。蒴果无柄，狭卵形，长至 2.3 cm；种子褐色，圆形，表面具瘤状突起。

[生长发育规律]

一年生草本，花果期 6—11 月。

[分布与为害]

主要分布于西藏、云南、贵州、四川、甘肃、河南、湖北、湖南、江西、浙江、福建等地，常生于海拔 250~3 000 m 的河滩、山坡草地、林下、灌丛、沼泽地中。易对仿野生中药材栽培地造成影响，为害时间为每年 4—9 月。

花

花

花

果实

牻牛儿苗科 Geraniaceae

野老鹳草 ［拉丁名］*Geranium carolinianum* L.
［属　别］老鹳草属 *Geranium*

[形态特征]

　　一年生草本,高 20~60 cm,根纤细,单一或分枝,茎直立或仰卧,单一或多数,具棱角,密被倒向短柔毛。基生叶早枯,茎生叶互生或最上部对生;托叶披针形或三角状披针形,长 5~7 mm,宽 1.5~2.5 mm,外被短柔毛;茎下部叶具长柄,柄长为叶片的 2~3 倍,被倒向短柔毛,上部叶柄渐短;叶片圆肾形,长 2~3 cm,宽 4~6 cm,基部心形,掌状 5~7 裂近基部,裂片楔状倒卵形或菱形,下部楔形、全缘,上部羽状深裂,小裂片条状矩圆形,先端急尖,表面被短伏毛,背面主要沿脉被短伏毛。花序腋生和顶生,长于叶,被倒生短柔毛和开展的长腺毛,每总花梗具 2 花,顶生总花梗常数个集生,花序呈伞形状;花梗与总花梗相似,等于或稍短于花;苞片钻状,长 3~4 mm,被短柔毛;萼片长卵形或近椭圆形,长 5~7 mm,宽 3~4 mm,先端急尖,具长约 1 mm 尖头,外被短柔毛或沿脉被开展的糙柔毛和腺毛;花瓣淡紫红色,倒卵形,稍长于萼,先端圆形,基部宽楔形,雄蕊稍短于萼片,中部以下被长糙柔毛;雌蕊稍长于雄蕊,密被糙柔毛。蒴果长约 2 cm,被短糙毛,果瓣由喙上部先裂向下卷曲。

植株　　　　　　　茎叶

花　　　　　　　果实

[生长发育规律]

　　一年生草本,花期 4—7 月,果期 5—9 月。

[分布与为害]

　　分布极为广泛,是常见的农田杂草与药材杂草,为害中药材大田栽培地、野生栽培地与仿野生栽培地,草害发生时间常在每年 4—7 月。

尼泊尔老鹳草 ［拉丁名］*Geranium nepalense* Sweet
［属　别］老鹳草属 *Geranium*

[形态特征]

　　多年生草本,高 30~50 cm。根为直根,多分枝,纤维状。茎多数,细弱,多分枝,仰卧,被倒生柔毛。叶对生或偶为互生;托叶披针形,棕褐色干膜质,长 5~8 mm,外被柔毛;基生叶和茎下部叶具长柄,柄长为叶片的 2~3 倍,被开展的倒向柔毛;叶片五角状肾形,茎部心形,掌状 5 深裂,裂片菱形或菱状卵形,长 2~4 cm,宽 3~5 cm,先端锐尖或钝圆,基部楔形,中部以上边缘齿状浅裂或缺刻状,表面被疏伏毛,背面被疏柔毛,沿脉被毛较密;上部叶具短柄,叶片较小,通常 3 裂。总花梗腋生,长于叶,被倒向柔毛,每梗 2 花,少有 1 花;苞片披针状钻形,棕褐色干膜质;萼片卵状披针形或卵状椭圆形,长 4~5 mm,被疏柔毛,先端锐尖,具短尖头,边缘膜质;花瓣紫红色或淡紫红色,倒卵形,等于或稍长于萼片,先端截平或圆形,基部楔形,雄蕊下部扩大成披针形,具缘毛;花柱不明显,柱头分枝长约 1 mm。蒴果长 15~17 mm,果瓣被长柔毛,喙被短柔毛。

[生长发育规律]

　　多年生草本,花期 4—9 月。

[分布与为害]

　　主要分布于云南、贵州、四川等地,常生于海拔 250~3 000 m 的河滩、山坡草地、林下、灌丛、荒山草坡等地。易对仿野生中药材栽培地造成影响。

群落

植株

花

果实

藤黄科 Clusiaceae

元宝草　［拉丁名］*Hypericum sampsonii* Hance
　　　　　［属　别］金丝桃属 *Hypericum*
　　　　　［俗　名］对叶草、对对草、哨子草、散血丹、黄叶连翘、蜡烛灯台、大叶野烟子、对月草、合掌草

[形态特征]

多年生草本，高 0.2~0.8 m，全体无毛。茎单一或少数，圆柱形无腺点，上部分枝。叶对生，无柄，其基部完全合生为一体而茎贯穿其中，长圆形或倒披针形，基部较宽，全缘，坚纸质，上面绿色，下面淡绿色，边缘密生有黑色腺点，全面散生透明或间有黑色腺点，中脉直贯叶端，侧脉每边约 4 条，斜上升。花序顶生，多花，伞房状，连同其下方常多达 6 个腋生花枝整体形成一个庞大的疏松伞房状至圆柱状圆锥花序；苞片及小苞片线状披针形或线形，长达 4 mm，先端渐尖。花近扁平，基部为杯状；花蕾卵珠形，先端钝形。萼片长圆形或长圆状匙形或长圆状线形，长 3~7（10）mm，宽 1~3 mm，全缘，边缘疏生黑腺点，全面散布淡色稀为黑色的腺点及腺斑，果时直伸。花瓣淡黄色，椭圆状长圆形，长 4~8（13）mm，宽 1.5~4.0（7.0）mm，宿存，边缘有无柄或近无柄的黑腺体，全面散布淡色或稀为黑色的腺点和腺条纹。雄蕊 3 束，宿存，每束具雄蕊 10~14 枚，花药淡黄色，具黑腺点。子房卵珠形至狭圆锥形，长约 3 mm，3 室；花柱 3，长约 2 mm，自基部分离。蒴果宽卵珠形至或宽或狭的卵珠状圆锥形，长 6~9 mm，宽 4~5 mm，散布有卵珠状黄褐色囊状腺体。种子黄褐色，长卵柱形，长约 1 mm，两侧无龙骨状突起，顶端无附属物，表面有明显的细蜂窝纹。

[生长发育规律]

多年生草本，每年冬季地上部分半枯萎，春季宿根出苗，花期 5—6 月，果期 7—8 月。

[分布与为害]

长江以南各省均有分布，常生于海拔 0~1 200 m 的路旁、山坡、草地、灌丛、田边、沟边等处。易为害仿野生中药材栽培地，草害时间为每年 4—6 月。

植株

茎叶

群落

果实

地耳草　[拉丁名] *Hypericum japonicum* Thunb. ex Murray
[属　别] 金丝桃属 *Hypericum*
[俗　名] 田基黄

[形态特征]

一年生或多年生草本，高 2~45 cm。茎单一或多少簇生，直立或外倾或匍地而在基部生根，在花序下部不分枝或各式分枝，具 4 纵线棱，散布淡色腺点。叶无柄，叶片通常卵形或卵状三角形至长圆形或椭圆形，长 0.2~1.8 cm，宽 0.1~1.0 cm，先端近锐尖至圆形，基部心形抱茎至截形，边缘全缘，坚纸质，上面绿色，下面淡绿但有时带苍白色，具 1~3 条基生主脉和 1~2 对侧脉，但无明显脉网，无边缘生的腺点，全面散布透明腺点。花序具 1~30 花，两歧状或多少呈单歧状，有或无侧生的小花枝；苞片及小苞片线形、披针形至叶状，微小至与叶等长。花直径 4~8 mm，多少平展；花蕾圆柱状椭圆形，先端多少钝形；花梗长 2~5 mm。萼片狭长圆形或披针形至椭圆形，长 2.0~5.5 mm，宽 0.5~2.0 mm，先端锐尖至钝形，全缘，无边缘生的腺点，全面散生有透明腺点或腺条纹，果时直伸。花瓣白色、淡黄色至橙黄色，椭圆形或长圆形，长 2~5 mm，宽 0.8~1.8 mm，先端钝形，无腺点，宿存。雄蕊 5~30 枚，不成束，长约 2 mm，宿存，花药黄色，具松脂状腺体。子房 1 室，长 1.5~2.0 mm；花柱 2 或 3，长 0.4~1.0 mm，自基部离生，开展。蒴果短圆柱形至圆球形，长 2.5~6.0 mm，宽 1.3~2.8 mm，无腺条纹。种子淡黄色，圆柱形，长约 0.5 mm，两端锐尖，无龙骨状突起和顶端的附属物，全面有细蜂窝纹。

[生长发育规律]

一年生或多年生草本，花期 3—8 月，果期 6—10 月。

[分布与为害]

主要分布于我国东北与长江以南的西南各地，常生于海拔 0~2 800 m 的田边、沟边、草地以及撂荒地。易对仿野生中药材栽培地造成影响，为害时间为每年4—9 月。

茎尖

茎叶

花

植株

遍地金　［拉丁名］ *Hypericum wightianum* Wall. ex Wight & Arn.
　　　　　　［属　别］金丝桃属 *Hypericum*
　　　　　　［俗　名］对叶草、对对草、小疳药、蚂蚁草、小化血、蛇毒草

［形态特征］

　　一年生草本，高 13~35 cm；根茎短而横走，有多数黄棕色纤维状须根。茎披散或直立，绿色或白绿色，圆柱形但具不明显的纵线棱，无毛，侧生小枝无或生长不规则。叶无柄；叶片卵形或宽椭圆形，长 1.0~2.5 cm，宽 0.5~1.5 cm，先端浑圆，基部略呈心形，抱茎，边缘全缘但常有具柄的黑腺毛，上面绿色，下面淡绿色，散布透明的腺点，侧脉每边 2~3 条，与中脉在上面凹陷，下面显著，脉网在叶下面几不可见。花序顶生，为二岐状聚伞花序，具 3 至多花；苞片和小苞片披针形，长达 8 mm，边缘有具柄的黑色腺毛。花小，直径约 6 mm，斜展；花梗长 2~3 mm。萼片长圆形或椭圆形，长 2.5~5.0 mm，宽约 1.5 mm，先端渐尖，边缘有具柄的黑腺齿，全面并散生有黑腺点。花瓣黄色，椭圆状卵形，长 3~5 mm，先端锐尖，边缘及上部有黑色腺点。雄蕊多数，3 束，每束有雄蕊 8~10 枚，花丝略短于花瓣，花药黄色，有黑色腺点。子房卵珠形，长 3 mm，3 室；花柱 3，自基部分叉，几与子房等长。蒴果近圆球形或圆球形，长约 6 mm，宽 4 mm，红褐色。种子褐色，圆柱形，长约 0.5 mm，表面有细蜂窝纹。

［生长发育规律］

　　一年生草本，花期 5—7 月，果期 8—9 月。

［分布与为害］

　　主要分布在广西、四川、贵州、云南等地。生于海拔 800~2 750 m 的田地或路旁草丛中。易对仿野生中药材栽培地造成影响，草害时间为每年 4—9 月。

茎叶

生境

花

贯叶连翘 ［拉丁名］*Hypericum perforatum* L.
　　　　　［属　别］金丝桃属 *Hypericum*
　　　　　［俗　名］小金丝桃、小贯叶金丝桃、夜关门、铁帚把、千层楼

［形态特征］

多年生草本，高 20~60 cm，全体无毛。茎直立，多分枝，茎及分枝两侧各有 1 纵线棱。叶无柄，彼此靠近，椭圆形至线形，长 1~2 cm，宽 0.3~0.7 cm，先端钝形，基部近心形而抱茎，边缘全缘，背卷，坚纸质，上面绿色，下面白绿色，全面散布淡色但有时黑色的腺点，侧脉每边约 2 条，自中脉基部 1/3 以下生出，斜升，脉网稀疏，不明显。花序为 5~7 朵花组成的两歧状的聚伞花序，生于茎及分枝顶端，多个再组成顶生圆锥花序；苞片及小苞片线形，长达 4 mm。萼片长圆形或披针形，长 3~4 mm，宽 1.0~1.2 mm，先端渐尖至锐尖，边缘有黑色腺点，全面有 2 行腺条和腺斑，果时直立，略增大，长达 4.5 mm。花瓣黄色，长圆形或长圆状椭圆形，两侧不相等，长约 1.2 mm，宽 0.5 mm，边缘及上部常有黑色腺点。雄蕊多数，3 束，每束有雄蕊约 15 枚，花丝长短不一，长达 8 mm，花药黄色，具黑腺点。子房卵珠形，长 3 mm，花柱 3，长 4.5 mm。蒴果长圆状卵珠形，长约 5 mm，宽 3 mm，具背生腺条及侧生黄褐色囊状腺体。种子黑褐色，圆柱形，长约 1 mm，具纵向条棱，两侧无龙骨状突起，表面有细蜂窝纹。

［生长发育规律］

多年生草本，每年春季抽芽，花期 7—8 月，果期 9—10 月，冬季地上部分枯萎，完成一个年生长周期。

［分布与为害］

主要分布于西藏、云南、贵州、四川、甘肃、河南、湖北、湖南、江西、浙江、福建等地，常生于海拔 250~3 000 m 的河滩、山坡草地、林下、灌丛、沼泽地中。易对仿野生中药材栽培地造成影响，草害时间为每年 4—9 月。

生境

植株

群落

花

唇形科 Lamiaceae

金疮小草　［拉丁名］*Ajuga decumbens* Thunb.
　　　　　　［属　别］筋骨草属 *Ajuga*
　　　　　　［俗　名］散血草、苦地胆、青鱼胆、青鱼胆草、鲫鱼胆

［形态特征］

一年生或二年生草本，平卧或上升，具匍匐茎，被白色长柔毛或绵状长柔毛，幼嫩部分尤多，绿色，老茎有时呈紫绿色。基生叶较多，较茎生叶长而大，叶柄具狭翅，呈紫绿色或浅绿色，被长柔毛；叶片薄纸质，匙形或倒卵状披针形，先端钝至圆形，基部渐狭，下延，边缘具不整齐的波状圆齿或几全缘，具缘毛，两面被疏糙伏毛或疏柔毛，尤以脉上为密，侧脉 4~5 对，与中脉在上面微隆起。轮伞花序多花，排列成穗状花序，位于下部的轮伞花序疏离，上部者密集；下部苞叶与茎叶同形，匙形，上部者呈苞片状，披针形；花梗短。花萼漏斗状，外面仅萼齿及其边缘被疏柔毛，内面无毛，具 10 脉，萼齿 5，狭三角形或短三角形，长约为花萼的 1/2。花冠淡蓝色或淡红紫色，稀白色，筒状，挺直，基部略膨大，外面被疏柔毛，内面仅冠筒被疏微柔毛，近基部有毛环，冠檐二唇形，上唇短，直立，圆形，顶端微缺，下唇宽大，伸长，3 裂，中裂片狭扇形或倒心形，侧裂片长圆形或近椭圆形。雄蕊 4，二强，微弯，伸出，花丝细弱，被疏柔毛或几无毛。花柱超出雄蕊，微弯。花盘环状，裂片不明显，前面微呈指状膨大。子房 4 裂，无毛。小坚果倒卵状三棱形，背部具网状皱纹，腹部有果脐，果脐约占腹面的 2/3。

［生长发育规律］

一年生或二年生草本，花期 3—7 月，果期 5—11 月。每年秋季后种子成熟，植株枯萎，完成一个年生长周期。

［分布与为害］

四川、贵州、重庆等地均有分布，生长于海拔 360~1 400 m 的溪边、路旁及湿润的草坡上。主要为害新垦药地或仿野生药材栽培田，苗期为害严重。

群落

茎叶

叶片

花序

紫背金盘 [拉丁名] *Ajuga nipponensis* Makino

[属　别] 筋骨草属 *Ajuga*

[俗　名] 白毛夏枯草、白头翁、见血青、筋骨草、退血草、散血草、石灰菜、破血丹、矮生紫背金盘

[形态特征]

一年生或二年生草本。茎通常直立，柔软，稀平卧，通常从基部分枝，被长柔毛或疏柔毛，四棱形，基部常带紫色。基生叶无或少数；茎生叶均具柄，基生者若存在则较长，具狭翅，有时呈紫绿色，叶片纸质，阔椭圆形或卵状椭圆形，先端钝，基部楔形，下延，边缘具不整齐的波状圆齿，有时几呈圆齿，具缘毛，两面被疏糙伏毛或疏柔毛，下部茎叶常带紫色，侧脉4~5对，与中脉在上面微隆起，下面突起。轮伞花序多花，生于茎中部以上，向上逐渐密集组成顶生穗状花序；苞叶下部者与茎叶同形，向上逐渐变小呈苞片状，卵形至阔披针形，绿色，有时呈紫绿色，全缘或具缺刻，具缘毛；花梗短或几无。花萼钟形，外面仅上部及齿缘被长柔毛，内面无毛，具10脉，萼齿5，狭三角形或三角形，长为花萼之半，近整齐，先端渐尖。花冠淡蓝色或蓝紫色，稀为白色或白绿色，具深色条纹，筒状，基部略膨大，外面疏被短柔毛，内面无毛，近基部有毛环，冠檐二唇形，上唇短，直立，2裂或微缺，下唇伸长，3裂，中裂片扇形，先端平截或微缺，侧裂片狭长圆形，中部略宽，先端急尖。雄蕊4，二强，伸出，花丝粗壮，直立或微弯，无毛。花柱细弱，超出雄蕊，先端2浅裂，裂片细尖。花盘环状，裂片不甚明显。子房无毛。小坚果卵状三棱形，背部具网状皱纹，腹面果脐达果轴的3/5。

[生长发育规律]

一年生或二年生草本，花期在中国东部为4—6月，西南部为12月至翌年3月，果期前者为5—7月，后者为1—5月。

[分布与为害]

分布于西南各地，生长在海拔100~2 300 m的田边、矮草地湿润处、林内及向阳坡地处，适应性很强。主要为害新垦药地或仿野生药材栽培田，苗期为害严重。

群落

植株

叶片

花

水棘针 [拉丁名] *Amethystea caerulea* L.
[属 别] 水棘针属 *Amethystea*
[俗 名] 细叶山紫苏、土荆芥

[形态特征]

一年生草本，基部有时木质化，呈金字塔形分枝。茎四棱形，紫色、灰紫黑色或紫绿色，被疏柔毛或微柔毛，以节上较多。叶柄紫色或紫绿色，有沟，具狭翅，被疏长硬毛；叶片纸质或近膜质，三角形或近卵形，3深裂，稀不裂或5裂，裂片披针形，边缘具粗锯齿或重锯齿，无柄或几无柄，基部不对称，下延，叶片上面为绿色或紫绿色，被疏微柔毛或几无毛，下面颜色略淡，无毛，中肋隆起，明显。花序为由松散具长梗的聚伞花序所组成的圆锥花序；苞叶与茎叶同形，更小；小苞片微小，线形具缘毛；花梗短，与总梗被疏腺毛。花萼钟形，外面被乳头状突起及腺毛，内面无毛，具10脉，其中5肋明显隆起，中间脉不明显，萼齿5，近整齐，三角形，渐尖，长约1 mm或略短，边缘具缘毛；果时花萼增大。花冠蓝色或紫蓝色，冠筒内藏或略长于花萼，外面无毛，冠檐二唇形，外面被腺毛，上唇2裂，长圆状卵形或卵形，下唇略大，

3裂，中裂片近圆形，侧裂片与上唇裂片近同形。雄蕊4，前对能育，着生于下唇基部，花芽时内卷，花时向后延伸，自上唇裂片间伸出，花丝细弱，无毛，伸出雄蕊约1/2，花药2室，室叉开，纵裂，成熟后贯通为1室；后对雄蕊为退化雄蕊，着生于上唇基部，线形或几乎没有。花柱细弱，略超出雄蕊，先端不相等2浅裂，前裂片细尖，后裂片短或不明显。花盘环状，具相等浅裂片。小坚果倒卵状三棱形，背面具网状皱纹，腹面具棱，两侧平滑，合生面大，高达果长的1/2以上。

[生长发育规律]

一年生草本，花期8—9月，果期9—10月。秋季后种子成熟，植株枯萎，完成一个生长周期。

[分布与为害]

重庆、四川等地均有分布，生于田边旷野、沙地河滩、路边及溪旁。主要为害新垦药地或仿野生药材栽培田，苗期为害严重。

植株

茎叶

叶片

花序

风轮菜 ［拉丁名］*Clinopodium chinense*（Benth.）Kuntze
［属　别］风轮菜属 *Clinopodium*
［俗　名］野薄荷、山薄荷、九层塔、苦刀草、野凉粉藤

［形态特征］

多年生草本。茎基部匍匐生根，上部上升，多分枝，高可达 1 m，四棱形，具细条纹，密被短柔毛及微柔毛。叶卵圆形，不偏斜，长 2~4 cm，宽 1.3~2.6 cm，先端急尖或钝，边缘具大小均匀的圆齿状锯齿，坚纸质，上面橄绿色，密被平伏短硬毛，下面灰白色，被疏柔毛，脉上尤密，侧脉 5~7 对，网脉在下面清晰可见；叶柄长 3~8 mm，腹凹背凸，密被疏柔毛。轮伞花序多花密集，半球状；苞叶叶状，向上渐小至苞片状，苞片针状，极细，无明显中肋，长 3~6 mm，多数，被柔毛状缘毛及微柔毛；总梗长 1~2 mm，分枝多数；花梗长约 2.5 mm，总梗及花序轴被柔毛状缘毛及微柔毛。花萼狭管状，常呈紫红色，长约 6 mm，13 脉，外面主要沿脉上被疏柔毛及微柔毛，内面在齿上被疏柔毛，果时基部一边稍膨胀，上唇 3 齿，齿近外翻，长三角形，先端具硬尖，下唇 2 齿，齿稍长，直伸，先端芒尖。

花冠紫红色，长约 9 mm，外面被微柔毛，内面在下唇下方喉部具二列茸毛，冠筒伸出，向上渐扩大，至喉部宽近 2 mm，冠檐二唇形，上唇直伸，先端微缺，下唇 3 裂，中裂片稍大。雄蕊 4，前对稍长，均内藏或前对微露出，花药 2 室。花柱微露出，先端不相等 2 浅裂，裂片扁平。花盘平顶。子房无毛。小坚果倒卵形，长约 1.2 mm，宽约 0.9 mm，黄褐色。

［生长发育规律］

多年生草本，花期 5—8 月，果期 8—10 月。

［分布与为害］

重庆、四川等地均有分布，生于海拔 1 000 m 以下的山坡、草丛、路边、沟边、灌丛、林下。主要为害新垦药地或仿野生药材栽培田，苗期为害严重。

群落　　　　　　　　　　植株

叶片　　　　　　　　　　花序

寸金草　［拉丁名］*Clinopodium megalanthum*（Diels）C. Y. Wu & S. J. Hsuan ex H. W. Li
　　　　　［属　　别］风轮菜属 *Clinopodium*
　　　　　［俗　　名］盐烟苏、莲台夏枯草、土白芷、蛇床子、灯笼花、山夏枯草、麻布草、居间寸金草

[形态特征]

多年生草本。茎多数，自根茎生出，基部匍匐生根，简单或分枝，四棱形，具浅槽，常染紫红色，极密被白色平展刚毛，下部较疏，节间伸长，比叶片长很多。叶三角状卵圆形，先端钝或锐尖，基部圆形或近浅心形，边缘为圆齿状锯齿，上面榄绿色，被白色纤毛，近边缘较密，下面较淡，主沿各级脉上被白色纤毛，余部有不明显小凹腺点，侧脉 4~5 对，与中脉在上面微凹陷或近平坦，下面带紫红色，明显隆起；叶柄极短，常带紫红色，密被白色平展刚毛。轮伞花序多花密集，半球形，花冠生于茎、枝顶部，向上聚集；苞叶叶状，下部的略超出花萼，向上渐变小，呈苞片状，苞片针状，具肋，与花萼等长或略短，被白色平展缘毛及微小腺点，先端染紫红色。花萼圆筒状，开花时 13 脉，外面主要沿脉上被白色刚毛，余部满布微小腺点，内面在喉部以上被白色疏柔毛，果时基部一边稍膨胀，上唇 3 齿，齿长三角形，多少外反，先端短芒尖，下唇 2 齿，齿与上唇近等长，三角形，先端长芒尖。花冠粉红色，较大，外面被微柔毛，内面在下唇下方具二列柔毛，冠筒十分伸出，自伸出部分向上渐扩大，至喉部宽达 5 mm，冠檐二唇形，上唇直伸，先端微缺，下唇 3 裂，中裂片较大。雄蕊 4，前对较长，均延伸至上唇下，几不超出，花药卵圆形，2 室，室略叉开。花柱微超出上唇片，先端不相等 2 浅裂，裂片扁平。花盘平顶。子房无毛。小坚果倒卵形，褐色，无毛。

[生长发育规律]

多年生草本，花期 7—9 月，果期 8—11 月。

[分布与为害]

广泛分布在云南，四川南部及西南部，湖北西南部及贵州北部。生于海拔 1 300~3 200 m 山坡、草地、路旁、灌丛中及林下。主要为害新垦药地或仿野生药材栽培田，苗期为害严重。

植株

叶片

花

果实

香薷 [拉丁名] *Elsholtzia ciliata*（Thunb.）Hyland.
[属　别] 香薷属 *Elsholtzia*
[俗　名] 五香、野芭子、野芝麻、蚂蝗痧、德昌香薷、香茹草、鱼香草、野紫苏、蜜蜂草、香草、山苏子

[形态特征]

一年生草本，具密集的须根。茎通常自中部以上分枝，钝四棱形，具槽，无毛或被疏柔毛，常呈麦秆黄色，老时变紫褐色。叶卵形或椭圆状披针形，先端渐尖，基部楔状下延成狭翅，边缘具锯齿，上面绿色，疏被小硬毛，下面淡绿色，主沿脉上疏被小硬毛，余部散布松脂状腺点，侧脉6~7对，与中肋两面稍明显；叶柄背平腹凸，边缘具狭翅，疏被小硬毛。穗状花序偏向一侧，由多花的轮伞花序组成；苞片宽卵圆形或扁圆形，长宽都约4 mm，先端具芒状突尖，尖头长达2 mm，多半褪色，外面近无毛，疏布松脂状腺点，内面无毛，边缘具缘毛；花梗纤细，近无毛，花序轴密被白色短柔毛。花萼钟形，外面被疏柔毛，疏生腺点，内面无毛，萼齿5，三角形，前2齿较长，先端具针状尖头，边缘具缘毛。花冠淡紫色，约为花萼长的3倍，外面被柔毛，上部夹生有稀疏腺点，喉部被疏柔毛，冠筒自基部向上渐宽，至喉部宽约1.2 mm，冠檐二唇形，上唇直立，先端微缺，下唇开展，3裂，中裂片半圆形，侧裂片弧形，较中裂片短。雄蕊4，前对较长，外伸，花丝无毛，花药紫黑色。花柱内藏，先端2浅裂。小坚果长圆形，长约1 mm，棕黄色，光滑。

[生长发育规律]

一年生草本，春季种子发芽，花期7—10月，果期10月至翌年1月。

[分布与为害]

在云南、四川等地均有分布。生长海拔可达3 400 m，常生于路旁、山坡、荒地、林内、河岸。主要为害新垦药地或仿野生药材栽培田，苗期为害严重。

群落

叶片

茎叶

花

活血丹 ［拉丁名］*Glechoma longituba*（Nakai）Kupr.

［属　别］活血丹属 *Glechoma*

［俗　名］特巩消、退骨草、透骨草、豆口烧、通骨消、接骨消、驳骨消、风灯盏透骨消、钻地风、赶山鞭

［形态特征］

多年生草本，具匍匐茎，上升，逐节生根。茎四棱形，基部通常呈淡紫红色，几无毛，幼嫩部分被疏长柔毛。叶草质，下部者较小，叶片心形或近肾形，叶柄长为叶片的1~2倍；上部者较大，叶片心形，先端急尖或钝三角形，基部心形，边缘具圆齿或粗锯齿状圆齿，被疏粗伏毛或微柔毛，叶脉不明显，下面常带紫色，被疏柔毛或长硬毛，常仅限于脉上，脉隆起，叶柄被长柔毛。轮伞花序通常2花，稀具4~6花；苞片及小苞片线形，长达4 mm，被缘毛。花萼管状，外面被长柔毛，尤沿肋上为多，内面多少被微柔毛，齿5，上唇3齿，较长，下唇2齿，略短，齿卵状三角形，长为萼长的1/2，先端芒状，边缘具缘毛。花冠淡蓝、蓝至紫色，下唇具深色斑点，冠筒直立，上部渐膨大成钟形，有长筒与短筒两型，短筒者通常藏于花萼内，外面多少被长柔毛及微柔毛，内面仅下唇喉部被疏柔毛或几无毛，冠檐二唇形。上唇直立，2裂，裂片近肾形，下唇伸长，斜展，3裂，中裂片最大，肾形，较上唇片大1~2倍，先端凹入，两侧裂片长圆形，宽为中裂片之半。雄蕊4，内藏，无毛，后对着生于上唇下，较长，前对着生于两侧裂片下方花冠筒中部，较短；花药2室，略叉开。子房4裂，无毛。花盘杯状，微斜，前方呈指状膨大。花柱细长，无毛，略伸出，先端近相等2裂。成熟小坚果深褐色，长圆状卵形，顶端圆，基部略呈三棱形，无毛，果脐不明显。

［生长发育规律］

多年生草本，春季种子发芽，花期4—5月，果期5—6月。

［分布与为害］

贵州、四川、云南等地均有分布；生于海拔50~2 000 m的林缘、疏林、草地、溪边等阴湿处。主要为害新垦药地或仿野生药材栽培田，苗期为害严重。

群落

叶片

茎叶

花

夏至草 [拉丁名] *Lagopsis supina* (Steph.) Ik.- Gal.
[属　别] 夏至草属 *Lagopsis*
[俗　名] 白花益母、白花夏杜、夏枯草、灯笼棵

[形态特征]

多年生草本，披散于地面或上升，具圆锥形的主根。茎高 15~35 cm，四棱形，具沟槽，带紫红色，密被微柔毛，常在基部分枝。叶轮廓为圆形，长宽 1.5~2.0 cm，先端圆形，基部心形，3 深裂，裂片有圆齿或长圆形犬齿，有时叶片为卵圆形，3 浅裂或深裂，裂片无齿或有稀疏圆齿，通常基部越冬叶宽大，叶片两面均绿色，上面疏生微柔毛，下面沿脉上被长柔毛，余部具腺点，边缘具纤毛，脉掌状，3~5 出；叶柄长，基生叶的长 2~3 cm，上部叶的较短，通常在 1 cm 左右，扁平，上面微具沟槽。轮伞花序疏花，直径约 1 cm，在枝条上部者较密集，在下部者较疏松；小苞片长约 4 mm，稍短于萼筒，弯曲，刺状，密被微柔毛。花萼管状钟形，长约 4 mm，外密被微柔毛，内面无毛，脉 5，凸出，齿 5，不等大，长 1.0~1.5 mm，三角形，先端刺尖，边缘有细纤毛，在果时明显展开，且 2 齿稍大。花冠白色，稀粉红色，稍伸出于萼筒，长约 7 mm，外面被绵状长柔毛，内面被微柔毛，在花丝基部有短柔毛；冠筒长约 5 mm，直径约 1.5 mm；冠檐二唇形，上唇直伸，比下唇长，长圆形，全缘，下唇斜展，3 浅裂，中裂片扁圆形，2 侧裂片椭圆形。雄蕊 4，着生于冠筒中部稍下，不伸出，后对较短；花药卵圆形，2 室。花柱先端 2 浅裂。花盘平顶。小坚果长卵形，长约 1.5 mm，褐色。

[生长发育规律]

多年生草本，春季种子发芽，花期 3—4 月，果期 5—6 月。春季开花，夏季结果，秋天植株枯萎。

[分布与为害]

生于路旁、旷地上，分布海拔可高达 2 600 m。主要为害新垦药地或仿野生药材栽培田，苗期为害严重。

群落

植株

花、茎

花

宝盖草 ［拉丁名］*Lamium amplexicaule* L.
　　　　 ［属　别］野芝麻属 *Lamium*
　　　　 ［俗　名］莲台夏枯草、接骨草、珍珠莲

［形态特征］

一年生或二年生草木。茎高 10~30 cm，基部多分枝，上升，四棱形，具浅槽，常为深蓝色，几无毛，中空。茎下部叶具长柄，柄与叶片等长或超过之，上部叶无柄，叶片均圆形或肾形，长 1~2 cm，宽 0.7~1.5 cm，先端圆，基部截形或截状阔楔形，半抱茎，边缘具极深的圆齿，顶部的齿通常较其余的更大，上面暗橄榄绿色，下面稍淡，两面均疏生小糙伏毛。轮伞花序 6~10 花，其中常有闭花受精的花；苞片披针状钻形，长约 4 mm，宽约 0.3 mm，具缘毛。花萼管状钟形，长 4~5 mm，宽 1.7~2.0 mm，外面密被白色直伸的长柔毛，内面除萼上被白色直伸长柔毛外，余部无毛，萼齿 5，披针状锥形，长 1.5~2.0 mm，边缘具缘毛。花冠紫红或粉红色，长 1.7 cm，外面除上唇被有较密带紫红色的短柔毛外，余部均被微柔毛，内面无毛环，冠筒细长，长约 1.3 cm，直径约 1 mm，筒口宽约 3 mm，冠檐二唇形，上唇直伸，长圆形，长约 4 mm，先端微弯，下唇稍长，3 裂，中裂片倒心形，先端深凹，基部收缩，侧裂片浅圆裂片状。雄蕊花丝无毛，花药被长硬毛。花柱丝状，先端不相等 2 浅裂。花盘杯状，具圆齿。子房无毛。小坚果倒卵圆形，具三棱，先端近截状，基部收缩，长约 2 mm，宽约 1 mm，淡灰黄色，表面有白色大疣状突起。

［生长发育规律］

一年生或二年生草本，春季种子发芽，花期 3—5 月，果期 7—8 月。每年秋季后种子成熟，植株枯萎，完成一个年生长周期。

［分布与为害］

云南、贵州、四川等地均有分布；生于路旁、林缘、沼泽草地及宅旁等处，或为田间杂草，分布海拔可达 4 000 m。主要为害新垦药地或仿野生药材栽培田，苗期为害严重。

群落

叶片

植株

花

益母草 [拉丁名] *Leonurus japonicus* Houttuyn
[属　别] 益母草属 *Leonurus*
[俗　名] 益母夏枯、森蒂、野麻、灯笼草、地母草、玉米草、黄木草、红梗玉米膏、大样益母草、假青麻草、益母艾、地落艾、艾草、红花艾、红艾、红花外一丹草、臭艾花、燕艾、臭艾、红花益母草、爱母草、三角小胡麻、坤草、鸭母草、云母草、野天麻、鸡母草、野故草、六角天麻、溪麻、野芝麻、铁麻干、童子益母草、益母花、九重楼、益母蒿、蛰麻菜

[形态特征]

　　一年生或二年生草本，主根上密生须根。茎直立，通常高 30~120 cm，钝四棱形，微具槽，有倒向糙伏毛。叶轮廓变化很大，茎下部叶轮廓为卵形，基部宽楔形，掌状 3 裂，裂片呈长圆状菱形至卵圆形，裂片上再分裂，上面绿色，有糙伏毛，叶脉稍下陷，下面淡绿色，被疏柔毛及腺点，叶脉突出，叶柄纤细，长 2~3 cm；茎中部叶轮廓为菱形，较小，通常分裂成 3 个或偶有多个长圆状线形的裂片，基部狭楔形，叶柄长 0.5~2.0 cm；花序最上部的苞叶近于无柄，线形或线状披针形。轮伞花序腋生，具 8~15 花，轮廓为圆球形，多数远离而组成长穗状花序；小苞片刺状，向上伸出，基部略弯曲，比萼筒短，有贴生的微柔毛；花梗无。花萼管状钟形，外面有贴生微柔毛，内面于离基部 1/3 以上被微柔毛，5 脉，叶脉显著，齿 5。

花冠粉红至淡紫红色，长 1.0~1.2 cm，外面伸出萼筒的部分被柔毛，冠筒长约 6 mm，等大，冠檐二唇形，上唇直伸，内凹，长圆形，全缘，内面无毛，边缘具纤毛，下唇略短于上唇，内面在基部疏被鳞状毛，3 裂。小坚果长圆状三棱形，长 2.5 mm，顶端截平而略宽大，基部楔形，淡褐色，光滑。

[生长发育规律]

　　一年生或二年生草本，春季种子发芽，花期 6—9 月，果期 9—10 月。每年秋季后种子成熟，植株枯萎，完成一个年生长周期。

[分布与为害]

　　云南、贵州、四川等地均有分布；生于山野、河滩草丛中及溪边等湿润处。主要为害新垦药地或仿野生药材栽培田，苗期为害严重。

群落

植株

茎

花

薄荷 ［拉丁名］*Mentha canadensis* Linnaeus

　　　　［属　别］薄荷属 *Mentha*

　　　　［俗　名］香薷草、鱼香草、土薄荷、水薄荷、接骨草、水益母、见肿消、野仁丹草、夜息香、南薄荷

［形态特征］

　　多年生草本。茎直立，高 30~60 cm，下部数节具纤细的须根及水平匍匐根状茎，锐四棱形，具四槽，上部被倒向微柔毛，下部仅沿棱上被微柔毛，多分枝。叶片长圆状披针形、披针形、椭圆形或卵状披针形，稀长圆形，长 3~5（7）cm，宽 0.8~3.0 cm，先端锐尖，基部楔形至近圆形，边缘在基部以上疏生粗大的牙齿状锯齿，侧脉 5~6 对，与中肋在上面微凹陷，在下面显著，上面绿色；沿脉上密生微柔毛，余部疏生微柔毛，或除脉外余部近于无毛，上面淡绿色，通常沿脉上密生微柔毛；叶柄长 2~10 mm，腹凹背凸，被微柔毛。轮伞花序腋生，轮廓球形，花时直径约 18 mm，具梗或无梗，具梗时梗可长达 3 mm，被微柔毛；花梗纤细，长 2.5 mm，被微柔毛或近于无毛。花萼管状钟形，长约 2.5 mm，外被微柔毛及腺点，内面无毛，10 脉，不明显，萼齿 5，狭三角状钻形，先端长锐尖，长 1 mm。花冠淡紫，长 4 mm，外面略被微柔毛，内面在喉部以下被微柔毛，冠檐 4 裂，上裂片先端 2 裂，较大，其余 3 裂片近等大，长圆形，先端钝。雄蕊 4，前对较长，长约 5 mm，均伸出于花冠之外，花丝丝状，无毛，花药卵圆形，2 室，室平行。花柱略超出雄蕊，先端近相等 2 浅裂，裂片钻形。花盘平顶。小坚果卵珠形，黄褐色，被洼点，具小腺窝。

［生长发育规律］

　　多年生草本，春季种子发芽，花期 7—9 月，果期 10 月。每年秋季后种子成熟，植株枯萎，完成一个年生长周期。

［分布与为害］

　　云南、贵州、重庆、四川等地均有分布；薄荷对环境条件适应能力较强，常生于水旁潮湿地，分布海拔可高达 3 500 m。主要为害新垦药地或仿野生药材栽培田，苗期为害严重。

群落

植株

叶片

花

心叶荆芥 ［拉丁名］*Nepeta fordii* Hemsl.
　　　　　［属　别］荆芥属 *Nepeta*
　　　　　［俗　名］假荆芥、假苏、山藿香、小荆芥、西藏土荆芥、樟脑草、荆芥、似荆芥

［形态特征］

　　多年生草本。茎纤弱，高 30~60 cm，钝四棱形，有深槽，基部几无槽，被微短柔毛。叶三角状卵形，长 1.5~6.4 cm，宽 1.0~5.2 cm，先端急尖或尾状短尖，基部心形，边缘有粗圆齿或牙齿，近膜质，上面橄榄绿色，下面色略淡，两面均被短硬毛或近无毛。由小聚伞花序（有时在主茎上小聚伞花序呈蝎尾状）组成的复合聚伞花序在基部时为腋生，在顶端时组成顶生圆锥花序，松散；苞片钻形，微小，长约 2.5 mm。花萼瓶状，被微刚毛，花时长约 4 mm，直径 0.5~1.0 mm，纵肋十分隆起，萼齿披针形，5 枚近相等，其长约为花萼全长的 1/4。花冠紫色，约为萼长的两倍，外被短柔毛，内面无毛，冠筒基部直径约 0.8 mm，其狭窄部分超出萼长的 1/2，急骤扩展成长、宽 3 mm 的喉，冠檐二唇形，上唇短，长仅 1.2 mm，2 浅裂，下唇较长，中裂片近圆形，长约 2.5 mm，宽约 3.2 mm，边缘波状。雄蕊 4，后对在上唇片下。花柱伸出上唇外。花盘极小。子房无毛。小坚果卵状三棱形，长 0.8 mm，直径 0.6 mm，深紫褐色，无毛。

［生长发育规律］

　　多年生草本，春季种子发芽，花果期 4—10 月。每年秋季后种子成熟，植株枯萎，完成一个年生长周期。

［分布与为害］

　　重庆、四川均有分布；生于海拔 2 500 m 以下的宅旁或灌丛中。主要为害新垦药地或仿野生药材栽培田，苗期为害严重。

植株

群落

叶片

花

牛至　[拉丁名] *Origanum vulgare* L.
　　　　[属　别] 牛至属 *Origanum*
　　　　[俗　名] 小叶薄荷、署草、五香草、野薄荷、土茵陈、随经草、野荆芥、糯米条、茵陈、白花茵陈、接骨草、香茹草、香炉草、土香薷、小田草、地藿香、满坡香、满天星、山薄荷、罗罗香、玉兰至、香茹、香薷、苏子草、满山香、乳香草、琦香

[形态特征]

多年生草本，高 25~60 cm，芳香。茎直立，或近基部伏地生须根，四棱形，略带紫色，被倒向或微卷曲的短柔毛。叶对生；叶柄长 2~7 mm，被柔毛；叶片卵圆形或长圆状卵圆形，长 1~4 cm，宽 4~15 mm，先端钝或稍钝，基部楔形或近圆形，全缘或有远离的小锯齿，两面被柔毛及腺点。花序呈伞房状圆锥花序，开张，多花密集，由多数长圆状小假穗状花序组成，有覆瓦状排列的苞片；花萼钟形，长 3 mm，外面被小硬毛或近无毛，萼齿 5，三角形；花冠紫红、淡红或白色，管状钟形，长 7 mm，两性花冠筒显著长于花萼，雌性花冠筒短于花萼，外面及内面喉部被疏短柔毛，上唇卵圆形，先端 2 浅裂，下唇 3 裂，中裂片较大，侧裂片较小，均呈卵圆形；雄蕊 4，在两性花中，后对短于上唇，前对略伸出，在雌性花中，前后对近等长，内藏；子房 4 裂，花柱略超出雄蕊，柱头 2 裂；花盘平顶。小坚果卵圆形，褐色。

[生长发育规律]

多年生草本，春季发芽，花期 7—9 月，果期 10—12 月。每年秋季后种子成熟，植株枯萎，完成一个年生长周期。

[分布与为害]

贵州、云南、重庆、四川等地均有分布；生于海拔 500~3 600 m 的山坡、林下、草地或路旁。主要为害新垦药地或仿野生药材栽培田，苗期为害严重。

植株

群落

叶片

花

紫苏 [拉丁名] *Perilla frutescens*（L.）Britt.
　　　[属　别] 紫苏属 *Perilla*
　　　[俗　名] 头为苏头、梗为苏梗、叶为苏叶、药材名：子为苏子、兴帕夏噶、孜珠、香荽、薄荷、聋耳麻

[形态特征]

　　一年生直立草本。茎绿色或紫色，钝四棱形，具四槽，密被长柔毛。叶阔卵形或圆形，先端短尖或突尖，基部圆形或阔楔形，边缘在基部以上有粗锯齿，膜质或草质，两面绿色或紫色，或仅下面紫色，上面被疏柔毛，下面被贴生柔毛，侧脉7~8对，位于下部者稍靠近，斜上升，与中脉在上面微突起，在下面明显突起，色稍淡；叶柄长3~5 cm，背腹扁平，密被长柔毛。轮伞花序2花，组成密被长柔毛、偏向一侧的顶生及腋生总状花序；苞片宽卵圆形或近圆形，先端具短尖，外被红褐色腺点，无毛，边缘膜质；花梗长1.5 mm，密被柔毛。花萼钟形，10脉，直伸，下部被长柔毛，夹有黄色腺点，内面喉部有疏柔毛环，结果时增大，平伸或下垂，基部一边肿胀，萼檐二唇形，上唇宽大，3齿，中齿较小，下唇比上唇稍长，2齿，齿披针形。花冠白色至紫红色，外面略被微柔毛，内面在下唇片基部略被微柔毛，冠筒短，长2.0~2.5 mm，喉部斜钟形，冠檐近二唇形，上唇微缺，下唇3裂，中裂片较大，侧裂片与上唇相近似。雄蕊4，几不伸出，前对稍长，离生，插生喉部，花丝扁平，花药2室，室平行，其后略叉开或极叉开；雌蕊1，子房4裂，花柱基底着生，柱头2室；花盘在前边膨大；柱头2裂。果萼长约10 mm。花柱先端相等2浅裂。花盘前方呈指状膨大。小坚果近球形，灰褐色。

[生长发育规律]

　　一年生直立草本，春季发芽，花期8—11月，果期8—12月。秋季后种子成熟，植株枯萎，完成一个年生长周期。

[分布与为害]

　　贵州、云南、重庆、四川等地均有分布；生于海拔500~3 600 m的山坡、林下、草地或路旁。主要为害新垦药地或仿野生药材栽培田，苗期为害严重。

植株

群落

茎叶

花

夏枯草 ［拉丁名］ *Prunella vulgaris* L.

　　　　　［属　别］夏枯草属 *Prunella*

　　　　　［俗　名］牛低代头、灯笼草、古牛草、羊蹄尖、金疮小草、土枇杷、毛虫药小本蛇药草、丝线吊铜钟

[形态特征]

多年生草本；根茎匍匐，在节上生须根。茎下部伏地，自基部多分枝，钝四棱形，具浅槽，紫红色，被稀疏的糙毛或近于无毛。茎叶卵状长圆形或卵圆形，大小不等，先端钝，基部圆形、截形至宽楔形，下延至叶柄成狭翅，边缘具不明显的波状齿或几近全缘，草质，上面橄榄绿色，具短硬毛或几无毛，下面淡绿色，几无毛，侧脉3~4对，在下面略突出，自下部向上渐变短。花序下方的一对苞叶似茎叶，近卵圆形，无柄或具不明显的短柄。轮伞花序密集组成顶生穗状花序，每一轮伞花序下承以苞片；苞片宽心形，先端具长1~2 mm的骤尖头，脉纹放射状，外面在中部以下沿脉上疏生刚毛，内面无毛，边缘具睫毛，膜质，浅紫色。花萼钟形，倒圆锥形，外面疏生刚毛，二唇形，上唇扁平，宽大，近扁圆形，先端几截平，具3个不很明显的短齿，中齿宽大。花冠紫、蓝紫或红紫色，略超出于萼，冠筒长7 mm，其上向前方膨大，至喉部，外面无毛，内面近基部1/3处具鳞毛毛环，冠檐二唇形，上唇近圆形，内凹，多少呈盔状，先端微缺，下唇约为上唇的1/2，3裂，中裂片较大，近倒心脏形，先端边缘具流苏状小裂片，侧裂片长圆形，垂向下方，细小。雄蕊4，前对长很多，均上升至上唇片之下，彼此分离，花丝略扁平，无毛，前对花丝先端2裂，1裂片能育，具花药，另1裂片钻形，长过花药，稍弯曲或近于直立，后对花丝的不育裂片微呈瘤状突出，花药2室，室极叉开。花柱纤细，先端相等2裂，裂片钻形，外弯。花盘近平顶。子房无毛。

[生长发育规律]

多年生草本，花期4—6月，果期7—10月。每年秋季后种子成熟，植株枯萎，完成一个年生长周期。

[分布与为害]

贵州、云南、重庆、四川等地均有分布；生长于荒坡、草地、溪边及路旁等湿润处，分布海拔可达3 000 m。主要为害新垦药地或仿野生药材栽培田，苗期为害严重。

群落

茎叶

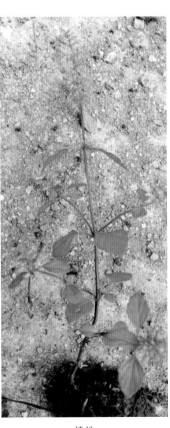

植株

花

荔枝草 ［拉丁名］*Salvia plebeia* R. Br.
　　　　［属　别］鼠尾草属 *Salvia*
　　　　［俗　名］蛤蟆皮、土荆芥、猴臂草、劫细、大塔花、臭草、鱼味草、野薄荷、泽泻、旋涛草、皱皮大菜

[形态特征]

　　一年生或二年生草本；主根肥厚，向下直伸，有多数须根。茎直立，粗壮，多分枝，被向下的灰白色疏柔毛。叶椭圆状卵圆形或椭圆状披针形，先端钝或急尖，基部圆形或楔形，边缘具圆齿、牙齿或尖锯齿，草质，上面被稀疏的微硬毛，下面被短疏柔毛，余部散布黄褐色腺点；叶柄腹凹背凸，密被疏柔毛。轮伞花序6花，多数，在茎、枝顶端密集组成总状或总状圆锥花序，花序结果时延长；苞片披针形，长于或短于花萼；先端渐尖，基部渐狭，全缘，两面被疏柔毛，下面较密，边缘具缘毛；花梗长约1 mm，与花序轴密被疏柔毛。花萼钟形，长约2.7 mm，外面被疏柔毛，散布黄褐色腺点，内面喉部有微柔毛，二唇形，唇裂约至花萼长的1/3，上唇全缘，先端具3个小尖头，下唇深裂成2齿，齿三角形，锐尖。花冠淡红、淡紫、紫、蓝紫至蓝色，稀白色，冠筒外面无毛，内面中部有毛环，冠檐二唇形，上唇长圆形，先端微凹，外面密被微柔毛，两侧折合，下唇长约1.7 mm，宽3 mm，外面被微柔毛，

3裂，中裂片最大，阔倒心形，顶端微凹或呈浅波状，侧裂片近半圆形。能育雄蕊2，着生于下唇基部，略伸出花冠外，花丝长1.5 mm，药隔长约1.5 mm，弯成弧形，上臂和下臂等长，上臂具药室，二下臂不育，膨大，互相联合。花柱和花冠等长，先端不相等2裂，前裂片较长。花盘前方微隆起。小坚果倒卵圆形，成熟时干燥，光滑。

[生长发育规律]

　　一年生或二年生草本，春季发芽，花期4—5月，果期6—7月。每年秋季后种子成熟，植株枯萎，完成一个年生长周期。

[分布与为害]

　　重庆、四川、贵州、云南等地均有分布；生于山坡、路旁、沟边、田野潮湿处，分布海拔可达2 800 m。主要为害新垦药地或仿野生药材栽培田，苗期为害严重。

植株

花、茎

花、果

花

云南鼠尾草 ［拉丁名］*Salvia yunnanensis* C. H. Wright
　　　　　 ［属　别］鼠尾草属 *Salvia*
　　　　　 ［俗　名］奔马草、紫丹参、紫参

［形态特征］

多年生草本，高约 30 cm。根状茎短缩，块根丹红色，纺锤形。茎被长柔毛。叶通常基生，单叶或三裂，

植株

群落

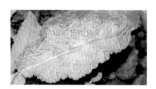

叶片

花序

叶下面带紫色，两面被密或疏长柔毛，叶柄被长柔毛。轮伞花序 4~6 花，疏离，组成顶生假总状花序，花序被腺毛或长柔毛；二唇形，上唇三角形，下唇 2 浅裂；花冠蓝紫色，长 2.5~3.0 cm，下唇中裂片倒心形；花丝长 3 mm，药隔长 6~10 mm，上臂较下臂长约 2 倍，下臂的药室退化增大而在先端联合。小坚果椭圆形，黑棕色，无毛。

［生长发育规律］

多年生草本，春季发芽，花期 4—8 月。每年秋季后种子成熟，植株枯萎，完成一个年生长周期。

［分布与为害］

分布于云南、贵州、四川等地；生于海拔 1 800~2 900 m 的草地、林缘及疏林干燥地上。主要为害新垦药地或仿野生药材栽培田，苗期为害严重。

半枝莲 ［拉丁名］*Scutellaria barbata* D. Don
　　　　 ［属　别］黄芩属 *Scutellaria*
　　　　 ［俗　名］狭叶韩信草、水黄芩、田基草、牙刷草、瘦黄芩、赶山鞭、并头草

［形态特征］

多年生草本，根茎短粗，生出簇生的须状根。茎直立，四棱形，基部无毛或在序轴上部疏被紧贴的小毛，不分枝或具或多或少的分枝。叶具短柄或近无柄，柄长 1~3 mm，腹凹背凸，疏被小毛；叶片三角状卵圆形或卵圆状披针形，有时卵圆形，先端急尖，基部宽楔形或近截形，边缘生有疏而钝的浅牙齿，上面橄榄绿色，下面淡绿有时带紫色，两面沿脉上疏被紧贴的小毛或几无毛，侧脉 2~3 对，与中脉在上面凹陷，在下面凸起。花单生于茎或分枝上部叶腋内，具花的茎部长 4~11 cm；苞叶下部者似叶，但较小，上部者更变小，椭圆形至长椭圆形，全缘，上面散布下面沿脉疏被小毛；花梗长 1~2 mm，被微柔毛，中部有一对长约 0.5 mm 具纤毛的针状小苞片。花萼开花时长约 2 mm，外面沿脉被微柔毛，边缘具短缘毛，盾片高约 1 mm，果时花萼长 4.5 mm，盾片高 2 mm。花冠紫蓝色，外被短柔毛，内在喉部被疏柔毛；冠筒基部囊

大，向上渐宽，至喉部宽达 3.5 mm；冠檐 2 唇形，上唇盔状，半圆形，长 1.5 mm，先端圆，下唇中裂片梯形，全缘，2 侧裂片三角状卵圆形，宽 1.5 mm，先端急尖。雄蕊 4，前对较长，微露出，具能育半药，退化半药不明显，后对较短，内藏，具全药，药室裂口具髯毛；花丝扁平，前对内侧、后对两侧下部被小疏柔毛。花柱细长，先端锐尖，微裂。花盘盘状，前方隆起，后方延伸成短子房柄。子房 4 裂，裂片等大。小坚果褐色，扁球形，直径约 1 mm，具小疣状突起。

［生长发育规律］

多年生草本，春季发芽，花果期 4—7 月。每年秋季后种子成熟，植株枯萎，完成一个年生长周期。

［分布与为害］

分布于云南、贵州、四川等地；生于海拔 2 000 m 以下的水田边、溪边或湿润草地上。主要为害新垦药地或仿野生药材栽培田，苗期为害严重。

茎叶

群落

叶片

花

韩信草 [拉丁名] *Scutellaria indica* L.
[属　别] 黄芩属 *Scutellaria*
[俗　名] 三合香、红叶犁头尖、调羹草、顺经草、偏向花、烟管草、大力草、耳挖草

[形态特征]

多年生草本；根茎短，向下生出多数簇生的纤维状根，向上生出1至多数茎。茎四棱形，通常带暗紫色，被微柔毛，不分枝或多分枝。叶草质至近坚纸质，心状卵圆形或圆状卵圆形至椭圆形，先端钝或圆，基部圆形、浅心形至心形，边缘密生整齐圆齿，两面被微柔毛或糙伏毛，尤以下面为甚；叶柄长0.4~1.4（2.8）cm，腹平背凸，密被微柔毛。花对生，在茎或分枝顶上排列成长4~8（12）cm的总状花序；花梗长2.5~3.0 mm，与花序轴均被微柔毛；最下一对苞片叶状，卵圆形，长达1.7 cm，边缘具圆齿，其余苞片均细小，卵圆形至椭圆形，全缘，无柄，被微柔毛。花萼开花时长约2.5 mm，被硬毛及微柔毛，果时十分增大，盾片在花时高约1.5 mm，果时竖起，增大一倍。花冠蓝紫色，外疏被微柔毛，内面仅唇片被短柔毛；冠筒前方基部膝曲，其后直伸，向上逐渐增大，至喉部宽约4.5 mm；冠檐2唇形，上唇盔状，内凹，先端微缺，下唇中裂片圆状卵圆形，两侧中部微内缢，先端微缺，具深紫色斑点，两侧裂片卵圆形。雄蕊4，二强；花丝扁平，中部以下具小纤毛。花盘肥厚，前方隆起；子房柄短。花柱细长。子房光滑，4裂。成熟小坚果栗色或暗褐色，卵形，直径不到1 mm，具瘤，腹面近基部具一果脐。

[生长发育规律]

多年生草本，花果期2—6月。每年秋季后种子成熟，植株枯萎，完成一个年生长周期。

[分布与为害]

分布于云南、贵州、四川等地；生于海拔1 500 m以下的山地或丘陵、疏林、路旁空地及草地上。主要为害新垦药地或仿野生药材栽培田，苗期为害严重。

群落

植株

叶片

花序

针筒菜 ［拉丁名］*Stachys oblongifolia* Benth.

　　　　 ［属　别］水苏属 *Stachys*

　　　　 ［俗　名］长圆叶水苏、千密灌、水茴香、地参、野油麻

［形态特征］

　　多年生草本，有在节上生须根的横走根茎。茎直立或上升，或基部多少匍匐，锐四棱形，具四槽，基部微粗糙，在棱及节上被长柔毛，余部多少被微柔毛，不分枝或少分枝。茎生叶长圆状披针形，先端微急尖，基部浅心形，边缘为圆齿状锯齿，上面绿色，疏被微柔毛及长柔毛，下面灰绿色，密被灰白色柔毛状茸毛，沿脉上被长柔毛，叶柄长约 2 mm，至近于无柄，密被长柔毛；苞叶向上渐变小，披针形，无柄，通常均比花萼长，近全缘，毛被与茎叶相同。轮伞花序通常 6 花，下部者远离，上部者密集组成长 5~8 cm 的顶生穗状花序；小苞片线状刺形，微小，长约 1 mm，被微柔毛；花梗短，长约 1 mm，被微柔毛。花萼钟形，连齿长约 7 mm，外面被具腺柔毛状茸毛，沿肋上疏生长柔毛，内面无毛，10 脉，肋间次脉不明显，齿 5，三角状披针形，近于等大，或下 2 齿略长，先端具刺尖头。花冠粉红色或粉红紫色，长 1.3 cm，外面疏被微柔毛，但在冠檐上被较多疏柔毛，内面在喉部被微柔毛，毛环不明显或缺如，冠筒长 7 mm，冠檐二唇形，上唇长圆形，下唇开张，3 裂，中裂片最大，肾形，侧裂片卵圆形。雄蕊 4，前对较长，均延伸至上唇片之下，花丝丝状，被微柔毛，花药卵圆形，2 室，室极叉开。花柱丝状，稍超出雄蕊，先端相等 2 浅裂，裂片钻形。花盘平顶，波状。子房黑褐色，无毛。

［生长发育规律］

　　多年生草本，花果期 5—6 月。每年秋季后种子成熟，植株枯萎，完成一个年生长周期。

［分布与为害］

　　分布于云南、贵州、四川等地；生于海拔 210~1 350 m 的林下、河岸、竹丛、灌丛、菁丛、草丛及湿地中。主要为害新垦药地或仿野生药材栽培田，苗期为害严重。

植株

茎叶

种子

花

豆科 Fabaceae

合萌　[拉丁名] *Aeschynomene indica* L.
　　　[属　别] 合萌属 *Aeschynomene*
　　　[俗　名] 镰刀草、田皂角

[形态特征]

　　一年生草本或亚灌木状，茎直立，高 0.3~1.0 m。多分枝，圆柱形，无毛，具小凸点而稍粗糙，小枝绿色。叶具 20~30 对小叶或更多；托叶膜质，卵形至披针形，长约 1 cm，基部下延成耳状，通常有缺刻或啮蚀状；叶柄长约 3 mm；小叶近无柄，薄纸质，线状长圆形，长 5~10（15）mm，宽 2.0~2.5（3.5）mm，上面密布腺点，下面稍带白粉，先端钝圆或微凹，具细刺尖头，基部歪斜，全缘；小托叶极小。总状花序比叶短，腋生，长 1.5~2.0 cm；总花梗长 8~12 mm；花梗长约 1 cm；小苞片卵状披针形，宿存；花萼膜质，具纵脉纹，长约 4 mm，无毛；花冠淡黄色，具紫色的纵脉纹，易脱落，旗瓣大，近圆形，基部具极短的瓣柄，翼瓣

篦状，龙骨瓣比旗瓣稍短，比翼瓣稍长或近相等；雄蕊二体；子房扁平，线形。荚果线状长圆形，直或弯曲，长 3~4 cm，宽约 3 mm，腹缝直，背缝多少呈波状；荚节 4~8（10），平滑或中央有小疣凸，不开裂，成熟时逐节脱落；种子黑棕色，肾形，长 3.0~3.5 mm，宽 2.5~3.0 mm。

[生长发育规律]

　　一年生草本或亚灌木状，花期 7—8 月，果期 8—10 月。

[分布与为害]

　　分布于中国华北、华东、中南、西南等地。喜温暖气候，常生长于低山区的湿润地、水田边或溪河边。

植株　　　　　茎叶　　　　　花　　　　　果实

紫云英　[拉丁名] *Astragalus sinicus* L.
　　　　[属　别] 黄芪属 *Astragalus*
　　　　[俗　名] 红花草籽

[形态特征]

　　二年生草本，多分枝，匍匐，高 10~30 cm，被白色疏柔毛。奇数羽状复叶，具 7~13 片小叶，长 5~15 cm；叶柄较叶轴短；托叶离生，卵形，长 3~6 mm，先端尖，基部互相多少合生，具缘毛；小叶倒卵形或椭圆形，长 10~15 mm，宽 4~10 mm，先端钝圆或微凹，基部宽楔形，上面近无毛，下面散生白色柔毛，具短柄。总状花序生 5~10 花，呈伞形；总花梗腋生，较叶长；苞片三角状卵形，长约 0.5 mm；花梗短；花萼钟状，长约 4 mm，被白色柔毛，萼齿披针形，长约为萼筒的 1/2；花冠紫红色或橙黄色，旗瓣倒卵形，长 10~11 mm，先端微凹，基部渐狭成瓣

柄，翼瓣较旗瓣短，长约 8 mm，瓣片长圆形，基部具短耳，瓣柄长约为瓣片的 1/2，龙骨瓣与旗瓣近等长，瓣片半圆形，瓣柄长约等于瓣片的 1/3；子房无毛或疏被白色短柔毛，具短柄。荚果线状长圆形，稍弯曲，长 12~20 mm，宽约 4 mm，具短喙，黑色，具隆起的网纹；种子肾形，栗褐色，长约 3 mm。

[生长发育规律]

　　二年生草本，花期 2—6 月，果期 3—7 月。

[分布与为害]

　　分布于长江流域等地。生于海拔 400~3 000 m 的山坡、溪边及潮湿处。

生境　　　　　群落　　　　　叶片　　　　　花

虫豆　[拉丁名] *Cajanus crassus*（Prain ex King）Maesen
　　　　[属　别] 木豆属 *Cajanus*

[形态特征]

　　多年生攀缘或缠绕藤本。茎粗壮，略具纵棱；枝被带褐色柔毛。叶具羽状三小叶；托叶微小，卵形早落；叶柄长 2.5~4.0 cm；小叶革质，两面被短茸毛，背面脉上尤甚，并具松脂状腺点；顶生小叶菱状至菱状卵形，先端钝至短尖，基部圆形，亦常呈浅心形，侧生小叶稍小，斜卵形，基出脉 3；小托叶细小，线形；小叶柄极短。总状花序腋生，粗壮，有时更长，密被灰褐色茸毛，每节有花 1~2 朵；苞片大，膜质，卵形，长可达 1.7 cm，背面具数条纵脉纹，被微柔毛及松脂状小腺点，早落；花梗长 3~7 mm，被毛；花萼钟状，5 齿裂，裂片三角形，不等大，上面 2 枚近合生，略被短柔毛；花冠黄色，长约 1.5 cm；旗瓣倒卵状圆形，基部具瓣柄及两侧各 1 内弯的耳，翼瓣长圆形，稍短于旗瓣，龙骨瓣先端弯曲，与翼瓣近等长，均具瓣柄及耳；雄蕊二体，花药一式；子房密被黄色短茸毛，花柱丝状，长而弯曲，上部被毛。荚果长圆形，膨胀，被灰褐色极短的茸毛及稀疏的长柔毛，种子间有明显横缢线；种子 4~6 颗，通常近圆形，稀半圆形，黑色，

种脐具厚而肉质的种阜。

[生长发育规律]

　　多年生攀缘或缠绕藤本，花期 3 月，果期 4 月。

[分布与为害]

　　分布于云南南部、广西西南部及南部、海南南部等地，生于海拔 400~600 m 的林边及山坡上。

生境

茎叶

果实

花

决明　[拉丁名] *Senna tora*（Linnaeus）Roxburgh
　　　　[属　别] 决明属 *Senna*
　　　　[俗　名] 马蹄决明、假绿豆、假花生、草决明

[形态特征]

　　一年生亚灌木状草本，多直立、粗壮，高 1~2 m。叶长 4~8 cm；叶柄上无腺体；叶轴上每对小叶间有棒状的腺体 1 枚；小叶 3 对，膜质，倒卵形或倒卵状长椭圆形，长 2~6 cm，宽 1.5~2.5 cm，顶端圆钝而有小尖头，基部渐狭，偏斜，上面被稀疏柔毛，下面被柔毛；小叶柄长 1.5~2.0 mm；托叶线状，被柔毛，早落。花腋生，通常 2 朵聚生；总花梗长 6~10 mm；花梗长 1.0~1.5 cm，丝状；萼片稍不等大，卵形或卵状长圆形，膜质，外面被柔毛，长约 8 mm；花瓣黄色，下面两片略长，长 12~15 mm，宽 5~7 mm；能育雄蕊 7 枚，花药四方形，顶孔开裂，

长约 4 mm，花丝短于花药；子房无柄，被白色柔毛。荚果纤细，近四棱形，两端渐尖，长达 15 cm，宽 3~4 mm，膜质；种子约 25 颗，菱形，光亮。

[生长发育规律]

　　一年生亚灌木状草本，花果期 8—11 月。

[分布与为害]

　　我国长江以南各地普遍分布。原产于美洲热带地区，现全世界热带、亚热带地区广泛分布。生于山坡、旷野及河滩沙地。

群落

叶片

花

果实

长萼猪屎豆 ［拉丁名］*Crotalaria calycina* Schrank
［属　别］猪屎豆属 *Crotalaria*
［俗　名］长萼野百合

［形态特征］

多年生直立草本，体高 30~80 cm；茎圆柱形，密被粗糙的褐色长柔毛。托叶丝状，长约 1 mm，宿存或早落；单叶，近无柄，长圆状线形或线状披针形，长 3~12 cm，宽 0.5~1.5 cm，先端急尖，基部渐狭，上面沿中脉有毛，下面密被褐色长柔毛。总状花序顶生，稀腋生，通常缩短或形似头状，有花 3~12 朵；苞片披针形，长 1~2 cm，稍弯曲成镰刀状，小苞片和苞片同形，稍短，生花萼基部或花梗中部以上；花梗粗壮，长 2~4 mm；花萼二唇形，长 2~3 cm，深裂，几达基部，萼齿披针形，外面密被棕褐色长柔毛；花冠黄色，全部包被于萼内，旗瓣倒卵圆形或圆形，长 1.5~2.5 cm，先端或上面靠上方有微柔毛，基部具胼胝体二枚，翼瓣长椭圆形，约与旗瓣等长，龙骨瓣近直生，具长喙；子房无柄。荚果圆形，成熟后黑色，长约 1.5 cm，秃净无毛；种子 20~30 颗。

［生长发育规律］

多年生直立草本，花果期 6—12 月间。

［分布与为害］

分布于福建、台湾、广东、海南、广西、云南、西藏等地。生于海拔 50~2 200 m 的山坡疏林及荒地路旁。

生境	茎叶	叶片	果实

鸡眼草 ［拉丁名］*Kummerowia striata*（Thunb.）Schindl.
［属　别］鸡眼草属 *Kummerowia*
［俗　名］公母草、牛黄黄、掐不齐、三叶人字草、鸡眼豆

［形态特征］

一年生草本，披散或平卧，多分枝，高（5）10~45 cm，茎和枝上被倒生的白色细毛。叶为三出羽状复叶；托叶大，膜质，卵状长圆形，比叶柄长，长 3~4 mm，具条纹，有缘毛；叶柄极短；小叶纸质，倒卵形、长倒卵形或长圆形，较小，长 6~22 mm，宽 3~8 mm，先端圆形，稀微缺，基部近圆形或宽楔形，全缘；两面沿中脉及边缘有白色粗毛，但上面毛较稀少，侧脉多而密。花小，单生或 2~3 朵簇生于叶腋；花梗下端具 2 枚大小不等的苞片，萼基部具 4 枚小苞片，其中 1 枚极小，位于花梗关节处，小苞片常具 5~7 条纵脉；花萼钟状，带紫色，5 裂，裂片宽卵形，具网状脉，外面及边缘具白毛；花冠粉红色或紫色，长 5~6 mm，较萼约长 1 倍，旗瓣椭圆形，下部渐狭成瓣柄，具耳，龙骨瓣比旗瓣稍长或近等长，翼瓣比龙骨瓣稍短。荚果圆形或倒卵形，稍侧扁，长 3.5~5.0 mm，较萼稍长或长 1 倍，先端短尖，被小柔毛。

［生长发育规律］

一年生草本，花期 7—9 月，果期 8—10 月。

［分布与为害］

分布于我国东北、华北、华东、中南、西南等地区。生于海拔 500 m 以下的路旁、田边、溪旁、砂质地或缓山坡草地。

植株	群落	茎叶	花

牧地山黧豆　[拉丁名] *Lathyrus pratensis* L.
　　　　　　　[属　别] 山黧豆属 *Lathyrus*
　　　　　　　[俗　名] 牧地香豌豆

[形态特征]

　　多年生草本，高30~120 cm，茎上升、平卧或攀缘。叶具1对小叶；托叶箭形，基部两侧不对称，长（5）10~45 mm，宽3~10（15）mm；叶轴末端具卷须，单一或分枝；小叶椭圆形、披针形或线状披针形，长10~30（~50）mm，宽2~9（~13）mm，先端渐尖，基部宽楔形或近圆形，具平行脉。总状花序腋生，具5~12朵花，长于叶数倍。花黄色，长12~18 mm；花萼钟状，被短柔毛，最下1齿长于萼筒；旗瓣长约14 mm，瓣片近圆形，宽7~9 mm，下部变狭为瓣柄，翼瓣稍短于旗瓣，瓣片近倒卵形，基部具耳及线形瓣柄，龙骨瓣稍短于翼瓣，瓣片近半月形，基部具耳及线形瓣柄。荚果线形，长23~44 mm，宽5~6 mm，黑色，具网纹。种子近圆形，直径2.5~3.5 mm，厚约2 mm，种脐长约为1.5 mm，平滑，黄色或棕色。

[生长发育规律]

　　多年生草本，花期6—8月，果期8—10月。

[分布与为害]

　　在西南地区的四川、云南及贵州等地有所分布，生于海拔1 000~3 000 m的山坡草地、疏林、路旁阴处。

花

群落　　　　　果实

中华胡枝子　[拉丁名] *Lespedeza chinensis* G. Don
　　　　　　　[属　别] 胡枝子属 *Lespedeza*
　　　　　　　[俗　名] 华胡枝子、中华垂枝胡枝子

[形态特征]

　　小灌木，高达1 m。全株被白色伏毛，茎下部毛渐脱落，茎直立或铺散；分枝斜升，被柔毛。托叶钻状，长3~5 mm；叶柄长约1 cm；羽状复叶具3小叶，小叶倒卵状长圆形、长圆形、卵形或倒卵形，长1.5~4.0 cm，宽1.0~1.5 cm，先端截形、近截形、微凹或钝头，具小刺尖，边缘稍反卷，上面无毛或疏生短柔毛，下面密被白色伏毛。总状花序腋生，不超出叶，少花；总花梗极短；花梗长1~2 mm；苞片及小苞片披针形，小苞片2，长2 mm，被伏毛；花萼长为花冠之半，5深裂，裂片狭披针形，长约3 mm，被伏毛，边具缘毛；花冠白色或黄色，旗瓣椭圆形，长约7 mm，宽约3 mm，基部具瓣柄及2耳状物，翼瓣狭长圆形，长约6 mm，具长瓣柄，龙骨瓣长约8 mm，闭锁花簇生于茎下部叶腋。荚果卵圆形，长约4 mm，宽2.5~3.0 mm，先端具喙，基部稍偏斜，表面有网纹，密被白色伏毛。

[生长发育规律]

　　小灌木，花期8—9月，果期10—11月。

[分布与为害]

　　在西南地区的四川等地有分布，生于海拔2 500 m以下的灌木丛、林缘、路旁、山坡、林下草丛等处。

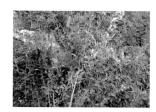

群落　　　　　　植株　　　　　　茎叶　　　　　　花

截叶铁扫帚 [拉丁名] *Lespedeza cuneata*（Dum.Cours.）G. Don
[属　别] 胡枝子属 *Lespedeza*
[俗　名] 夜关门

[形态特征]

小灌木，高达 1 m。茎斜升，被毛，上部分枝；分枝斜上举。叶密集，柄短；小叶楔形或线状楔形，长 1~3 cm，宽 2~5（7）mm，先端截形成近截形，具小刺尖，基部楔形，上面近无毛，下面密被伏毛。总状花序腋生，具 2~4 朵花；总花梗极短；小苞片卵形或狭卵形，长 1.0~1.5 mm，先端渐尖，背面被白色伏毛，边具缘毛；花萼狭钟形，密被伏毛，5 深裂，裂片披针形；花冠淡黄色或白色，旗瓣基部有紫斑，有时龙骨瓣先端带紫色，翼瓣与旗瓣近等长，龙骨瓣稍长；闭锁花簇生于叶腋。荚果宽卵形或近球形，被伏毛，长 2.5~3.5 mm，宽约 2.5 mm。

[生长发育规律]

小灌木，花期 7—8 月，果期 9—10 月。

[分布与为害]

四川、云南等地有所分布，生于海拔 2 500 m 以下的山坡路旁。

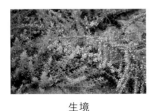   

| 生境 | 群落 | 茎叶 | 花 |

葛 [拉丁名] *Pueraria montana* var. *lobata*（Ohwi）Maesen & S. M. Almeida
[属　别] 葛属 *Pueraria*
[俗　名] 葛藤、野葛

[形态特征]

多年生粗壮草质藤本，全体被黄色长硬毛，茎基部木质，有粗厚的块状根。羽状复叶具 3 小叶；托叶卵状长圆形，具线条；小托叶线状披针形，与小叶柄等长或较长；小叶三裂，偶尔全缘，顶生小叶宽卵形或斜卵形，先端长渐尖，侧生小叶斜卵形，稍小，上面被淡黄色、平伏的疏柔毛。小叶柄被黄褐色茸毛。总状花序中部以上有颇密集的花；苞片线状披针形至线形，远比小苞片长，早落；小苞片卵形，长不及 2 mm；花 2~3 朵聚生于花序轴的节上；花萼钟形，被黄褐色柔毛，裂片披针形，渐尖，比萼管略长；花冠长 10~12 mm，紫色，旗瓣倒卵形，有的基部有 2 耳及一黄色硬痂状附属体，具短瓣柄，翼瓣镰状，比龙骨瓣狭小，有的基部有线形、向下的耳，龙骨瓣镰状长圆形，有的基部有极小、急尖的耳；子房线形，被毛。荚果长椭圆形扁平，被褐色长硬毛。

[生长发育规律]

多年生粗壮草质藤本，花期 9—10 月，果期 11—12 月。

[分布与为害]

几乎遍布全国，生于山地疏林或密林中。生长力旺盛，常攀爬覆盖于栽种植被上，影响其正常生长发育。葛本身也可药用，但野生的葛易对大田药材栽培地与新垦药田形成草害。

| 群落 | 叶片 | 花序 | 果实 |

百脉根　［拉丁名］*Lotus corniculatus* L.
　　　　　［属　别］百脉根属 *Lotus*
　　　　　［俗　名］五叶草、牛角花

［形态特征］

　　多年生草本，高 15~50 cm，全株散生稀疏白色柔毛或无毛，具主根。茎丛生，平卧或上升，实心，近四棱形。羽状复叶小叶 5 枚；叶轴长 4~8 mm，疏被柔毛，顶端 3 小叶，基部 2 小叶呈托叶状，纸质，斜卵形至倒披针状卵形，长 5~15 mm，宽 4~8 mm，中脉不清晰；小叶柄甚短，长约 1 mm，密被黄色长柔毛。伞形花序；总花梗长 3~10 cm；花 3~7 朵集生于总花梗顶端，长（7）9~15 mm；花梗短，基部有苞片 3 枚；苞片叶状，与萼等长，宿存；萼钟形，长 5~7 mm，宽 2~3 mm，无毛或稀被柔毛，萼齿近等长，狭三角形，渐尖，与萼筒等长；花冠黄色或金黄色，干后常变蓝色，旗瓣扁圆形，瓣片和瓣柄几等长，长 10~15 mm，宽 6~8 mm，翼瓣和龙骨瓣等长，均略短于旗瓣，龙骨瓣弯曲，喙部狭尖；雄蕊两体，花丝分离；花柱直，等长于子房，柱头点状，子房线形，无毛，胚珠 35~40 粒。荚果直，线状圆柱形，长 20~25 mm，褐色，二瓣裂，扭曲；有多数种子，种子细小，卵圆形，长约 1 mm，灰褐色。

群落

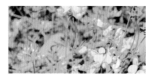
群落

茎叶

花

［生长发育规律］

　　多年生草本，花期 5—9 月，果期 7—10 月。

［分布与为害］

　　西北和长江中上游等地均有分布。生于土壤湿润且呈弱碱性的山坡、草地、田野或河滩等处。是大田药材栽培地与新垦药田常见杂草，常于春夏季形成草害。

苜蓿　［拉丁名］*Medicago sativa* L.
　　　　［属　别］苜蓿属 *Medicago*
　　　　［俗　名］紫苜蓿

［形态特征］

　　多年生草本，高 30~100 cm。根粗壮，深入土层，根颈发达。茎直立、丛生以至平卧，四棱形，无毛或微被柔毛，枝叶茂盛。羽状三出复叶；托叶大，卵状披针形，先端锐尖，基部全缘或具 1~2 齿裂，脉纹清晰；叶柄比小叶短；小叶长卵形、倒长卵形至线状卵形，等大，或顶生小叶稍大，长（5）10~25（40）mm，宽 3~10 mm，纸质，先端钝圆，具由中脉伸出的长齿尖，基部狭窄，楔形，边缘三分之一以上具锯齿，上面无毛，深绿色，下面被贴伏柔毛，侧脉 8~10 对，与中脉成锐角，在近叶边处略有分叉；顶生小叶柄比侧生小叶柄略长。花序总状或头状，长 1.0~2.5 cm，具花 5~30 朵；总花梗挺直，比叶长；苞片线状锥形，比花梗长或与花等长；花长 6~12 mm；花梗短，长约 2 mm；萼钟形，长 3~5 mm，萼齿线状锥形，比萼筒长，被贴伏柔毛；花冠淡黄、深蓝至暗紫色，花瓣均具长瓣柄，旗瓣长圆形，先端微凹，明显较翼瓣和龙骨瓣长，翼瓣较龙骨瓣稍长；子房线形，具柔毛，花柱短阔，上端细尖，柱头点状，胚珠多数。荚果螺旋状紧卷 2~4（6）圈，中央无孔或近无孔，被柔毛或渐脱落，脉纹细，不清晰，熟时棕色；有种子 10~20 粒。种子卵形，长 1~2.5 mm，平滑，黄色或棕色。

［生长发育规律］

　　多年生草本，花期 5—7 月，果期 6—8 月。

［分布与为害］

　　全国各地都有栽培或呈半野生状态。生于田边、路旁、旷野、草原、河岸及沟谷等地。是大田药材栽培地与新垦药田常见杂草，常于春夏季形成草害。

群落

群落

茎叶

花

天蓝苜蓿 ［拉丁名］*Medicago lupulina* L.
　　　　　［属　别］苜蓿属 *Medicago*
　　　　　［俗　名］天蓝

［形态特征］

　　一、二年生或多年生草本，高 15~60 cm，全株被柔毛或有腺毛。主根浅，须根发达。茎平卧或上升，多分枝，叶茂盛。羽状三出复叶；托叶卵状披针形，长可达 1 cm，先端渐尖，基部圆或戟状，常齿裂；下部叶柄较长，长 1~2 cm，上部叶柄比小叶短；小叶倒卵形、阔倒卵形或倒心形，长 5~20 mm，宽 4~16 mm，纸质，先端多少截平或微凹，具细尖，基部楔形，边缘在上半部具不明显尖齿，两面均被毛，侧脉近 10 对，平行达叶边，几不分叉，上下均平坦；顶生小叶较大，小叶柄长 2~6 mm，侧生小叶柄甚短。花序小头状，具花 10~20 朵；总花梗细，挺直，比叶长，密被贴伏柔毛；苞片刺毛状，甚小；花长 2.0~2.2 mm；花梗短，长不到 1 mm；萼钟形，长约 2 mm，密被毛，萼齿线状披针形，稍不等长，比萼筒略长或等长；花冠黄色，旗瓣近圆形，顶端微凹，翼瓣和龙骨瓣近等长，均比旗瓣短；子房阔卵形，被毛，花柱弯曲，胚珠 1 粒。荚果肾形，长 3 mm，宽 2 mm，表面具同心弧形脉纹，被稀疏毛，熟时变黑；有种子 1 粒。种子卵形，褐色，平滑。

［生长发育规律］

　　一、二年生或多年生草本，花期 7—9 月，果期 8—10 月。

［分布与为害］

　　我国南北各地均有分布。喜凉爽气候及湿润土壤，但在各种条件下都有野生，常见于河岸、路边、田野及林缘。是大田药材栽培地与新垦药田常见杂草，常于春夏季形成草害。

群落　　　　　　　茎叶　　　　　　　花　　　　　　　果实

黄香草木樨 ［拉丁名］*Melilotus officinalis* Pall.
　　　　　　　［属　别］草木樨属 *Melilotus*
　　　　　　　［俗　名］白香草木樨、辟汗草、黄花草木樨

［形态特征］

　　二年生草本。茎直立，粗壮，多分枝，具纵棱，微被柔毛。羽状三出复叶；托叶镰状线形，中央有 1 条脉纹，全缘或基部有 1 尖齿；叶柄细长；小叶倒卵形、阔卵形、倒披针形至线形，先端钝圆或截形，基部阔楔形，边缘具不整齐疏浅齿，上面无毛，粗糙，下面散生短柔毛，侧脉 8~12 对，平行直达齿尖，两面均不隆起，顶生小叶稍大，具较长的小叶柄，侧小叶的小叶柄短。总状花序腋生，具花 30~70 朵，初时稠密，花开后渐疏松，花序轴在花期中显著伸展；苞片刺毛状；花长 3.5~7.0 mm；花梗与苞片等长或稍长；萼钟形，长约 2 mm，脉纹 5 条，甚清晰，萼齿三角状披针形，稍不等长，比萼筒短；花冠黄色，旗瓣倒卵形，与翼瓣近等长，龙骨瓣稍短或三者均近等长；雄蕊筒在花后常宿存包于果外；子房卵状披针形，胚珠（4）6（8）粒，花柱长于子房。荚果卵形，长 3~5 mm，宽约 2 mm，先端具宿存花柱，表面具凹凸不平的横向细网纹，棕黑色；有种子 1~2 粒。种子卵形，黄褐色，平滑。

［生长发育规律］

　　二年生草本，花期 5—9 月，果期 6—10 月。

［分布与为害］

　　东北、华南、西南各地均有分布。生于山坡、河岸、路旁、沙质草地及林缘。是大田药材栽培地与新垦药田常见杂草，常于春夏季形成草害。

 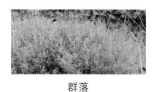  

花　　　　　　　群落　　　　　　　群落　　　　　　　植株

含羞草 ［拉丁名］*Mimosa pudica* L.
　　　　［属　别］含羞草属 *Mimosa*
　　　　［俗　名］怕羞草、害羞草、怕丑草、呼喝草、知羞草

［形态特征］

　　披散、亚灌木状草本，高可达 1 m。茎圆柱状，具分枝，有散生、下弯的钩刺及倒生刺毛。托叶披针形，长 5~10 mm，有刚毛。羽片和小叶受到刺激即闭合而下垂；羽片通常 2 对，指状排列于总叶柄之顶端，长 3~8 cm；小叶 10~20 对，线状长圆形，长 8~13 mm，宽 1.5~2.5 mm，先端急尖，边缘具刚毛。头状花序圆球形，直径约 1 cm，具长的总花梗，单生或 2~3 个生于叶腋；花小，淡红色，多数；苞片线形；花萼极小；花冠钟状，裂片 4，外面被短柔毛；雄蕊 4 枚，伸出于花冠之外；子房有短柄，无毛；胚珠 3~4 颗，花柱丝状，柱头小。荚果长圆形，长 1~2 cm，宽约 5 mm，扁平，稍弯曲，荚缘波状，具刺毛；种子卵形，长 3.5 mm。

［生长发育规律］

　　披散、亚灌木状草本，花期 3—10 月，果期 5—11 月。

［分布与为害］

　　我国台湾、福建、广东、广西、云南等地均有分布。生于旷野荒地、灌木丛中，长江流域常有栽培，供观赏。是大田药材栽培地与新垦药田常见杂草，常于春夏季形成草害。

群落

叶片

花

果实

鹿藿 ［拉丁名］*Rhynchosia volubilis* Lour.
　　　　［属　别］鹿藿属 *Rhynchosia*
　　　　［俗　名］痰切豆、老鼠眼

［形态特征］

　　缠绕草质藤本。全株各部多少被灰色至淡黄色柔毛；茎略具棱。叶为羽状或有时为近指状 3 小叶；托叶小，披针形，长 3~5 mm，被短柔毛；叶柄长 2.0~5.5 cm；小叶纸质，顶生小叶菱形或倒卵状菱形，长 3~8 cm，宽 3.0~5.5 cm，先端钝，或为急尖，常有小凸尖，基部圆形或阔楔形，两面均被灰色或淡黄色柔毛，下面尤密，并被黄褐色腺点；基出脉 3；小叶柄长 2~4 mm，侧生小叶较小，常偏斜。总状花序长 1.5~4.0 cm，1~3 个腋生；花长约 1 cm，排列稍密集；花梗长约 2 mm；花萼钟状，长约 5 mm，裂片披针形，外面被短柔毛及腺点；花冠黄色，旗瓣近圆形，有宽而内弯的耳，翼瓣倒卵状长圆形，基部一侧具长耳，龙骨瓣具喙；雄蕊二体；子房被毛及密集的小腺点，胚珠 2 颗。荚果长圆形，红紫色，长 1.0~1.5 cm，宽约 8 mm，极扁平，在种子间略收缩，稍被毛或近无毛，先端有小喙；种子通常 2 颗，椭圆形或近肾形，黑色，光亮。

［生长发育规律］

　　缠绕草质藤本，花期 5—8 月，果期 9—12 月。

［分布与为害］

　　在西南地区分布较为广泛。常生于海拔 200~1 000 m 的山坡、路旁、草丛中。是大田药材栽培地与新垦药田常见杂草，常于春夏季形成草害。

生境

群落

茎叶

花序

红车轴草 ［拉丁名］*Trifolium pratense* L.
　　　　　［属　别］车轴草属 *Trifolium*
　　　　　［俗　名］红三叶

［形态特征］

　　短期多年生草本，生长期2~5（9）年。主根深入土层达1 m。茎粗壮，具纵棱，直立或平卧上升，疏生柔毛或无毛。掌状三出复叶；托叶近卵形，膜质，每侧具脉纹8~9条，基部抱茎，先端离生部分渐尖，具锥刺状尖头；叶柄较长，茎上部的叶柄短，被伸展毛或无毛；小叶卵状椭圆形至倒卵形，长1.5~3.5（5）cm，宽1~2 cm，先端钝，有时微凹，基部阔楔形，两面疏生褐色长柔毛，叶面上常有"V"形白斑，侧脉约15对，以20°角展开，在叶边处分叉隆起，伸出形成不明显的钝齿；小叶柄短，长约1.5 mm。花序球状或卵状，顶生；无总花梗或具甚短总花梗，包于顶生叶的托叶内，托叶扩展为焰苞状，具花30~70朵，密集；花长12~14（18）mm；几无花梗；萼钟形，被长柔毛，具脉纹10条，萼齿丝状，锥尖，比萼筒长，最下方1齿比其余萼齿长1倍，萼喉开张，具一个多毛的加厚环；花冠紫红色至淡红色，旗瓣匙形，先端圆形，微凹缺，基部狭楔形，明显比翼瓣和龙骨瓣长，龙骨瓣稍比翼瓣短；子房椭圆形，花柱丝状细长，胚珠1~2粒。荚果卵形，通常有1粒扁圆形种子。

［生长发育规律］

　　短期多年生草本，生长期2~5（9）年，成年植株花果期5—9月。

［分布与为害］

　　我国南北各地均有分布，常生于林缘、路边、草地等湿润处。是大田药材栽培地与新垦药田常见杂草，常于春夏季形成草害。

植株

叶片

茎

花

白车轴草 ［拉丁名］*Trifolium repens* L.
　　　　　［属　别］车轴草属 *Trifolium*
　　　　　［俗　名］荷兰翘摇、白三叶、三叶草

［形态特征］

　　短期多年生草本，生长期达5年。主根短，侧根和须根发达。茎匍匐蔓生，上部稍上升，节上生根，全株无毛。掌状三出复叶；托叶卵状披针形，膜质，基部抱茎成鞘状，离生部分锐尖；叶柄较长，长10~30 cm；小叶倒卵形至近圆形，先端凹头至钝圆，基部楔形渐窄至小叶柄，中脉在下面隆起，侧脉约13对，与中脉呈50°角展开，两面均隆起，近叶边分叉并伸达锯齿齿尖；小叶柄长1.5 mm，微被柔毛。花序球形，顶生，直径15~40 mm；总花梗甚长，比叶柄长近1倍，具花20~50（80）朵，密集；无总苞；苞片披针形，膜质，锥尖；花长7~12 mm；花梗比花萼稍长或与花萼等长，开花立即下垂；萼钟形，具脉纹10条，萼齿5，披针形，稍不等长，短于萼筒，萼喉开张，无毛；花冠白色、乳黄色或淡红色，具香气。旗瓣椭圆形，比翼瓣和龙骨瓣长近1倍，龙骨瓣比翼瓣稍短；子房线状长圆形，花柱比子房略长，胚珠3~4粒。荚果长圆形；种子通常3粒，阔卵形。

［生长发育规律］

　　短期多年生草本，生长期达5年，成年植株花果期5—10月。

［分布与为害］

　　广泛分布于西南地区，其适应性广，抗热抗寒能力强，可在酸性土壤中旺盛生长，也可在沙质土中生长，在湿润草地、河岸、路边很常见。是大田药材栽培地与新垦药田常见杂草，常于春夏季形成草害。

花

群落

叶片

花

小巢菜 ［拉丁名］*Vicia hirsuta*（L.）Gray
  ［属　别］野豌豆属 *Vicia*
  ［俗　名］硬毛果野豌豆、苕、薇、翘摇、雀野豆、小巢豆

［形态特征］

　　一年生草本，高 15~90（120）cm，攀缘或蔓生。茎细柔有棱，近无毛。偶数羽状复叶末端卷须分支；托叶线形，基部有 2~3 裂齿；小叶 4~8 对，线形或狭长圆形，长 0.5~1.5 cm，宽 0.1~0.3 cm，先端平截，具短尖头，基部渐狭，无毛。总状花序明显短于叶；

花萼钟形，萼齿披针形，长约 0.2 cm；花 2~4（7）密集于花序轴顶端，花甚小，仅长 0.3~0.5 cm；花冠白色、淡蓝青色或紫白色，稀粉红色，旗瓣椭圆形，长约 0.3 cm，先端平截有凹，翼瓣近勺形，与旗瓣近等长，龙骨瓣较短；子房无柄，密被褐色长硬毛，胚珠 2，花柱上部四周被毛。荚果长圆菱形，长 0.5~1.0 cm，宽 0.2~0.5 cm，表皮密被棕褐色长硬毛；种子 2，扁圆形，直径 0.15~0.25 cm，两面凸出，种脐长相当于种子圆周的 1/3。

［生长发育规律］

　　一年生草本，花果期 2—7 月。

［分布与为害］

　　陕西、甘肃、青海、广东、广西，及西南地区等均有分布。生于海拔 200~1 900 m 的山沟、河滩、田边或路旁草丛中。是大田药材栽培地与新垦药田常见杂草，常于春夏季形成草害。

植株

茎叶

花

果实

野豌豆 ［拉丁名］*Vicia sepium* L.
  ［属　别］野豌豆属 *Vicia*
  ［俗　名］滇野豌豆

［形态特征］

　　多年生草本，高 30~100 cm。根茎匍匐，茎柔细斜升或攀缘，具棱，疏被柔毛。偶数羽状复叶长 7~12 cm，叶轴顶端卷须发达；托叶半戟形，有 2~4 裂齿；小叶 5~7 对，长卵圆形或长圆披针形，长 0.6~3.0 cm，宽 0.4~1.3 cm，先端钝或平截，微凹，有短尖头，基部圆形，两面被疏柔毛，下面较密。短总状花序，花 2~4（6）朵腋生；花萼钟状，萼齿披针形或锥形，短于萼筒；花冠红色或近紫色至浅粉红色，稀白色；旗瓣近提琴形，先端凹，翼瓣短于旗瓣，龙骨瓣内弯，最短；子房线形，无毛，胚珠 5，子房柄短，花柱与子房连接处呈近 90° 夹角；柱头远轴面有一束

黄髯毛。荚果宽长圆状，近菱形，长 2.1~3.9 cm，宽 0.5~0.7 cm，成熟时亮黑色，先端具喙，微弯。种子 5~7，扁圆球形，表皮棕色有斑，种脐长相当于种子圆周的 2/3。

［生长发育规律］

　　多年生草本，成年植株每年花期 6 月，果期 7—8 月。

［分布与为害］

　　西北、西南各地有分布。生于海拔 1 000~2 200 m 的山坡、林缘草丛中。是大田药材栽培地与新垦药田常见杂草，常于春夏季形成草害。

花

群落

叶片

花

亚麻科 Linaceae

野亚麻 ［拉丁名］*Linum stelleroides* Planch.
［属　别］亚麻属 *Linum*

［形态特征］

一年生或二年生草本，高 20~90 cm。茎直立，圆柱形，基部木质化，有凋落的叶痕点，不分枝或自中部以上多分枝，无毛。叶互生，线形、线状披针形或狭倒披针形，长 1~4 cm，宽 1~4 mm，顶部钝、锐尖或渐尖，基部渐狭，无柄，全缘，两面无毛，6 脉 3 基出。单花或多花组成聚伞花序；花梗长 3~15 mm，花直径约 1 cm；萼片 5，绿色，长椭圆形或阔卵形，长 3~4 mm，顶部锐尖，基部有不明显的 3 脉，边缘稍为膜质并有易脱落的黑色头状带柄的腺点，宿存；花瓣 5，倒卵形，长达 9 mm，顶端啮蚀状，基部渐狭，淡红色、淡紫色或蓝紫色；雄蕊 5 枚，与花柱等长，基部合生，通常有退化雄蕊 5 枚；

子房 5 室，有 5 棱；花柱 5 枚，中下部结合或分离，柱头头状，干后黑褐色。蒴果球形或扁球形，直径 3~5 mm，有纵沟 5 条，室间开裂。种子长圆形，长 2.0~2.5 mm。

［生长发育规律］

一年生或二年生草本，每年春季种子萌发，花期 6—9 月，果期 8—10 月，晚秋植株枯萎死亡。

［分布与为害］

分布于贵州、四川等地，也分布在江苏、广东、湖北、河南、河北、山东、吉林、辽宁、黑龙江、山西、陕西、甘肃等地区，常生于海拔 630~2 750 m 的山坡、路旁和荒山地中，易对大田药材栽培地形成草害。

花　　　　　　茎叶　　　　　　　　花　　　　　　群落

石海椒 ［拉丁名］*Reinwardtia indica* Dum.
［属　别］石海椒属 *Reinwardtia*

［形态特征］

小灌木，高达 1 m；树皮灰色，无毛，枝干后有纵沟纹。叶纸质，椭圆形或倒卵状椭圆形，长 2.0~8.8 cm，宽 0.7~3.5 cm，先端急尖或近圆形，有短尖，基部楔形，全缘或有圆齿状锯齿，表面深绿色，背面浅绿色，干后表面灰褐色，背面灰绿色，背面中脉稍凸；叶柄长 8~25 mm；托叶小，早落。花序顶生或腋生，或单花腋生；花有大有小，直径 1.4~3.0 cm；萼片 5，分离，披针形，长 9~12 mm，宽约 3 mm，宿存；同一植株上的花的花瓣有 5 片的也有 4 片的，黄色，分离，旋转排列，长 1.7~3.0 cm，宽 1.3 cm，早萎；雄蕊 5，长约 13 mm，花丝下部两侧扩大成翅状或瓣状，基部合生成环，花药长约 2 mm；另有退

化雄蕊 5，锥尖状，与正常雄蕊互生；腺体 5，与雄蕊环合生；子房 3 室，每室有 2 小室，每小室有胚珠 1 枚；花柱 3 枚，长 7~18 mm，下部合生，柱头头状。蒴果球形，3 裂，每裂瓣有种子 2 粒；种子具膜质翅，翅长稍短于蒴果。

［生长发育规律］

常绿灌木，花果期 4—12 月，也可至翌年 1 月。

［分布与为害］

分布于湖北、福建、广东、广西、四川、贵州和云南等地，常生于海拔 550~2 300 m 的山坡、路旁和沟坡潮湿处，易对大田药材栽培地形成草害。

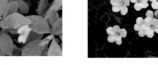

花　　　　　　叶片　　　　　　　　花　　　　　　植株

千屈菜科 Lythraceae

水苋菜 [拉丁名] *Ammannia baccifera* L.
[属　别] 水苋菜属 *Ammannia*

[形态特征]

一年生草本，无毛，高 10~50 cm；茎直立，多分枝，带淡紫色，稍呈 4 棱，具狭翅。叶生于下部的对生，生于上部或侧枝的有时略成互生，长椭圆形、矩圆形或披针形，生于茎上的长可达 7 cm，生于侧枝的较小，长 6~15 mm，宽 3~5 mm，顶端短尖或钝形，基部渐狭，侧脉不明显，近无柄。花数朵组成腋生的聚伞花序或花束，结实时稍疏松，几无总花梗，花梗长 1.5 mm；花极小，长约 1 mm，绿色或淡紫色；花萼蕾期钟形，顶端平面呈四方形，裂片 4，正三角形，短于萼筒，结实时半球形，包围蒴果的下半部，无棱；通常无花瓣；雄蕊通常 4，贴生于萼筒中部，与花萼裂片等长或较短；子房球形，花柱极短或无花柱。蒴果球形，紫红色，直径 1.2~1.5 mm，中部以上不规则周裂；种子极小，形状不规则，近三角形，黑色。

[生长发育规律]

一年生草本，每年冬春季种子萌发，植株生长，花期 8—10 月，果期 9—12 月。

[分布与为害]

主要分布在云南、贵州、四川等地，常生于水田或潮湿区域，冬春始见，易对大田药材栽培地形成草害。

幼苗　　　　　群落　　　　　花枝　　　　　花

千屈菜 [拉丁名] *Lythrum salicaria* L.
[属　别] 千屈菜属 *Lythrum*
[俗　名] 水柳、中型千屈菜、光千屈菜

[形态特征]

多年生草本，根茎横卧于地下，粗壮；茎直立，多分枝，高 30~100 cm，全株青绿色，略被粗毛或密被茸毛，枝通常具 4 棱。叶对生或三叶轮生，披针形或阔披针形，长 4~6（10）cm，宽 8~15 mm，顶端钝形或短尖，基部圆形或心形，有时略抱茎，全缘，无柄。花组成小聚伞花序，簇生，因花梗及总梗极短，因此花枝全形似一大型穗状花序；苞片阔披针形至三角状卵形，长 5~12 mm；萼筒长 5~8 mm，有纵棱 12 条，稍被粗毛，裂片 6，三角形；附属体针状，直立，长 1.5~2.0 mm；花瓣 6，红紫色或淡紫色，倒披针状长椭圆形，基部楔形，长 7~8 mm，着生于萼筒上部，有短爪，稍皱缩；雄蕊 12，6 长 6 短，伸出萼筒之外；子房 2 室，花柱长短不一。蒴果扁圆形。

[生长发育规律]

多年生草本，每年春季抽枝长叶，花果期 5—10 月。

[分布与为害]

全国各地均有野生与栽培，常生于河岸、湖畔、溪沟边和潮湿草地中，易对大田药材栽培地形成草害。

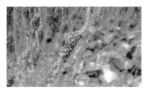

群落　　　　　植株

花　　　　　花

节节菜 [拉丁名] *Rotala indica* （Willd.） Koehne
[属　别] 节节菜属 *Rotala*
[俗　名] 节节草、水马兰、碌耳草

[形态特征]

　　一年生草本，多分枝，节上生根，茎常略具4棱，基部常匍匐，上部直立或稍披散。叶对生，无柄或近无柄，倒卵状椭圆形或矩圆状倒卵形，长4~17 mm，宽3~8 mm，侧枝上的叶仅长约5 mm，顶端近圆形或钝形而有小尖头，基部楔形或渐狭，下面叶脉明显，边缘为软骨质。花小，长不及3 mm，通常组成腋生的长8~25 mm的穗状花序，稀单生，苞片叶状，矩圆状倒卵形，长4~5 mm，小苞片2枚，极小，线状披针形，长约为花萼之半或稍过之；萼筒管状钟形，膜质，半透明，长2.0~2.5 mm，裂片4，披针状三角形，顶端渐尖；花瓣4，极小，倒卵形，长不及萼裂片之半，淡红色，宿存；雄蕊4；子房椭圆形，顶端狭，长约1 mm，花柱丝状，长为子房之半或近相等。蒴果椭圆形，稍有棱，长约1.5 mm，常2瓣裂。

[生长发育规律]

　　一年生草本，每年春季种子萌发，花期9—10月，

果期10月至次年4月。

[分布与为害]

　　主要分布在长江以南地区，常生于稻田或湿地，是水田和药田中常见的杂草。

幼苗

生境

群落

圆叶节节菜 [拉丁名] *Rotala rotundifolia* （Buch.-Ham. ex Roxb.） Koehne
[属　别] 节节菜属 *Rotala*
[俗　名] 水松叶、豆瓣菜、指甲叶、上天梯、水瓜子、过塘蛇、猪肥菜、水酸草、禾虾菜、假桑子

[形态特征]

　　一年生草本，各部无毛；根茎细长，匍匐地上；茎单一或稍分枝，直立，丛生，高5~30 cm，带紫红色。叶对生，无柄或具短柄，近圆形、阔倒卵形或阔椭圆形，长5~10 mm，有时可达20 mm，宽3.5~5.0 mm，顶端圆形，基部钝形，或无柄时近心形，侧脉4对，纤细。花单生于苞片内，组成顶生稠密的穗状花序，花序长1~4 cm，每株1~3个，有时5~7个；花极小，长约2 mm，几无梗；苞片叶状，卵形或卵状矩圆形，约与花等长，小苞片2枚，披针形或钻形，约与萼筒等长；萼筒阔钟形，膜质，半透明，长1.0~1.5 mm，

裂片4，三角形，裂片间无附属体；花瓣4，倒卵形，淡紫红色，长约为花萼裂片的2倍；雄蕊4；子房近梨形，长约2 mm，花柱长度为子房的1/2，柱头盘状。蒴果椭圆形，3~4瓣裂。

[生长发育规律]

　　一年生草本，花果期12月至次年6月。

[分布与为害]

　　我国长江以南地区均有分布，华南地区极为常见，西南地区四川、贵州、云南等地分布较多。常生于水田或潮湿的地方，成为杂草。

生境

植株

花序

群落

锦葵科 Malvaceae

苘麻　[拉丁名] *Abutilon theophrasti* Medikus
　　　　[属　别] 苘麻属 *Abutilon*
　　　　[俗　名] 苘、车轮草、磨盘草、桐麻、白麻、青麻、孔麻、塘麻、椿麻

[形态特征]

一年生亚灌木状草本，高达 1~2 m，茎枝被柔毛。叶互生，圆心形，长 5~10 cm，先端长渐尖，基部心形，边缘具细圆锯齿，两面均密被星状柔毛；叶柄长 3~12 cm，被星状细柔毛；托叶早落。花单生于叶腋，花梗长 1~13 cm，被柔毛，近顶端具节；花萼杯状，密被短茸毛，裂片 5，卵形，长约 6 mm；花黄色，花瓣倒卵形，长约 1 cm；雄蕊柱平滑无毛，心皮 15~20，长 1.0~1.5 cm，顶端平截，具扩展、被毛的长芒 2，排列成轮状，密被软毛。蒴果半球形，直径约 2 cm，长约 1.2 cm，被粗毛，顶端具长芒 2；种子肾形，褐色，被星状柔毛。

[生长发育规律]

一年生亚灌木状草本，花果期 7—8 月。

[分布与为害]

我国广泛分布，西南各地均有野生植株，云南较多。植株生长势旺，易形成药田草害。

植株

幼苗

花果

果实

野西瓜苗　［拉丁名］*Hibiscus trionum* L.
　　　　　［属　别］木槿属 *Hibiscus*
　　　　　［俗　名］火炮草、黑芝麻、小秋葵、灯笼花、香铃草

［形态特征］

　　一年生直立或平卧草本，高 25~70 cm，茎柔软，被白色星状粗毛。叶二型，下部的叶圆形，不分裂，上部的叶掌状 3~5 深裂，直径 3~6 cm，中裂片较长，两侧裂片较短，裂片倒卵形至长圆形，通常羽状全裂，上面疏被粗硬毛或无毛，下面疏被星状粗刺毛；叶柄长 2~4 cm，被星状粗硬毛和星状柔毛；托叶线形，长约 7 mm，被星状粗硬毛。花单生于叶腋，花梗长约 2.5 cm，果时延长达 4 cm，被星状粗硬毛；小苞片 12，线形，长约 8 mm，被粗长硬毛，基部合生；花萼钟形，淡绿色，长 1.5~2.0 cm，被粗长硬毛或星状粗长硬毛，裂片 5，膜质，三角形，具纵向紫色条纹，中部以上合生；花淡黄色，内面基部紫色，直径 2~3 cm，花瓣 5，倒卵形，长约 2 cm，外面疏被极细柔毛；雄蕊柱长约 5 mm，花丝纤细，长约 3 mm，花药黄色；花柱枝 5，无毛。蒴果长圆状球形，直径约 1 cm，被粗硬毛，果皮薄，黑色；种子肾形，黑色，具腺状突起。

［生长发育规律］

　　一年生草本，春季出苗，花期 7—10 月，入冬枯萎。

［分布与为害］

　　我国广泛分布，西南地区的四川、云南等地分布较多。种子萌发数量多，长势强，常在大田药材栽培地形成草害。

植株　　　　　　　　幼苗　　　　　　　　花　　　　　　　　果实

冬葵　［拉丁名］*Malva verticillata* var. *crispa* Linnaeus
　　　［属　别］锦葵属 *Malva*
　　　［俗　名］皱叶锦葵、蕲菜、葵菜、葵子、葵菜子、葵、露葵、冬葵菜、滑菜、卫足、马蹄菜、滑肠菜、金钱葵、金钱紫花葵、冬寒菜、冬苋菜、茴菜、滑滑菜、奇菜

［形态特征］

　　一年生草本，高 1 m；不分枝，茎被柔毛。叶圆形，常 5~7 裂或角裂，直径约 5~8 cm，基部心形，裂片三角状圆形，边缘具细锯齿，并极皱缩扭曲，两面无毛至疏被糙伏毛或星状毛，在脉上尤为明显；叶柄瘦弱，长 4~7 cm，疏被柔毛。花小，白色，直径约 6 mm，单生或几个簇生于叶腋，近无花梗至具极短梗；小苞片 3，披针形，长 4~5 mm，宽 1 mm，疏被糙伏毛；萼浅杯状，5 裂，长 8~10 mm，裂片三角形，疏被星状柔毛；花瓣 5，较萼片略长。果扁球形；种子肾形，直径约 1 mm，暗黑色。

［生长发育规律］

　　一年生草本，花期 6—9 月，冬季枯萎。

［分布与为害］

　　我国西南地区分布广泛，是常见农田杂草，也有人工引种作蔬菜用的，常为害大田中药材栽培地，形成草害。

　　　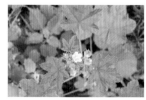

群落　　　　　　　　植株　　　　　　　　叶　　　　　　　　花

地桃花　[拉丁名] *Urena lobata* L.

[属　别] 梵天花属 *Urena*

[俗　名] 毛桐子、牛毛七、石松毛、红孩儿、千下槌、半边月、迷马桩、野鸡花、厚皮菜、粘油子、大叶马松子、黐头婆、田芙蓉、野棉花、肖梵天花

[形态特征]

多年生直立亚灌木状草本，高达1 m，小枝被星状茸毛。茎下部的叶近圆形，长4~5 cm，宽5~6 cm，先端浅3裂，基部圆形或近心形，边缘具锯齿；中部的叶卵形，长5~7 cm；上部的叶长圆形至披针形，长4~7 cm，宽1.5~3.0 cm；叶上面被柔毛，下面被灰白色星状茸毛；叶柄长1~4 cm，被灰白色星状毛；托叶线形，长约2 mm，早落。花腋生，单生或稍丛生，淡红色，直径约15 mm；花梗长约3 mm，被绵毛；小苞片5，长约6 mm，基部1/3合生；花萼杯状，裂片5，较小苞片略短，两者均被星状柔毛；花瓣5，倒卵形，长约15 mm，外面被星状柔毛；雄蕊柱长约15 mm，无毛；花柱枝10，微被长硬毛。果扁球形，直径约1 cm。

[生长发育规律]

多年生草本，花期7—10月，冬季植株地上部分略枯萎。

[分布与为害]

主要分布在长江以南各地，西南地区分布较多，喜生于干热的空旷地、草坡或疏林下。易对新垦药田形成草害。

群落

植株

花

生境

野牡丹科 Melastomataceae

异药花 ［拉丁名］*Fordiophyton faberi* Stapf
［属　别］肥肉草属 *Fordiophyton*
［俗　名］酸猴儿、臭骨草、伏毛肥肉草、峨眉异药花

[形态特征]

多年生草本或亚灌木，高30~80 cm；茎四棱形，有槽，无毛，不分枝。叶片膜质，通常在一个节上的叶，大小差别较大，广披针形至卵形，稀披针形，顶端渐尖，基部浅心形，稀近楔形，边缘具不甚明显的细锯齿，叶面被紧贴的微柔毛，5基出脉，基出脉微凸，侧脉不明显，背面几无毛或被极不明显的微柔毛及白色小腺点，基出脉明显，隆起，侧脉及细脉不明显；叶柄长1.5~4.3 cm，常被白色小腺点，仅顶端与叶片连接处具短刺毛。不明显的聚伞花序或伞形花序，顶生，总梗长1~3 cm，无毛，基部有1对叶，常早落；伞梗基部具1圈覆瓦状排列的苞片，苞片广卵形或近圆形，通常带紫红色，透明，长约1 cm；花萼长漏斗形，具四棱，长1.4~1.5 cm，被腺毛及白色小腺点，具8脉，其中4脉明显，裂片长三角形或卵状三角形，顶端钝，长约4.5 mm，被疏腺毛及白色小腺点，具腺毛状缘毛；花瓣红色或紫红色，长圆形，顶端偏斜，具腺毛状小

尖头，长约1.1 cm，外面被紧贴的疏糙伏毛及白色小腺点；雄蕊长者，花丝长约1.1 cm，花药线形，长约1.5 cm，弯曲，基部呈羊角状伸长；雄蕊短者，花丝长约7 mm，花药长圆形，长约3 mm，基部不呈羊角状；子房顶端具膜质冠，冠檐具缘毛。蒴果倒圆锥形，顶孔4裂，最大处直径约5 mm；宿存萼与蒴果同形，具不明显的8条纵肋，无毛，膜质冠伸出萼外，4裂。

[生长发育规律]

多年生草本或亚灌木，花期8—9月，果期约6月，冬季地上部分略枯萎。

[分布与为害]

主要分布在长江以南各地，重庆、四川、贵州、云南广泛分布。多分布于海拔600~1 100（1 800）m的林下、沟边或路边灌木丛中、岩石上潮湿的地方。易对新垦药田和仿野生药材栽培地形成草害。

植株

群落

叶片

果实

地棯　[拉丁名] *Melastoma dodecandrum* Lour.
　　　　[属　别] 野牡丹属 *Melastoma*
　　　　[俗　名] 铺地锦、地苍、乌地梨

[形态特征]

　　多年生小灌木，长 10~30 cm；茎匍匐上升，逐节生根，分枝多，披散，幼时被糙伏毛，以后无毛。叶片坚纸质，卵形或椭圆形，顶端急尖，基部广楔形，长 1~4 cm，宽 0.8~2（3）cm，全缘或具密浅细锯齿，3~5 基出脉，叶面通常仅边缘被糙伏毛，有时基出脉行间被 1~2 行疏糙伏毛，背面仅沿基部脉上被极疏糙伏毛，侧脉互相平行；叶柄长 2~6 mm，有时长达 15 mm，被糙伏毛。聚伞花序，顶生，有花 1~3 朵，基部有叶状总苞 2，通常较叶小；花梗长 2~10 mm，被糙伏毛，上部具苞片 2；苞片卵形，长 2~3 mm，宽约 1.5 mm，具缘毛，背面被糙伏毛；花萼管长约 5 mm，被糙伏毛，毛基部膨大呈圆锥状，有时 2~3 簇生，裂片披针形，长 2~3 mm，被疏糙伏毛，边缘具刺毛状缘毛，裂片间具 1 小裂片，较裂片小且短；花瓣淡紫红色至紫红色，菱状倒卵形，上部略偏斜，

长 1.2~2.0 cm，宽 1.0~1.5 cm，顶端有 1 束刺毛，被疏缘毛；雄蕊长者药隔基部延伸，弯曲，末端具 2 小瘤，花丝较延伸的药隔略短，雄蕊短者药隔不延伸，药隔基部具 2 小瘤；子房下位，顶端具刺毛。果坛状球状，平截，近顶端略缢缩，肉质，不开裂，长 7~9 mm，直径约 7 mm；宿存萼被疏糙伏毛。

[生长发育规律]

　　多年生小灌木，花期 5—7 月，果期 7—9 月，冬季植株地上部分略枯萎。

[分布与为害]

　　主要分布于长江流域，西南地区以贵州分布较多。常生于海拔 1 250 m 以下的山坡矮草丛中，为酸性土壤上的常见植物。常对新垦药田和仿野生药材栽培地形成草害。

群落

植株

花

果实

印度野牡丹 [拉丁名] *Melastoma malabathricum* Linnaeus
[属　别] 野牡丹属 *Melastoma*
[俗　名] 展毛野牡丹、多花野牡丹

[形态特征]

灌木,高约1 m;茎钝四棱形或近圆柱形,分枝多,密被紧贴的鳞片状糙伏毛,毛扁平,边缘流苏状。叶片坚纸质,披针形、卵状披针形或近椭圆形,顶端渐尖,基部圆形或近楔形,长5.4~13.0 cm,宽1.6~4.4 cm,全缘,5基出脉,叶面密被糙伏毛,基出脉下凹,背面被糙伏毛及密短柔毛,基出脉隆起,侧脉微隆起,脉上糙伏毛较密;叶柄长5~10 mm或略长,密被糙伏毛。伞房花序生于分枝顶端,近头状,有花10朵以上,基部具叶状总苞2;苞片狭披针形至钻形,长2~4 mm,密被糙伏毛;花梗长3~8(10)mm,密被糙伏毛;花萼长约1.6 cm,密被鳞片状糙伏毛,裂片广披针形,与萼管等长或略长,顶端渐尖,具细尖头,里面上部、外面及边缘均被鳞片状糙伏毛及短柔毛,裂片间具1小裂片,稀无;花瓣粉红色至红色,稀紫红色,倒卵形,长约2 cm,顶端圆形,仅上部具缘毛;

雄蕊长者药隔基部伸长,末端2深裂,弯曲,短者药隔不伸长,药室基部各具1小瘤;子房半下位,密被糙伏毛,顶端具1圈密刚毛。蒴果坛状球形,顶端平截,与宿存萼贴生;宿存萼密被鳞片状糙伏毛;种子镶于肉质胎座内。

[生长发育规律]

多年生灌木,花期2—5月,果期8—12月,稀1月,冬季常绿。

[分布与为害]

主要分布在四川、重庆、云南、贵州等地,也分布在我国的广东至台湾以南等地。常生于海拔300~1 830 m的山坡、山谷林下或疏林下湿润或干燥的地方。喜酸性土壤和林缘环境。是新垦药田和仿野生药材栽培地杂草。

植株

叶

花

果实

偏瓣花　[拉丁名] *Plagiopetalum esquirolii*（H. Lévl.）Rehd.
　　　　[属　别] 偏瓣花属 *Plagiopetalum*
　　　　[俗　名] 刺柄偏瓣花、光叶偏瓣花、七脉偏瓣花

[形态特征]

　　多年生灌木，高0.5~1.2 m；茎幼时四棱形，棱上具狭翅，翅上常具疏刺毛及微柔毛，以后近圆柱形，翅不明显，分枝多。叶片膜质或略厚，披针形至卵状披针形，顶端渐尖，基部钝或圆形，长6~14 cm，宽2.5~4.0 cm，边缘具整齐的细锯齿或近全缘而具刺毛状疏缘毛，3~5基出脉，5脉时近边缘的2条不明显，叶面近无毛或被疏微柔毛及极疏的糙伏毛，基出脉下凹，侧脉微凹；背面除基出脉密被微柔毛及疏糙伏毛，侧脉密被微柔毛外，其余无毛或被微柔毛，基出脉、侧脉隆起；叶柄密被鳞片及平展的刺毛，长4~20 mm，有槽。疏松的伞房花序或伞形花序组成复伞房花序，顶生或生于小枝顶叶腋，长1.5~7.0 cm，幼时常被鳞片及刺毛；花梗长6~10 mm，被极细的微柔毛；花萼钟形，长约8 mm，具4棱及8脉，其中4脉明显，脉上常被平展的疏短刺毛及极细的微柔毛，裂片卵形，背部常隆起菱形的翅，具小尖头；花瓣红色至紫色，稀粉红色，倒卵形，不对称，偏斜，长约6 mm；雄蕊长者长约11 mm，花药长约6 mm，短者长约8 mm，花药长约3 mm，药隔均不膨大或微膨大；子房顶端具4个三角形的齿。蒴果球形，具4棱，宿存萼顶端平截，冠以宿存萼片，直径约6 mm，无毛。

[生长发育规律]

　　多年生灌木，花期8—9月，果期12月至翌年2月，冬季地上部分略枯萎。

[分布与为害]

　　主要分布在贵州、云南、广西。常生于海拔500~2 000 m的疏林下湿润的地方，和林缘、路旁或草坡灌丛中。易对新垦药田形成草害。

植株

叶

花

上叶部

桑科 Moraceae

水蛇麻 [拉丁名] *Fatoua villosa*（Thunb.）Nakai
[属　别] 水蛇麻属 *Fatoua*
[俗　名] 小蛇麻

[形态特征]

一年生草本，高 30~80 cm，枝直立，纤细，少分枝或不分枝，幼时绿色后变黑色，微被长柔毛。叶膜质，卵圆形至宽卵圆形，长 5~10 cm，宽 3~5 cm，先端急尖，基部心形至楔形，边缘锯齿三角形，微钝，两面被粗糙贴伏柔毛，侧脉每面 3~4 条；叶片在基部稍下延成叶柄；叶柄被柔毛。花单性，聚伞花序腋生，直径约 5 mm；雄花钟形；花被裂片长约 1 mm，雄蕊伸出花被片外，与花被片对生；雌花花被片宽舟状，稍长于雄花被片，子房近扁球形，花柱侧生，丝状，长 1.0~1.5 mm，约长于子房 2 倍。瘦果略扁，具 3 棱，表面散生细小瘤体；种子 1 颗。

[生长发育规律]

一年生草本，种子每年春季出苗，花期 5—8 月，冬季植株枯萎。

[分布与为害]

广泛分布于华中、华南、西南与华北地区，西南地区主要分布于云南和贵州，多生于荒地或道旁，或岩石上及灌丛中。幼苗成为药田杂草，形成草害。

植株　　　　　　　叶片　　　　　　　花　　　　　　　茎

地果 [拉丁名] *Ficus tikoua* Bur.
[属　别] 榕属 *Ficus*
[俗　名] 地爬根、地瓜榕、地瓜、地石榴、地枇杷

[形态特征]

多年生匍匐木质藤本，茎上生细长不定根，节膨大；幼枝偶直立，高达 30~40 cm，叶坚纸质，倒卵状椭圆形，长 2~8 cm，宽 1.5~4 cm，先端急尖，基部圆形至浅心形，边缘具波状疏浅圆锯齿，基生侧脉较短，侧脉 3~4 对，表面被短刺毛，背面沿脉有细毛；叶柄长 1~2 cm；托叶披针形，长约 5 mm，被柔毛。榕果成对或簇生于匍匐茎上，常埋于土中，球形至卵球形，直径 1~2 cm，基部收缩成狭柄，成熟时深红色，表面多圆形瘤点，基生苞片 3，细小；雄花生于榕果内壁孔口部，无柄，花被片 2~6，雄蕊 1~3；雌花生于另一株植株榕果内壁，有短柄。无花被，子房被黏膜包被。瘦果卵球形，表面有瘤体，花柱侧生，长，柱头 2 裂。

[生长发育规律]

多年生木质藤本，种子每年春夏出苗，成年植株花期 5—6 月，果期 7 月，冬季常绿。

[分布与为害]

广泛分布于我国长江流域，常生于荒地、草坡或岩石缝中。植株匍匐生长，在新垦药田迅速覆盖地面，形成草害。

群落　　　　　　　叶片　　　　　　　植株　　　　　　　果实

葎草 [拉丁名] *Humulus scandens*（Lour.）Merr.

[属　别] 葎草属 *Humulus*

[俗　名] 锯锯藤、拉拉藤、葛勒子秧、勒草、拉拉秧、割人藤、拉狗蛋

[形态特征]

　　多年生缠绕草本，茎、枝、叶柄均具倒钩刺。叶纸质，肾状五角形，掌状5~7深裂，稀为3裂，长宽均为7~10 cm，基部心脏形，表面粗糙，疏生糙伏毛，背面有柔毛和黄色腺体，裂片卵状三角形，边缘具锯齿；叶柄长5~10 cm。雄花小，黄绿色，圆锥花序，长15~25 cm；雌花序球果状，直径约5 mm，苞片纸质，三角形，顶端渐尖，具白色茸毛；子房为苞片所包围，柱头2，伸出苞片外。瘦果成熟时露出苞片外。

[生长发育规律]

　　多年生草本，种子每年春夏出苗，成年植株花期春夏，果期秋冬，冬季枯萎。

[分布与为害]

　　广泛分布于我国南北各地，西南各地均有分布，常生于沟边、荒地、废墟、林缘边。为常见恶性农田杂草，亦对药田和人类生活、环境具有严重危害。

植株　　　　　　幼苗　　　　　　雌花序与果实　　　　　雄花序

紫茉莉科 Nyctaginaceae

紫茉莉 [拉丁名] *Mirabilis jalapa* L.

[属　别] 紫茉莉属 *Mirabilis*

[俗　名] 晚饭花、晚晚花、野丁香、苦丁香、丁香叶、状元花、夜饭花、粉豆花、胭脂花

[形态特征]

　　一年生草本，高可达1 m。根肥粗，倒圆锥形，黑色或黑褐色。茎直立，圆柱形，多分枝，无毛或疏生细柔毛，节稍膨大。叶片卵形或卵状三角形，长3~15 cm，宽2~9 cm，顶端渐尖，基部截形或心形，全缘，两面均无毛，脉隆起；叶柄长1~4 cm，上部叶几无柄。花常数朵簇生于枝端；花梗长1~2 mm；总苞钟形，长约1 cm，5裂，裂片三角状卵形，顶端渐尖，无毛，具脉纹，果时宿存；花被紫红色、黄色、白色或杂色，高脚碟状，筒部长2~6 cm，檐部直径2.5~3.0 cm，5浅裂；花午后开放，有香气，次日午前凋萎；雄蕊5，花丝细长，常伸出花外，花药球形；花柱单生，线形，伸出花外，柱头头状。瘦果球形，直径5~8 mm，革质，黑色，表面具皱纹；种子胚乳白粉质。花期6—10月，果期8—11月。

[生长发育规律]

　　一年生草本，花期6—10月，果期8—11月，冬季枯萎。

[分布与为害]

　　原产于热带美洲。我国南北各地将紫茉莉作为观赏花卉引种栽培，现已逸生为田间杂草，为害大田作物或药材。

植株　　　　　　花　　　　　　幼苗　　　　　　果实

柳叶菜科 Onagraceae

柳叶菜 [拉丁名] *Epilobium hirsutum* L.
[属　别] 柳叶菜属 *Epilobium*
[俗　名] 鸡脚参、水朝阳花

[形态特征]

多年生粗壮草本，有时近基部木质化，在秋季自根颈常平卧生长可达 1 m 的粗壮地下葡匐根状茎，茎上疏生鳞片状叶，先端常生莲座状叶芽。茎常在中上部多分枝，周围密被伸展长柔毛，常混生较短而直的腺毛，稀或密被白色绵毛。叶草质，对生，茎上部的互生，无柄，并多少抱茎；茎生叶披针状椭圆形至狭倒卵形或椭圆形，稀狭披针形，先端锐尖至渐尖，基部近楔形，边缘每侧具 20~50 枚细锯齿，两面被长柔毛，有时在背面混生短腺毛，稀背面密被绵毛或近无毛，侧脉常不明显，每侧 7~9 条。总状花序直立；苞片叶状。花直立，花蕾卵状长圆形；子房灰绿色至紫色；花梗长 0.3~1.5 cm；花管在喉部有一圈长白毛；萼片长圆状线形，背面隆起呈龙骨状；花瓣常玫瑰红色，或粉红、紫红色，宽倒心形，长 9~20 mm，宽 7~15 mm，先端凹缺；花药乳黄色，长圆形；花丝外轮的长 5~10 mm，内轮的长 3~6 mm；花柱直立，白色或粉红色，无毛，稀疏生长柔毛；柱头白色，4 深裂，裂片长圆形，长 2.0~3.5 mm，初时直立，彼此合生，开放时展开，不久下弯，外面无毛或有稀疏的毛，长稍高过雄蕊。蒴果长 2.5~9.0 cm。种子倒卵状，顶端具很短的喙，深褐色，表面具粗乳突；种缨长 7~10 mm，黄褐色或灰白色，易脱落。

[生长发育规律]

多年生粗壮草本，花期 6—8 月，果期 7—9 月。

[分布与为害]

西南地区广泛分布，常生于海拔 180~3 500 m 的河谷、溪流河床沙地或石砾地或沟边、湖边向阳湿处，也生于灌丛、荒坡、路旁，常成片生长。主要为害农作物，苗期为害严重。

植株

植株

花

果实

丁香蓼 [拉丁名] *Ludwigia prostrata* Roxb.
[属　别] 丁香蓼属 *Ludwigia*
[俗　名] 小疗药、小石榴叶、小石榴树

[形态特征]

一年生直立草本；茎下部圆柱状，上部四棱形，常淡红色，近无毛，多分枝，小枝近水平开展。叶狭椭圆形，长 3~9 cm，宽 1.2~2.8 cm，先端锐尖或稍钝，基部狭楔形，在下部骤变窄，侧脉每侧 5~11 条，至近边缘渐消失，两面近无毛或幼时脉上疏生微柔毛；叶柄长 5~18 mm，稍具翅；托叶几乎全退化。萼片 4，三角状卵形至披针形，长 1.5~3.0 mm，宽 0.8~1.2 mm，疏被微柔毛或近无毛；花瓣黄色，匙形，长 1.2~2.0 mm，宽 0.4~0.8 mm，先端近圆形，基部楔形，雄蕊 4，花丝长 0.8~1.2 mm；花药扁圆形，宽 0.4~0.5 mm，开花时以四合花粉直接授在柱头上；花柱长约 1 mm；柱头近卵状或球状，直径约 0.6 mm。蒴果四棱形，长 1.2~2.3 cm，粗 1.5~2.0 mm，淡褐色，无毛，熟时迅速不规则室背开裂；果梗长 3~5 mm。种子呈一列横卧于每室内，里生，卵状，长 0.5~0.6 mm，直径约 0.3 mm，顶端稍偏斜，具小尖头，表面有横条排成的棕褐色纵横条纹；种脊线形，长约 0.4 mm。

[生长发育规律]

一年生直立草本。花期 6—7 月，果期 8—9 月。

[分布与为害]

主要分布于云南南部，生长在海拔 500~1 600 m 的沟边、草地、河谷、田埂、沼泽中。部分农田发生较多，也为害药田。

群落

茎叶

花

果序

酢浆草科 Oxalidaceae

酢浆草　[拉丁名] *Oxalis corniculata* L.
　　　　[属　别] 酢浆草属 *Oxalis*
　　　　[俗　名] 酸三叶、酸醋酱、鸠酸、酸味草

[形态特征]

多年生草本，高 10~35 cm，全株被柔毛。根茎稍肥厚。茎细弱，多分枝，直立或匍匐，匍匐茎节上生根。叶基生或茎上互生；托叶小，长圆形或卵形，边缘被密长柔毛，基部与叶柄合生，或同一植株下部托叶明显而上部托叶不明显；叶柄长 1~13 cm，基部具关节；小叶 3，无柄，倒心形，长 4~16 mm，宽 4~22 mm，先端凹入，基部宽楔形，两面被柔毛或表面无毛，沿脉被毛较密，边缘具贴伏缘毛。花单生或数朵组合呈伞形花序状，腋生，总花梗淡红色，与叶近等长；花梗长 4~15 mm，果后延伸；小苞片 2，披针形，长 2.5~4.0 mm，膜质；萼片 5，披针形或长圆状披针形，长 3~5 mm，背面和边缘被柔毛，宿存；花瓣 5，黄色，长圆状倒卵形，长 6~8 mm，宽 4~5 mm；雄蕊 10，花丝白色半透明，有时被疏短柔毛，基部合生，长、短互间，长花药较大且早熟；子房长圆形，5 室，被短伏毛，花柱 5，柱头头状。蒴果长圆柱形，长 1.0~2.5 cm，5 棱。种子长卵形，长 1.0~1.5 mm，褐色或红棕色，具横向肋状网纹。

[生长发育规律]

多年生草本，每年冬季地上叶片枯萎，春季萌发，花果期 2—9 月。

[分布与为害]

全国广布，常生于山坡草池、河谷沿岸、路边、田边、荒地或林下阴湿处等。药田常见杂草，易在早春苗期形成草害。

群落

植株

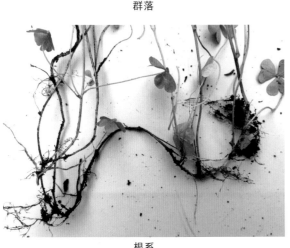

根系

果实

红花酢浆草　［拉丁名］*Oxalis corymbosa* DC.
　　　　　　　［属　别］酢浆草属 *Oxalis*

［形态特征］

　　多年生直立草本。无地上茎，地下部分有球状鳞茎，外层鳞片膜质，褐色，背具3条肋状纵脉，被长缘毛，内层鳞片呈三角形，无毛。叶基生；叶柄长5~30 cm或更长，被毛；小叶3，扁圆状倒心形，长1~4 cm，宽1.5~6.0 cm，顶端凹入，两侧角圆形，基部宽楔形，表面绿色，被毛或近无毛；背面浅绿色，通常两面或有时仅边缘有干后呈棕黑色的小腺体，背面尤甚并被疏毛；托叶长圆形，顶部狭尖，与叶柄基部合生。总花梗基生，二歧聚伞花序，通常排列成伞形花序式，总花梗长10~40 cm或更长，被毛；花梗、苞片、萼片均被毛；花梗长5~25 mm，每花梗有披针形干膜质苞片2枚；萼片5，披针形，长4~7 mm，先端有暗红色长圆形的小腺体2枚，顶部腹面被疏柔毛；花瓣5，倒心形，长1.5~2.0 cm，为萼长的2~4倍，淡紫色至紫红色，基部颜色较深；雄蕊10枚，长的5枚雄蕊超出花柱，另5枚长至子房中部，花丝被长柔毛；子房5室，花柱5，被锈色长柔毛，柱头浅2裂。

［生长发育规律］

　　多年生草本，每年冬季地上叶片枯萎，春季萌发，花果期3—12月。

［分布与为害］

　　全国广布，常生于山坡、河谷沿岸、路边、田边、荒地或林下阴湿处等。药田常见杂草，易在早春苗期形成草害。

生境

植株

叶片

花序

罂粟科 Papaveraceae

紫堇 [拉丁名] *Corydalis edulis* Maxim.

[属　别] 紫堇属 *Corydalis*

[俗　名] 闷头花

[形态特征]

一年生草本，灰绿色，高 20~50 cm，具主根。茎分枝，具叶；花枝花葶状，常与叶对生。基生叶具长柄，叶片近三角形，长 5~9 cm，上面绿色，下面苍白色，一至二回羽状全裂，一回羽片 2~3 对，具短柄，二回羽片近无柄，倒卵圆形，羽状分裂，裂片狭卵圆形，顶端钝，近具短尖。茎生叶与基生叶同形。总状花序疏具 3~10 花。苞片狭卵圆形至披针形，渐尖，全缘，有时下部的苞片疏具齿，约与花梗等长或稍长。花梗长约 5 mm。萼片小，近圆形，直径约 1.5 mm，具齿。花粉红色至紫红色，平展。外花瓣较宽展，顶端微凹，无鸡冠状突起。上花瓣长 1.5~2.0 cm；距圆筒形，基部稍下弯，约占花瓣全长的 1/3；蜜腺体长，延伸达距末端，大部分与距贴生，末端不变狭。下花瓣近基部渐狭。内花瓣具鸡冠状突起；爪纤细，稍长于瓣片。柱头横向纺锤形，两端各具 1 乳突，上面具沟槽，槽内具极细小的乳突。蒴果线形，下垂，长 3.0~3.5 cm，具 1 列种子。种子直径约 1.5 mm，密生环状小凹点；种阜小，紧贴种子。

[生长发育规律]

一年生草本，冬季枯萎，春季萌发。

[分布与为害]

我国南北各地均有分布，西南地区四川、云南、贵州常见，常生于海拔 400~1 200 m 的丘陵、沟边或多石地处。为新垦药田与仿野生药材栽培地常见杂草。

群落

植株

叶

果实

地锦苗　[拉丁名] *Corydalis sheareri* S. Moore
　　　　　[属　别] 紫堇属 *Corydalis*
　　　　　[俗　名] 尖距紫堇、珠芽尖距紫堇、珠芽地锦苗

[形态特征]

　　多年生草本。主根明显，具多数纤维根，棕褐色；根茎粗壮，干时黑褐色，被以残枯的叶柄基。茎1~2，绿色，有时带红色，多汁液，上部具分枝，下部裸露。基生叶数枚，具带紫色的长柄，叶片轮廓三角形或卵状三角形，二回羽状全裂，第一回全裂片具柄，第二回全裂片无柄，卵形，中部以上具圆齿状深齿，下部宽楔形，表面绿色，背面灰绿色，叶脉在表面明显，背面稍凸起；茎生叶数枚，互生于茎上部，与基生叶同形，但较小和具较短柄。总状花序生于茎及分枝先端，有10~20花，通常排列稀疏；苞片下部者近圆形，3~5深裂，中部者倒卵形，3浅裂，上部者狭倒卵形至倒披针形，全缘；花梗通常短于苞片。萼片鳞片状，近圆形，具缺刻状流苏；花瓣紫红色，平伸，花瓣片舟状卵形，边缘有时反卷，背部具短的鸡冠状突起，鸡冠超出瓣片先端，边缘具不规则的齿裂，距圆锥形，末端极尖，下花瓣匙形，花瓣片近圆形，边缘有时反卷，

先端具小尖突，背部有鸡冠状突起，长度超出花瓣，边缘具不规则的齿裂，爪条形，长约为花瓣片的2倍，内花瓣提琴形，花瓣片倒卵形，具1侧生囊，爪狭楔形，长于花瓣片；雄蕊束花药小，绿色，花丝披针形，蜜腺体贯穿距的2/5；子房狭椭圆形，具2列胚珠，花柱稍短于子房，柱头双卵形，绿色，具8~10个乳突。蒴果狭圆柱形。种子近圆形，黑色，具光泽，表面具多数乳突。

[生长发育规律]

　　多年生草本，每年冬季地上叶片枯萎，春季萌发，花果期3—6月。

[分布与为害]

　　我国南北各地均有分布，西南地区四川、云南、贵州常见，常生于海拔400~1 600 m的水边或林下潮湿地区。根状茎粗壮，苗期长势较强，为新垦药田与仿野生药材栽培地常见杂草，苗期易形成草害。

花

植株

花

叶

小花黄堇 ［拉丁名］*Corydalis racemosa*（Thunb.）Pers.
［属　别］紫堇属 *Corydalis*
［俗　名］黄花地锦苗、断肠草、白断肠草、黄堇

［形态特征］

　　一年生丛生草本，灰绿色，高30~50 cm，具主根。茎具棱，分枝，具叶，枝条花葶状，对叶生。基生叶具长柄，常早枯萎。茎生叶具短柄，叶片三角形，上面绿色，下面灰白色，二回羽状全裂，一回羽片3~4对，具短柄，二回羽片1~2对，卵圆形至宽卵圆形，约长2 cm，宽1.5 cm，通常二回三深裂，末回裂片圆钝，近具短尖。总状花序长3~10 cm，密具多花，后渐疏离。苞片披针形至钻形，渐尖至具短尖，约与花梗等长。花梗长3~5 mm。花黄色至淡黄色。萼片小，卵圆形，早落。外花瓣不宽展，无鸡冠状突起，顶端通常近圆，具宽短尖，有时近下凹，有时具较长的短尖。上花瓣长6~7 mm；距短囊状，约占花瓣全长的1/6~1/5；蜜腺体约占距长的1/2。子房线形，近扭曲，约与花柱等长；柱头宽浅，具4乳突。蒴果线形，具1列种子。种子黑亮，近肾形，具短刺状突起，种阜三角形。

［生长发育规律］

　　一年生草本，春季萌发，冬季植株枯萎。

［分布与为害］

　　主要分布于我国珠江流域和长江流域，常生于海拔400~1 600（2 070）m的林缘阴湿地或多石溪边，为新垦药田与仿野生药材栽培地常见杂草，苗期易形成草害。

植株

幼苗

花

果实

商陆科 Phytolaccaceae

商陆　［拉丁名］*Phytolacca acinosa* Roxb.
　　　　［属　别］商陆属 *Phytolacca*
　　　　［俗　名］白母鸡、猪母耳、金七娘、倒水莲、王母牛、见肿消、山萝卜、章柳

[形态特征]

多年生草本，高 0.5~1.5 m，全株无毛。根肥大，肉质，倒圆锥形，外皮淡黄色或灰褐色，内面黄白色。茎直立，圆柱形，有纵沟，肉质，绿色或红紫色，多分枝。叶片薄纸质，椭圆形、长椭圆形或披针状椭圆形，长 10~30 cm，宽 4.5~15.0 cm，顶端急尖或渐尖，基部楔形，渐狭，两面散生细小白色斑点（针晶体），背面中脉凸起；叶柄长 1.5~3.0 cm，粗壮，上面有槽，下面半圆形，基部稍扁宽。总状花序顶生或与叶对生，圆柱状，直立，通常比叶短，密生多花；花序梗长 1~4 cm；花梗基部的苞片线形，长约 1.5 mm，上部 2 枚小苞片线状披针形，均膜质；花梗细，长 6~10（13）mm，基部变粗；花两性，直径约 8 mm；花被片 5，白色或黄绿色，椭圆形、卵形或长圆形，顶端圆钝，长 3~4 mm，宽约 2 mm，大小相等，花后常反折；雄蕊 8~10，与花被片近等长，花丝白色，钻形，基部成片状，宿存，花药椭圆形，粉红色；心皮通常为 8，有时少至 5 或多至 10，分离；花柱短，直立，顶端下弯，柱头不明显。果序直立；浆果扁球形，直径约 7 mm，熟时黑色；种子肾形，黑色，长约 3 mm，具 3 棱。

[生长发育规律]

多年生草本，冬季以宿根形式越冬，春季地上部分出苗，花期 5—8 月，果期 6—10 月。

[分布与为害]

我国广泛分布，普遍野生于海拔 500~3 400 m 的沟谷、山坡林下、林缘路旁。植株生长势较强，在大田药材栽培地易形成草害。

植株

幼苗

生境

花序

垂序商陆 ［拉丁名］*Phytolacca americana* L.
［属　别］商陆属 *Phytolacca*
［俗　名］美洲商陆

［形态特征］

多年生草本，高 1~2 m。根粗壮，肥大，倒圆锥形。茎直立，圆柱形，有时带紫红色。叶片椭圆状卵形或卵状披针形，长 9~18 cm，宽 5~10 cm，顶端急尖，基部楔形；叶柄长 1~4 cm。总状花序顶生或侧生，长 5~20 cm；花梗长 6~8 mm；花白色，微带红晕，直径约 6 mm；花被片 5，雄蕊、心皮及花柱通常均为 10，心皮合生。果序下垂；浆果扁球形，熟时紫黑色；种子肾圆形，直径约 3 mm。

［生长发育规律］

多年生草本，冬季以宿根形式越冬，春季地上部分出苗，花期 6—8 月，果期 8—10 月。

［分布与为害］

原产于北美，后引入我国栽培，现在我国南北各地大量逸生，普遍野生于海拔 500~3 400 m 的沟谷、山坡林下、林缘路旁。植株生长势较强，在大田药材栽培地易形成草害。

植株　　　　　　　群落　　　　　　　花序　　　　　　　果序

车前科 Plantaginaceae

车前 ［拉丁名］*Plantago asiatica* L.
［属　别］车前属 *Plantago*
［俗　名］蛤蟆草、饭匙草、车轱辘菜、蛤蟆叶、猪耳朵

［形态特征］

二年生或多年生草本，株高 6~25 cm，须根多数。根茎短，稍粗。叶基生呈莲座状，平卧、斜展或直立；叶片薄纸质或纸质，宽卵形至宽椭圆形，长 4~12 cm，宽 2.5~6.5 cm，先端钝圆至急尖，边缘波状、全缘或中部以下有锯齿、牙齿或裂齿，基部宽楔形或近圆形，多少下延，两面疏生短柔毛；叶脉 5~7 条；叶柄长 2~15（27）cm，基部扩大成鞘，疏生短柔毛。花序 3~10 个，直立或弓曲上升；花序梗长 5~30 cm，有纵条纹，疏生白色短柔毛；穗状花序细圆柱状，长 3~40 cm，紧密或稀疏，下部常间断；苞片狭卵状三角形或三角状披针形，长 2~3 mm，龙骨突宽厚，无毛或先端疏生短毛。花具短梗；花萼长 2~3 mm，萼片先端钝圆或钝尖，龙骨突不延至顶端，前对萼片椭圆形，龙骨突较宽，两侧片稍不对称，后对萼片宽倒卵状椭圆形或宽倒卵形。花冠白色，无毛，冠筒与萼片约等长，裂片狭三角形，长约 1.5 mm，先端渐尖或急尖，具明显的中脉，于花后反折。雄蕊着生于冠筒内面近基部，与花柱明显外伸，花药卵状椭圆形，长 1.0~1.2 mm，顶端具宽三角形突起，白色，干后变淡褐色。胚珠 7~15（18）。蒴果纺锤状卵形、卵球形或圆锥状卵形，长 3.0~4.5 mm，于基部上方周裂。种子 5~6（12），卵状椭圆形或椭圆形，长（1.2）1.5~2.0 mm，具角，黑褐色至黑色，背腹面微隆起；子叶背腹向排列。

［生长发育规律］

二年生或多年生草本，冬季以宿根形式越冬，春季地上部分出苗，花期 4—8 月，果期 6—9 月。

［分布与为害］

全国广泛分布，可药用，但也是一种常见田间杂草，常生于海拔 3 200 m 以下的草地、沟边、河岸湿地、田边、路旁或村边空旷处。植株根系发达，容易在大田药材栽培地形成草害。

植株　　　　　　　根系　　　　　　　花序　　　　　　　叶

大车前　[拉丁名] *Plantago major* L.
　　　　　[属　别] 车前属 *Plantago*

[形态特征]

　　二年生或多年生草本，株高 35~50 cm，须根多数。根茎粗短。叶基生呈莲座状，平卧、斜展或直立；叶片草质、薄纸质或纸质，宽卵形至宽椭圆形，长 3~18（30）cm，宽 2~11（21）cm，先端钝尖或急尖，边缘波状、疏生不规则牙齿或近全缘，两面疏生短柔毛或近无毛，少数被较密的柔毛，脉（3）5~7 条；叶柄长（1）3~10（26）cm，基部鞘状，常被毛。花序 1 至数个；花序梗直立或弓曲上升，长（2）5~18（45）cm，有纵条纹，被短柔毛或柔毛；穗状花序细圆柱状，（1）3~20（40）cm，基部常间断；苞片宽卵状三角形，长 1.2~2.0 mm，宽与长约相等或略超过，无毛或先端疏生短毛，龙骨突宽厚。花无梗；花萼长 1.5~2.5 mm，萼片先端圆形，无毛或疏生短缘毛，边缘膜质，龙骨突不达顶端，前对萼片椭圆形至宽椭圆形，后对萼片宽椭圆形至近圆形。花冠白色，无毛，冠筒等长或略长于萼片，裂片披针形至

狭卵形，长 1.0~1.5 mm，于花后反折。雄蕊着生于冠筒内面近基部，与花柱明显外伸，花药椭圆形，长 1.0~1.2 mm，通常初为淡紫色，稀白色，干后变淡褐色。胚珠 12 至 40 余个。蒴果近球形、卵球形或宽椭圆球形，长 2~3 mm，于中部或稍低处周裂。种子（8）12~24（34），卵形、椭圆形或菱形，长 0.8~1.2 mm，具角，腹面隆起或近平坦，黄褐色；子叶背腹向排列。

[生长发育规律]

　　二年生或多年生草本，冬季以宿根形式越冬，春季地上部分出苗，花期 6—8 月，果期 7—9 月。

[分布与为害]

　　全国广泛分布，可药用，但也是一种常见田间杂草，常生于海拔 5~2 800 m 的草地、草甸、河滩、沟边、沼泽地、山坡路旁、田边或荒地中。植株根系发达，容易在大田药材栽培地形成草害。

植株

植株

花

群落

蓼科 Polygonaceae

金荞麦 [拉丁名] *Fagopyrum dibotrys*（D. Don）Hara
[属　别] 荞麦属 *Fagopyrum*
[俗　名] 土荞麦、野荞麦、苦荞头、透骨消、赤地利、天荞麦

[形态特征]

多年生草本。根状茎木质化，黑褐色。茎直立，高 50~100 cm，分枝，具纵棱，无毛。叶三角形，长 4~12 cm，宽 3~11 cm，顶端渐尖，基部近戟形，边缘全缘，两面具乳头状突起或被柔毛；叶柄长可达 10 cm；托叶鞘筒状，膜质，褐色，长 5~10 mm，偏斜，顶端截形，无缘毛。花序伞房状，顶生或腋生；苞片卵状披针形，顶端尖，边缘膜质，长约 3 mm，每苞内具 2~4 花；花梗中部具关节，与苞片近等长；花被 5 深裂，白色，花被片长椭圆形，长约 2.5 mm，雄蕊 8，比花被短，花柱 3，柱头头状。瘦果宽卵形，具 3 锐棱，长 6~8 mm，黑褐色，无光泽，超出宿存花被 2~3 倍。

[生长发育规律]

多年生草本。花期 7—9 月，果期 8—10 月。

[分布与为害]

西南地区广泛分布，生于海拔 250~3 200 m 的山谷湿地、山坡灌丛中。与农作物争夺养分，影响农作物生长。是大田药材栽培地与新垦药田常见杂草，常于春夏季形成草害。

 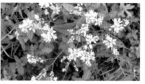  

群落　　　　　　　植株　　　　　　　茎叶　　　　　　　花序

苦荞麦 [拉丁名] *Fagopyrum tataricum*（L.）Gaertn.
[属　别] 荞麦属 *Fagopyrum*

[形态特征]

一年生草本。茎直立，高 30~70 cm，分枝，绿色或微呈紫色，有细纵棱，一侧具乳头状突起，叶宽三角形，长 2~7 cm，两面沿叶脉具乳头状突起，下部叶具长叶柄，上部叶较小具短柄；托叶鞘偏斜，膜质，黄褐色，长约 5 mm。花序总状，顶生或腋生，花排列稀疏；苞片卵形，长 2~3 mm，每苞内具 2~4 花，花梗中部具关节；花被 5 深裂，白色或淡红色，花被片椭圆形，长约 2 mm；雄蕊 8，比花被短；花柱 3，短，柱头头状。瘦果长卵形，长 5~6 mm，具 3 棱及 3 条纵沟，上部棱角锐利，下部圆钝，有时具波状齿，黑褐色，无光泽，比宿存花被长。

[生长发育规律]

一年生草本。花期 6—9 月，果期 8—10 月。

[分布与为害]

西南地区广泛分布，多生长于海拔 500~3 900 m 的田边、路旁、山坡、河谷等地，影响农作物生长。是大田药材栽培地与新垦药田常见杂草，常于春夏季形成草害。

群落　　　　　　　植株　　　　　　　叶　　　　　　　花

翼蓼 ［拉丁名］*Pteroxygonum giraldii* Damm. & Diels
　　　　［属　别］翼蓼属 *Pteroxygonum*

[形态特征]

　　多年生草本。块根粗壮，近圆形，直径可达 15 cm，横断面暗红色。茎攀缘，圆柱形，中空，具细纵棱，无毛或被疏柔毛，长可达 3 m。叶 2~4 簇生，叶片三角状卵形或三角形，长 4~7 cm，宽 3~6 cm，顶端渐尖，基部宽心形或戟形，具 5~7 基出脉，上面无毛，下面沿叶脉疏生短柔毛，边缘具短缘毛；叶柄长 3~7 cm，无毛，通常基部卷曲；托叶鞘膜质，宽卵形，顶端急尖，基部被短柔毛，长 4~6 mm。花序总状，腋生，直立，长 2~5 cm，花序梗粗壮，果时长可达 10 cm；苞片狭卵状披针形，淡绿色，长 4~6 mm，通常每苞内具 3 花；花梗无毛，中下部具关节，长 5~8 mm；花被 5 深裂，白色，花被片椭圆形，长 3.5~4.0 mm；

雄蕊 8，与花被近等长；花柱 3，中下部合生，柱头头状。瘦果卵形，黑色，具 3 锐棱，沿棱具黄褐色膜质翅，基部具 3 个黑色角状附属物；果梗粗壮，长可达 2.5 cm，具 3 个下延的狭翅。

[生长发育规律]

　　多年生草本。花期 6—8 月，果期 7—9 月。

[分布与为害]

　　西南地区广泛分布，生于海拔 600~2 000 m 的山坡石缝、山谷灌丛中。大量生长时，易遮挡阳光，影响农作物正常生长。是大田药材栽培地与新垦药田常见杂草，常于春夏季形成草害。

 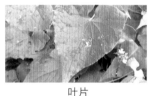  

植株　　　　　　　　叶片　　　　　　　　花序　　　　　　　　茎叶

两栖蓼 ［拉丁名］*Persicaria amphibia*（L.）Gray
　　　　　［属　别］蓼属 *Persicaria*

[形态特征]

　　多年生草本，根状茎横走。生于水中者：茎漂浮，无毛，节部生不定根；叶长圆形或椭圆形，浮于水面，长 5~12 cm，宽 2.5~4.0 cm，顶端钝或微尖，基部近心形，两面无毛，全缘，无缘毛；叶柄长 0.5~3.0 cm，自托叶鞘近中部发出；托叶鞘筒状，薄膜质，长 1.0~1.5 cm，顶端截形，无缘毛。生于陆地者：茎直立，不分枝或自基部分枝，高 40~60 cm，叶披针形或长圆状披针形，长 6~14 cm，宽 1.5~2.0 cm，顶端急尖，基部近圆形，两面被短硬伏毛，全缘，具缘毛；叶柄长 3~5 mm，自托叶鞘中部发出；托叶鞘筒状，膜质，长 1.5~2.0 cm，疏生长硬毛，顶端截形，具短缘毛。总状花序呈穗状，顶生或腋生，长 2~4 cm，

苞片宽漏斗状；花被 5 深裂，淡红色或白色花被片长椭圆形，长 3~4 mm；雄蕊通常 5，比花被短；花柱 2，比花被长，柱头头状。瘦果近圆形，双凸镜状，直径 2.5~3.0 mm，黑色，有光泽，包于宿存花被内。

[生长发育规律]

　　多年生草本。花期 7—8 月，果期 8—9 月。

[分布与为害]

　　西南地区广泛分布，生于海拔 500~3 700 m 的湖泊边缘的浅水中、沟边及田边湿地中。大量生长时，影响水田作物正常生长。是大田药材栽培地与新垦药田常见杂草，常于春夏季形成草害。

  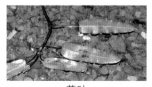 

生境　　　　　　　　植株　　　　　　　　茎叶　　　　　　　　花

萹蓄 [拉丁名] *Polygonum aviculare* L.
[属　别] 萹蓄属 *Polygonum*
[俗　名] 竹叶草、大蚂蚁草、扁竹

[形态特征]

　　一年生草本。茎平卧、上升或直立，高 10~40 cm，自基部多分枝，具纵棱。叶椭圆形，狭椭圆形或披针形，长 1~4 cm，宽 3~12 mm，顶端钝圆或急尖，基部楔形，边缘全缘，两面无毛，下面侧脉明显；叶柄短或近无柄，基部具关节；托叶鞘膜质，下部褐色，上部白色，撕裂脉明显。花单生或数朵簇生于叶腋，遍布于植株；苞片薄膜质；花梗细，顶部具关节；花被5深裂，花被片椭圆形，长 2.0~2.5 mm，绿色，边缘白色或淡红色；雄蕊8，花丝基部扩展；花柱3，柱头头状。瘦果卵形，具3棱，长 2.5~3.0 mm，黑褐色，密被由小点组成的细条纹，无光泽，与宿存花被近等长或稍超过。

[生长发育规律]

　　一年生草本。花期5—7月，果期6—8月。

[分布与为害]

　　西南地区广泛分布，生于海拔 100~4 200 m 的路边、田边、沟边湿地。大量生长时，影响农作物正常生长。是大田药材栽培地与新垦药田常见杂草，常于春夏季形成草害。

群落

植株

茎叶

花

毛蓼 [拉丁名] *Persicaria barbata*（L.）H. Hara
[属　别] 蓼属 *Persicaria*

[形态特征]

　　多年生草本，根状茎横走；茎直立，粗壮，高 40~90 cm，具短柔毛，不分枝或上部分枝。叶披针形或椭圆状披针形，长 7~15 cm，宽 1.5~4.0 cm，顶端渐尖，基部楔形，边缘具缘毛，两面疏被短柔毛；叶柄长 5~8 mm，密生细刚毛；托叶鞘筒状，长 1.5~2.0 cm，密被细刚毛，顶端截形，缘毛粗壮，长 1.5~2.0 cm。总状花序呈穗状，紧密，直立，长 4~8 cm，顶生或腋生，通常数个组成圆锥状，稀单生；苞片漏斗状，无毛，边缘具粗缘毛，每苞内具3~5花，花梗短；花被5深裂，白色或淡绿色，花被片椭圆形，长 1.5~2.0 mm；雄蕊5~8；花柱3，柱头头状。瘦果卵形，具3棱，黑色，有光泽，长 1.5~2.0 mm，包于宿存花被内。

[生长发育规律]

　　多年生草本。花期8—9月，果期9—10月。

[分布与为害]

　　西南地区广泛分布，生于海拔 200~1 300 m 的沟边湿地、水边。大量生长时，影响农作物正常生长。是大田药材栽培地与新垦药田常见杂草，常于春夏季形成草害。

生境

植株

茎

花序

丛枝蓼　［拉丁名］*Persicaria posumbu*（Buch.-Ham. ex D. Don）H. Gross
　　　　　［属　　别］蓼属 *Persicaria*
　　　　　［俗　　名］长尾叶蓼

［形态特征］

　　一年生草本。茎细弱，无毛，具纵棱，高30~70 cm，下部多分枝，外倾。叶卵状披针形或卵形，长 3~6（8）cm，宽 1~2（3）cm，顶端尾状渐尖，基部宽楔形，纸质，两面疏生硬伏毛或近无毛，下面中脉稍凸出，边缘具缘毛；叶柄长 5~7 mm，具硬伏毛；托叶鞘筒状，薄膜质，长 4~6 mm，具硬伏毛，顶端截形，缘毛粗壮，长 7~8 mm。总状花序呈穗状，顶生或腋生，细弱，下部间断，花稀疏，长 5~10 cm；苞片漏斗状，无毛，淡绿色，边缘具缘毛，每苞片内含 3~4 花；花梗短，花被 5 深裂，淡红色，

花被片椭圆形，长 2.0~2.5 mm；雄蕊 8，比花被短；花柱 3，下部合生，柱头头状。瘦果卵形，具 3 棱，长 2.0~2.5 mm，黑褐色，有光泽，包于宿存花被内。

［生长发育规律］

　　一年生草本。花期 6—9 月，果期 7—10 月。

［分布与为害］

　　西南地区广泛分布，生于海拔 150~3 000 m 的山坡林下、山谷水边。大量生长时，影响农作物正常生长。是大田药材栽培地与新垦药田常见杂草，常于春夏季形成草害。

植株

花序

茎叶

火炭母　［拉丁名］*Persicaria chinensis*（L.）H. Gross
　　　　　［属　　别］蓼属 *Persicaria*

［形态特征］

　　多年生草本，基部近木质。根状茎粗壮。茎直立，高 70~100 cm，通常无毛，具纵棱，多分枝，斜上。叶卵形或长卵形，长 4~10 cm，宽 2~4 cm，顶端短渐尖，基部截形或宽心形，边缘全缘，两面无毛，有时下面沿叶脉疏生短柔毛，下部叶具叶柄，叶柄长 1~2 cm，通常基部具叶耳，上部叶近无柄或抱茎；托叶鞘膜质，无毛，长 1.5~2.5 cm，具脉纹，顶端偏斜，无缘毛。花序头状，通常数个排成圆锥状，顶生或腋生，花序梗被腺毛；苞片宽卵形，每苞内具 1~3 花；花被 5 深裂，白色或淡红色，裂片卵形，果时增大，呈肉质，

蓝黑色；雄蕊 8，比花被短；花柱 3，中下部合生。瘦果宽卵形，具 3 棱，长 3~4 mm，黑色，无光泽，包于宿存的花被中。

［生长发育规律］

　　多年生草本。花期 7—9 月，果期 8—10 月。

［分布与为害］

　　西南地区广泛分布，生于海拔 300~2 400 m 的山谷湿地、山坡草地。大量生长时，影响农作物正常生长。是大田药材栽培地与新垦药田常见杂草，常于春夏季形成草害。

群落

茎叶

花

果实

虎杖 [拉丁名] *Reynoutria japonica* Houtt.
[属　别] 虎杖属 *Reynoutria*
[俗　名] 斑庄根、大接骨、酸桶芦、酸筒杆

[形态特征]

多年生草本。根状茎粗壮，横走。茎直立，高1~2 m，粗壮，空心，具明显的纵棱，具小突起，无毛，散生红色或紫红斑点。叶宽卵形或卵状椭圆形，长5~12 cm，宽4~9 cm，近革质，顶端渐尖，基部宽楔形、截形或近圆形，边缘全缘，疏生小突起，两面无毛，沿叶脉具小突起；叶柄长1~2 cm，具小突起；托叶鞘膜质，偏斜，长3~5 mm，褐色，具纵脉，无毛，顶端截形，无缘毛，常破裂，早落。花单性，雌雄异株，花序圆锥状，长3~8 cm，腋生；苞片漏斗状，长1.5~2.0 mm，顶端渐尖，无缘毛，每苞内具2~4花；花梗长2~4 mm，中下部具关节；花被5深裂，淡绿色，雄花花被片具绿色中脉，无翅，雄蕊8，比花被长；雌花花被片外面3片背部具翅，果时增大，翅扩展下延，花柱3，柱头流苏状。瘦果卵形，具3棱，长4~5 mm，黑褐色，有光泽，包于宿存花被内。

[生长发育规律]

多年生草本。根系很发达，耐旱力、耐寒力较强，返青后茎条迅速生长，长到一定高度时开始分枝，叶片随之展开，开花前基本达到年生长高度。花期8—9月，果期9—10月。

[分布与为害]

西南地区广泛分布。常生于海拔140~2 000 m的山坡灌丛、山谷、路旁、田边湿地中。大量生长时，影响农作物正常生长。是大田药材栽培地与新垦药田常见杂草，常于春夏季形成草害。

群落

植株

花

花

水蓼 [拉丁名] *Persicaria hydropiper*（L.）Spach
[属　别] 蓼属 *Persicaria*
[俗　名] 辣柳菜、辣蓼

[形态特征]

一年生草本，高40~70 cm。茎直立，多分枝，无毛，节部膨大。叶披针形或椭圆状披针形，长4~8 cm，宽0.5~2.5 cm，顶端渐尖，基部楔形，边缘全缘，具缘毛，两面无毛，被褐色小点，有时沿中脉具短硬伏毛，具辛辣味，叶腋具闭花受精花；叶柄长4~8 mm；托叶鞘筒状，膜质，褐色，长1.0~1.5 cm，疏生短硬伏毛，顶端截形，具短缘毛，通常托叶鞘内藏有花簇。总状花序呈穗状，顶生或腋生，长3~8 cm，通常下垂，花稀疏，下部间断；苞片漏斗状，长2~3 mm，绿色，边缘膜质，疏生短缘毛，每苞内具3~5花；花梗比苞片长；花被5深裂，稀4裂，绿色，上部白色或淡红色，被黄褐色透明腺点，花被片椭圆形，长3.0~3.5 mm；雄蕊6，稀8，比花被短；花柱2~3，柱头头状。瘦果卵形，长2~3 mm，双凸镜状或具3棱，密被小点，黑褐色，无光泽，包于宿存花被内。

[生长发育规律]

一年生草本。花期5—9月，果期6—10月。

[分布与为害]

西南地区广泛分布。生于海拔500~3 500 m的河滩、水沟边、山谷湿地中。大量生长时，影响农作物正常生长。是大田药材栽培地与新垦药田常见杂草，常于春夏季形成草害。

生境

植株

茎叶

花序

蚕茧草　[拉丁名] *Persicaria japonica*（Meisn.）H. Gross ex Nakai
　　　　　[属　别] 蓼属 *Persicaria*
　　　　　[俗　名] 蚕茧蓼

[形态特征]

多年生草本；根状茎横走。茎直立，淡红色，无毛，有时具稀疏的短硬伏毛，节部膨大，高 50~100 cm。叶披针形，近薄革质，坚硬，长 7~15 cm，宽 1~2 cm，顶端渐尖，基部楔形，全缘，两面疏生短硬伏毛，中脉上毛较密，边缘具刺状缘毛；叶柄短或近无柄；托叶鞘筒状，膜质，长 1.5~2.0 cm，具硬伏毛，顶端截形，缘毛长 1.0~1.2 cm。总状花序呈穗状，长 6~12 cm，顶生，通常数个组合在一起呈圆锥状；苞片漏斗状，绿色，上部淡红色，具缘毛，每苞内具 3~6 花；花梗长 2.5~4.0 mm；雌雄异株，花被 5 深裂，白色或淡红色，花被片长椭圆形，

长 2.5~3.0 mm。雄花：雄蕊 8，雄蕊比花被长。雌花：花柱 2~3，中下部合生，花柱比花被长。瘦果卵形，具 3 棱或双凸镜状，长 2.5~3.0 mm，黑色，有光泽，包于宿存花被内。

[生长发育规律]

多年生草本。花期 8—10 月，果期 9—11 月。

[分布与为害]

主要分布于四川、云南等地。生于海拔 200~1 700 m 的路边湿地、水边及山谷草地中。大量生长时，影响农作物正常生长。是大田药材栽培地与新垦药田常见杂草，常于春夏季形成草害。

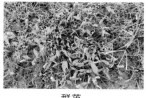   

群落　　　　　　　　　植株　　　　　　　　　茎叶　　　　　　　　　花序

酸模叶蓼　[拉丁名] *Persicaria lapathifolia*（L.）Delarbre
　　　　　　[属　别] 蓼属 *Persicaria*
　　　　　　[俗　名] 大马蓼

[形态特征]

一年生草本，高 40~90 cm。茎直立，具分枝，无毛，节部膨大。叶披针形或宽披针形，长 5~15 cm，宽 1~3 cm，顶端渐尖或急尖，基部楔形，上面绿色，常有一个大的黑褐色新月形斑点，两面沿中脉被短硬伏毛，全缘，边缘具粗缘毛；叶柄短，具短硬伏毛；托叶鞘筒状，长 1.5~3.0 cm，膜质，淡褐色，无毛，具多数脉，顶端截形，无缘毛，稀具短缘毛。总状花序呈穗状，顶生或腋生，近直立，花紧密，通常数个花穗组合在一起呈圆锥状，花序梗被腺体；苞片漏斗状，边缘具稀疏短缘毛；花被淡红色或白色，4（5）深裂，花被片椭圆形，脉粗壮，顶端分叉，外弯；

雄蕊通常 6。瘦果宽卵形，双凹，长 2~3 mm，黑褐色，有光泽，包于宿存花被内。

[生长发育规律]

一年生草本。在西南地区一般 9 月份至翌年春季出苗，花期 6—8 月，果期 7—9 月。

[分布与为害]

西南地区广泛分布。常见于海拔 300~3 900 m 的田地边、沙地及路边湿地。酸模叶蓼是旱田和水田及其周边较常见的杂草，是大田药材栽培地与新垦药田常见杂草，常于春夏季形成草害。

生境　　　　　　　　　植株　　　　　　　　　茎叶　　　　　　　　　花序

尼泊尔蓼 ［拉丁名］*Persicaria nepalensis*（Meisn.）H. Gross
［属　别］蓼属 *Persicaria*

［形态特征］

　　一年生草本。茎外倾或斜上，自基部多分枝，无毛或在节部疏生腺毛，高 20~40 cm。茎下部叶卵形或三角状卵形，长 3~5 cm，宽 2~4 cm，顶端急尖，基部宽楔形，沿叶柄下延成翅，两面无毛或疏被刺毛，疏生黄色透明腺点，茎上部较小；叶柄长 1~3 cm，或近无柄，抱茎；托叶鞘筒状，长 5~10 mm，膜质，淡褐色，顶端斜截形，无缘毛，基部具刺毛。花序头状，顶生或腋生，基部常具 1 枚叶状总苞片，花序梗细长，上部具腺毛；苞片卵状椭圆形，通常无毛，边缘膜质，每苞内具 1 花；花梗比苞片短；花被通常 4 裂，淡紫红色或白色，花被片长圆形，长 2~3 mm，顶端圆钝；雄蕊 5~6，与花被近等长，花药暗紫色；花柱

2，下部合生，柱头头状。瘦果宽卵形，双凸镜状，长 2.0~2.5 mm，黑色，密生洼点。无光泽，包于宿存花被内。

［生长发育规律］

　　一年生草本。2—3 月出苗，花期 5—8 月，果期 7—10 月。

［分布与为害］

　　分布于云南省各地，喜阴湿，生于海拔 1 600~3 600 m 的菜地、玉米地及水边、田边，也分布于路旁湿地或林下、亚高山和中山草地、疏林草地中。是为害水稻、玉米的常见杂草，也是大田药材栽培地与新垦药田常见杂草，常于春夏季形成草害。

生境

叶

茎

花

红蓼 ［拉丁名］*Persicaria orientalis*（L.）Spach
［属　别］蓼属 *Persicaria*
［俗　名］狗尾巴花、东方蓼、荭草、阔叶蓼、大红蓼、水红花、水红花子、荭蓼

［形态特征］

　　一年生草本。茎直立，粗壮，高 1~2 m，上部多分枝，密被开展的长柔毛。叶宽卵形、宽椭圆形或卵状披针形，长 10~20 cm，宽 5~12 cm，顶端渐尖，基部圆形或近心形，微下延，边缘全缘，密生缘毛，两面密生短柔毛，叶脉上密生长柔毛；叶柄长 2~10 cm，具开展的长柔毛；托叶鞘筒状，膜质，长 1~2 cm，被长柔毛，具长缘毛，通常沿顶端具草质、绿色的翅。总状花序呈穗状，顶生或腋生，长 3~7 cm，花紧密，微下垂，通常数个组合在一起呈圆锥状；苞片宽漏斗状，长 3~5 mm，草质，绿色，被短柔毛，边缘具长缘毛，每苞内具 3~5 花；花梗比

苞片长；花被 5 深裂，淡红色或白色；花被片椭圆形，长 3~4 mm；雄蕊 7，比花被长；花盘明显；花柱 2，中下部合生，比花被长，柱头头状。瘦果近圆形，双凹，直径 3.0~3.5 mm，黑褐色，有光泽，包于宿存花被内。

［生长发育规律］

　　一年生草本。花期 6—9 月，果期 8—10 月。

［分布与为害］

　　西南地区广泛分布。生于海拔 300~2 700 m 的沟边湿地、村边路旁。红蓼生命力极强，往往成片生长，影响水稻、玉米等农作物生长，是大田药材栽培地与新垦药田常见杂草，常于春夏季形成草害。

生境

植株

茎叶

花

扛板归　［拉丁名］*Persicaria perfoliata*（L.）H. Gross
　　　　　［属　别］蓼属 *Persicaria*
　　　　　［俗　名］贯叶蓼、刺犁头、河白草、蛇倒退、梨头刺、蛇不过、老虎舌、杠板归

［形态特征］

一年生草本。茎攀缘，多分枝，长 1~2 m，具纵棱，沿棱具稀疏的倒生皮刺。叶三角形，长 3~7 cm，宽 2~5 cm，顶端钝或微尖，基部截形或微心形，薄纸质，上面无毛，下面沿叶脉疏生皮刺；叶柄与叶片近等长，具倒生皮刺，盾状，着生于叶片的近基部；托叶鞘叶状，草质，绿色，圆形或近圆形，穿叶，直径 1.5~3.0 cm。总状花序呈短穗状，不分枝顶生或腋生，长 1~3 cm；苞片卵圆形，每苞片内具花 2~4 朵；花被 5 深裂，白色或淡红色，花被片椭圆形，长约 3 mm，果时增大，呈肉质，深蓝色；雄蕊 8，略短于花被；花柱 3，中上部合生；柱头头状。瘦果球形，直径 3~4 mm，黑色，有光泽，包于宿存花被内。

［生长发育规律］

一年生草本。花期 6—8 月，果期 7—10 月。

［分布与为害］

主要分布于四川、云南。生于海拔 800~2 300 m

的田边、路旁、山谷湿地中。成片生长时影响水稻、玉米等农作物生长，也是大田药材栽培地与新垦药田常见杂草，常于春夏季形成草害。

群落

植株

果实

茎叶

春蓼　［拉丁名］*Persicaria maculosa* Gray
　　　　［属　别］蓼属 *Persicaria*
　　　　［俗　名］桃叶蓼

［形态特征］

一年生草本。茎直立或上升，分枝或不分枝，疏生柔毛或近无毛，高 40~80 cm。叶披针形或椭圆形，长 4~15 cm，宽 1.0~2.5 cm，顶端渐尖或急尖，基部狭楔形，两面疏生短硬伏毛，下面中脉上毛较密，上面近中部有时具黑褐色斑点，边缘具粗缘毛；叶柄长 5~8 mm，被硬伏毛；托叶鞘筒状，膜质，长 1~2 cm，疏生柔毛，顶端截形，缘毛长 1~3 mm。总状花序呈穗状，顶生或腋生，较紧密，长 2~6 cm，通常数个组合在一起呈圆锥状，花序梗具腺毛或无毛；苞片漏斗状，紫红色，具缘毛，每苞内含 5~7 花；花梗长 2.5~3.0 mm，花被通常 5 深裂，紫红色，花被

片长圆形，长 2.5~3.0 mm，脉明显；雄蕊 6~7，花柱 2，偶 3，中下部合生。瘦果近圆形或卵形，双凸镜状，稀具 3 棱，长 2.0~2.5 mm，黑褐色，平滑，有光泽，包于宿存花被内。

［生长发育规律］

一年生草本。花期 6—9 月，果期 7—10 月。

［分布与为害］

西南地区广泛分布。常见于海拔 800~1 800 m 的沟边湿地中。成片生长时影响水稻、玉米等农作物生长，也是大田药材栽培地与新垦药田常见杂草，常于春夏季形成草害。

生境

植株

花

茎叶

习见萹蓄 [拉丁名] *Polygonum plebeium* R. Br.
[属　别] 萹蓄属 *Polygonum*
[俗　名] 小扁蓄、腋花蓼、铁马齿苋、铁马鞭、习见蓼

[形态特征]

　　一年生草本。茎平卧，自基部分枝，长10~40 cm，具纵棱，沿棱具小突起，通常小枝的节间比叶片短。叶狭椭圆形或倒披针形，长0.5~1.5 cm，宽2~4 mm，顶端钝或急尖，基部狭楔形，两面无毛，侧脉不明显；叶柄极短或近无柄；托叶鞘膜质，白色，透明，长2.5~3.0 mm，顶端撕裂，花3~6朵，簇生于叶腋，遍布于全植株；苞片膜质；花梗中部具关节，比苞片短；花被5深裂；花被片长椭圆形，绿色，背部稍隆起，边缘白色或淡红色，长1.0~1.5 mm；雄蕊5，花丝基部稍扩展，比花被短；花柱3，稀2，极短，柱头头状。瘦果宽卵形，具3锐棱或双凸镜状，长1.5~2.0 mm，黑褐色，平滑，有光泽，包于宿存花被内。

[生长发育规律]

　　一年生草本。花期5—8月，果期6—9月。

[分布与为害]

　　西南地区广泛分布。生于海拔300~2 200 m的田边、路旁、水边湿地中。成片生长时为害水稻、玉米等农作物，也是大田药材栽培地与新垦药田常见杂草，常于春夏季形成草害。

植株　　　　　　　　植株　　　　　　　　花序　　　　　　　　茎叶

酸模 [拉丁名] *Rumex acetosa* L.
[属　别] 酸模属 *Rumex*

[形态特征]

　　多年生草本。根为须根。茎直立，高40~100 cm，具深沟槽，通常不分枝。基生叶和茎下部叶箭形，长3~12 cm，宽2~4 cm，顶端急尖或圆钝，基部裂片急尖，全缘或微波状；叶柄长2~10 cm；茎上部叶较小，具短叶柄或无柄；托叶鞘膜质，易破裂。花序狭圆锥状，顶生，分枝稀疏；花单性，雌雄异株；花梗中部具关节；花被片6，2轮，雄花内花被片椭圆形，长约3 mm，外花被片较小，雄蕊6；雌花内花被片果时增大，近圆形，直径3.5~4.0 mm，全缘，基部心形，网脉明显，基部具极小的瘤，外花被片椭圆形，反折。瘦果椭圆形，具3锐棱，两端尖，长约2 mm，黑褐色，有光泽。

[生长发育规律]

　　多年生草本。成年植株花期5—7月，果期6—8月。

[分布与为害]

　　西南地区广泛分布。生于海拔400~4 100 m的山坡、林缘、沟边、路旁。酸模是果园、茶园及路埂常见杂草，也是大田药材栽培地与新垦药田常见杂草，常于春夏季形成草害。

植株　　　　　　　　群落　　　　　　　　花　　　　　　　　果实

皱叶酸模　[拉丁名]*Rumex crispus* L.
　　　　　　[属　别]酸模属 *Rumex*
　　　　　　[俗　名]土大黄

[形态特征]

　　多年生草本。根粗壮，黄褐色。茎直立，高50~120 cm，不分枝或上部分枝，具浅沟槽。基生叶披针形或狭披针形，长 10~25 cm，宽 2~5 cm，顶端急尖，基部楔形，边缘皱波状；茎生叶较小狭披针形；叶柄长 3~10 cm；托叶鞘膜质，易破裂。花序狭圆锥状，花序分枝近直立或上升；花两性；淡绿色；花梗细，中下部具关节，关节果时稍膨大；花被片 6，外花被片椭圆形，长约 1 mm，内花被片果时增大，宽卵形，长 4~5 mm，网脉明显，顶端稍钝，基部近截形，边缘近全缘，全部具小瘤，稀 1 片具小瘤，小瘤卵形，长 1.5~2.0 mm。瘦果卵形，顶端急尖，具 3 锐棱，暗褐色，有光泽。

[生长发育规律]

　　多年生草本。花期 5—6 月，果期 6—7 月。

[分布与为害]

　　主要分布于四川、云南。生于海拔 300~2 500 m

的河滩、沟边湿地中。皱叶酸模是果园、茶园及路埂的常见杂草，也是大田药材栽培地与新垦药田常见杂草，常于春夏季形成草害。

生境

幼苗

花

果实

山蓼　[拉丁名]*Oxyria digyna*（L.）Hill.
　　　　[属　别]山蓼属 *Oxyria*
　　　　[俗　名]肾叶山蓼

[形态特征]

　　多年生草本。根状茎粗壮，直径 5~10 mm。茎直立，高 15~20 cm，单生或数条自根状茎发出，无毛，具细纵沟。基生叶叶片肾形或圆肾形，长 1.5~3.0 cm，宽 2~5 cm，纸质，顶端圆钝，基部宽心形，边缘近全缘，上面无毛，下面沿叶脉具极稀疏短硬毛；叶柄无毛，长可达 12 cm；无茎生叶，极少具 1~2 小叶；托叶鞘短筒状，膜质，顶端偏斜。花序圆锥状，分枝极稀疏，无毛，花两性，苞片膜质，每苞内具 2~5 花；花梗细长，中下部具关节；花被片 4，2 轮，果时内轮 2 片增大，倒卵形，长 2.0~2.5 mm，紧贴果实，外轮 2 个，反折；雄蕊 6，花药长圆形，花丝钻状；子房扁平，花柱 2，

柱头画笔状。瘦果卵形，双凸镜状，长 2.5~3.0 mm，两侧边缘具膜质翅，连翅外形近圆形，顶端凹陷，基部心形，直径 4~5（6）mm；翅较宽，膜质，淡红色，边缘具小齿。

[生长发育规律]

　　多年生草本，花期 6—7 月，果期 8—9 月。

[分布与为害]

　　主要分布于四川、云南。生于海拔 1 700~4 900 m的高山山坡及山谷砾石滩中。为夏收作物田杂草，在低洼水稻田块常发生，数量较大，为害重。也是大田药材栽培地与新垦药田常见杂草，常于春夏季形成草害。

生境

植株

叶片

果实

毛茛科 Ranunculaceae

毛茛 [拉丁名] *Ranunculus japonicus* Thunb.
[属　别] 毛茛属 *Ranunculus*
[俗　名] 老虎脚迹、五虎草

[形态特征]

多年生草本。须根多数簇生。茎直立，高30~70 cm，中空，有槽，具分枝，着生开展或贴伏的柔毛。基生叶多数；叶片圆心形或五角形，长及宽为3~10 cm，基部心形或截形，通常3深裂不达基部，中裂片倒卵状楔形或宽卵圆形或菱形，3浅裂，边缘有粗齿或缺刻，侧裂片不等地2裂，两面贴生柔毛，下面或幼时的毛较密；叶柄长达15 cm，生开展柔毛。下部叶与基生叶相似，渐向上叶柄变短，叶片较小，3深裂，裂片披针形，有尖齿牙或再分裂；最上部叶线形，全缘，无柄。聚伞花序有多数花，疏散；花直径1.5~2.2 cm；花梗长达8 cm，贴生柔毛；萼片椭圆形，长4~6 mm，生白柔毛；花瓣5，倒卵状圆形，长6~11 mm，宽4~8 mm，基部有长约0.5 mm的爪，

蜜槽鳞片长1~2 mm；花药长约1.5 mm；花托短小，无毛。聚合果近球形，直径6~8 mm；瘦果扁平，长2.0~2.5 mm，上部最宽处与长近相等，约为厚度的5倍，边缘有宽约0.2 mm的棱，无毛，喙短直或外弯，长约0.5 mm。

[生长发育规律]

多年生草本，西南地区每年冬季植株略枯萎，次年春季重新萌芽，花果期4—9月。

[分布与为害]

全国广布，西南地区分布较多。主要为害大田药材栽培地或仿野生药材栽培田，春夏季（苗期）为害严重。

植株

花

生境

果实

扬子毛茛 ［拉丁名］*Ranunculus sieboldii* Miq.
　　　　　［属　别］毛茛属 *Ranunculus*

［形态特征］

　　多年生草本。须根伸长簇生。茎铺散,斜升,高 20~50 cm,下部节偃地生根,多分枝,密生开展的白色或淡黄色柔毛。基生叶与茎生叶相似,为3出复叶;叶片圆肾形至宽卵形,长 2~5 cm,宽 3~6 cm,基部心形,中央小叶宽卵形或菱状卵形,3浅裂至较深裂,边缘有锯齿,小叶柄长 1~5 mm,生开展柔毛;侧生小叶不等地2裂,背面或两面疏生柔毛;叶柄长 2~5 cm,密生开展的柔毛,基部扩大成褐色膜质的宽鞘抱茎,上部叶较小,叶柄也较短。花与叶对生,直径 1.2~1.8 cm;花梗长 3~8 cm,密生柔毛;萼片狭卵形,长 4~6 mm,为宽的2倍,外面生柔毛,花期向下反折,迟落;花瓣5,黄色或上面变白色,狭倒卵形至椭圆形,长 6~10 mm,宽 3~5 mm,有 5~9 条脉纹,下部渐窄成长爪,蜜槽小鳞片位于爪的基部;雄蕊 20 余枚,花药长约 2 mm;花托粗短,密生白柔毛。聚合果圆球形,直径约 1 cm;瘦果扁平,无毛,边缘有宽约 0.4 mm 的宽棱,喙长约 1 mm,呈锥状外弯。

［生长发育规律］

　　多年生草本,西南地区每年冬季植株略枯萎,次年春季重新萌芽,花果期5—10月。

［分布与为害］

　　全国广布,西南地区分布较多。主要为害大田药材栽培地或仿野生药材栽培田,春夏季(苗期)为害严重。

植株　　　　　　　　　　　　　叶片

花　　　　　　　　　　　　　果实

天葵 ［拉丁名］*Semiaquilegia adoxoides*（DC.）Makino
　　　［属　别］天葵属 *Semiaquilegia*
　　　［俗　名］耗子屎、紫背天葵、千年老鼠屎、麦无踪

［形态特征］

　　多年生草本。块根长 1~2 cm,粗 3~6 mm,外皮棕黑色。茎 1~5 条,高 10~32 cm,直径 1~2 mm,被稀疏的白色柔毛,分枝。基生叶多数,为掌状三出复叶;叶片轮廓卵圆形至肾形,长 1.2~3.0 cm;小叶扇状菱形或倒卵状菱形,长 0.6~2.5 cm,宽 1.0~2.8 cm,三深裂,深裂片又有 2~3 个小裂片,两面均无毛;叶柄长 3~12 cm,基部扩大呈鞘状。茎生叶与基生叶相似。花小,直径 4~6 mm;苞片小,倒披针形至倒卵圆形,不裂或三深裂;花梗纤细,长 1.0~2.5 cm,被伸展的白色短柔毛;萼片白色,常带淡紫色,狭椭圆形,长 4~6 mm,宽 1.2~2.5 mm,顶端急尖;花瓣匙形,长 2.5~3.5 mm,顶端近截形,基部凸起呈囊状;雄蕊退化,约2枚,

线状披针形,白膜质,与花丝近等长;心皮无毛。蓇葖卵状长椭圆形,长 6~7 mm,宽约 2 mm,表面具凸起的横向脉纹,种子卵状椭圆形,褐色至黑褐色,长约 1 mm,表面有许多小瘤状突起。

［生长发育规律］

　　多年生草本,西南地区每年冬季植株略枯萎,次年春季重新萌芽,3—4月开花,4—5月结果。

［分布与为害］

　　西南地区主要分布在四川和贵州。生于海拔 100~1 050 m 的疏林下、路旁或山谷地的较阴处。主要为害大田药材栽培地或仿野生药材栽培田,春夏季(苗期)为害严重。

植株

茎叶

花　　　　　　　　　　果实

野棉花 [拉丁名] *Anemone vitifolia* Buch.-Ham. ex DC.

[属　别] 银莲花属 *Anemone*

[俗　名] 小白头翁、土羌活、土白头翁、铁蒿、水棉花、满天星、接骨莲、大星宿草、大鹏叶、白头翁

[形态特征]

一年生或多年生草本，植株高60~100 cm。根状茎斜，木质，粗0.8~1.5 cm。基生叶2~5，有长柄；叶片心状卵形或心状宽卵形，长（5.2）11~22 cm，宽（6）12~26 cm，顶端急尖3~5浅裂，边缘有小牙齿，表面疏被短糙毛，背面密被白色短茸毛；叶柄长（6.5）25~60 cm，有柔毛。花葶粗壮，有密或疏的柔毛；聚伞花序长20~60 cm，2~4回分枝；苞片3，形状似基生叶，但较小，有柄（长1.4~7.0 cm）；花梗长3.5~5.5 cm，密被短茸毛；萼片5，白色或带粉红色，倒卵形，长1.4~1.8 cm，宽8~13 mm，外面有白色茸毛；雄蕊长约为萼片长度的1/4，花丝丝形；心皮约400，子房密被绵毛。聚合果球形，直径约1.5 cm；瘦果有细柄，长约3.5 mm，密被绵毛。

[生长发育规律]

一年生或多年生草本，西南地区每年冬季植株略枯萎，次年春季重新萌芽，7—10月开花。

[分布与为害]

我国主要分布于云南（海拔1 200~2 700 m）、四川西南部（米易，海拔1 800 m），常生于山地草坡、沟边或疏林中。主要为害大田药材栽培地或仿野生药材栽培田，春夏季（苗期）为害严重。

生境

群落

花

果实

打破碗花花　［拉丁名］*Anemone hupehensis*（Lem.）Lem.
　　　　　　　［属　别］银莲花属 *Anemone*

[形态特征]

　　多年生草本，植株高（20）30~120 cm。根状茎斜或垂直，长约 10 cm，粗（2）4~7 mm。基生叶 3~5，有长柄，通常为三出复叶，或有时同时有复叶和单叶，或全为单叶；中央小叶有长柄，小叶片卵形或宽卵形，顶端急尖或渐尖，基部圆形或心形，不分裂或 3~5 浅裂，边缘有锯齿，两面有疏糙毛；侧生小叶较小；叶柄长 3~36 cm，疏被柔毛，基部有短鞘。花葶直立，疏被柔毛；聚伞花序 2~3 回分枝，有较多花，偶尔不分枝，只有 3 花；苞片 3，有柄（长0.5~6.0 cm），稍不等大，为三出复叶，似基生叶；花梗长 3~10 cm，有密或疏柔毛；萼片 5，紫红色或粉红色，倒卵形，长 2~3 cm，宽 1.3~2.0 cm，外面有短茸毛；雄蕊长约为萼片长度的 1/4，花药黄色，椭圆形，花丝丝形；心皮约 400，生于球形的花托上，长约 1.5 mm，子房有长柄，有短茸毛，柱头长方形。聚合果球形，直径约 1.5 cm；瘦果长约 3.5 mm，有

细柄，密被绵毛。

　　打破碗花花与野棉花极为相近，但并不是同一物种。其区别在于：本种的叶背面有稀疏的毛，而野棉花叶背面则密被白色茸毛；本种叶的分裂程度变异很大，或全部为三出复叶，或同时有三出复叶和单叶，或全部为单叶，在全为单叶时与野棉花相似。

[生长发育规律]

　　多年生草本，西南地区每年冬季植株略枯萎，次年春季重新萌芽，7—10 月开花。

[分布与为害]

　　分布于四川、重庆、陕西、湖北、贵州、云南、广西、广东、江西、浙江（天台山）等地。常生于海拔 400~1 800 m 的低山或丘陵的草坡或沟边。主要为害大田药材栽培地或仿野生药材栽培田，春夏季（苗期）为害严重。

生境

植株

花

花

茴茴蒜 ［拉丁名］*Ranunculus chinensis* Bunge
［属　别］毛茛属 *Ranunculus*

［形态特征］

一年生草本。须根多数簇生。茎直立粗壮，高20~70 cm，直径在5 mm以上，中空，有纵条纹，分枝多，与叶柄均密生开展的淡黄色糙毛。基生叶与下部叶有长达12 cm的叶柄，为三出复叶，叶片宽卵形至三角形，长3~8（12）cm，小叶2~3深裂，裂片倒披针状楔形，宽5~10 mm，上部有不等的粗齿或缺刻或2~3裂，顶端尖，两面伏生糙毛，小叶柄长1~2 cm或侧生小叶柄较短，生开展的糙毛。上部叶较小和叶柄较短，叶片3全裂，裂片有粗齿牙或再分裂。花序有较多疏生的花，花梗贴生糙毛；花直径6~12 mm；萼片狭卵形，长3~5 mm，外面生柔毛；花瓣5，宽卵圆形，与萼片近等长或稍长，黄色或上面白色，基部有短爪，蜜槽有卵形小鳞片；花药长约1 mm；花托在果期显著伸长，圆柱形，长达1 cm，密生白短毛。聚合果长圆形，直径6~10 mm；瘦果扁平，长3.0~3.5 mm，宽约2 mm，为厚度的5倍以上，无毛，边缘有宽约0.2 mm的棱，喙极短，呈点状，长0.1~0.2 mm。

［生长发育规律］

一年生草本，西南地区每年春季种子萌芽，花果期5—9月，冬季植株枯萎。

［分布与为害］

云南、四川、重庆、贵州均有分布，常生于海拔700~2 500 m的溪边、田旁的水湿草地中。主要为害大田药材栽培地或仿野生药材栽培田，春夏季（苗期）为害严重。

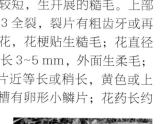

植株　　　植株　　　花　　　花果

石龙芮 ［拉丁名］*Ranunculus sceleratus* L.
［属　别］毛茛属 *Ranunculus*

［形态特征］

一年生草本。须根簇生。茎直立，高10~50 cm，直径2~5 mm，有时粗达1 cm，上部多分枝，具多数节，下部节上有时生根，无毛或疏生柔毛。基生叶多数；叶片肾状圆形，长1~4 cm，宽1.5~5.0 cm，基部心形，3深裂不达基部，裂片倒卵状楔形，不等的2~3裂，顶端钝圆，有粗圆齿，无毛；叶柄长3~15 cm，近无毛。茎生叶多数，下部叶与基生叶相似；上部叶较小，3全裂，裂片披针形至线形，全缘，无毛，顶端钝圆，基部扩大成膜质宽鞘抱茎。聚伞花序有多数花；花小，直径4~8 mm；花梗长1~2 cm，无毛；萼片椭圆形，长2.0~3.5 mm，外面有短柔毛，花瓣5，倒卵形，等长或稍长于花萼，基部有短爪，蜜槽呈棱状袋穴；雄蕊10多枚，花药卵形，长约0.2 mm；花托在果期伸长增大呈圆柱形，长3~10 mm，直径1~3 mm，生短柔毛。聚合果长圆形，长8~12 mm，为宽的2~3倍；瘦果极多数，近百枚，紧密排列，倒卵球形，稍扁，长1.0~1.2 mm，无毛，喙短至近无，长0.1~0.2 mm。

［生长发育规律］

一年生草本，西南地区每年春季种子萌芽，花果期5—8月，冬季植株枯萎。

［分布与为害］

全国各地均有分布，西南各省野生数量较多，常生于河沟边及平原湿地。主要为害大田药材栽培地或仿野生药材栽培田，春夏季（苗期）为害严重。

植株　　　植株　　　茎叶　　　花

多枝唐松草 ［拉丁名］ *Thalictrum ramosum* B. Boivin
［属　别］唐松草属 *Thalictrum*
［俗　名］软水黄连、软杆子、水黄连

［形态特征］

多年生直立草本。植株全部无毛。茎高12~45 cm，有细纵槽，自基部之上分枝。基生叶数个，与茎下部叶有长柄，为二至三回三出复叶；叶片长7~15 cm；小叶草质，宽卵形、近圆形或宽倒卵形，长0.7~2.0 cm，宽0.5~1.5 cm，顶端钝，有短尖，基部圆形或浅心形，不明显三浅裂，边缘有疏钝齿，脉在表面平，在背面稍隆起，脉网明显，小叶柄长0.6~1.5 cm；叶柄长7~9 cm，基部有膜质短鞘。复单歧聚花序圆锥状；花梗丝形，长5~10 mm；萼片4，堇色或白色，卵形，长约2 mm，早落；花药淡黄色，长圆形，长约0.7 mm，花丝长为花药的4~6倍，比花药窄，上部狭倒披针形，下部变为丝形；心皮（6）8~16，长约2 mm，花柱细，比子房稍长，向外弯曲。

瘦果无柄，狭卵形或披针形，长3.5~4.5 mm，有8条细纵肋，宿存花柱长0.3~0.5 mm，拳卷。

［生长发育规律］

多年生草本，西南地区每年春季萌枝生叶，4月开花，5—6月结果，冬季植株地上部分枯萎，以宿根形式越冬。

［分布与为害］

主要分布于四川和重庆，常生于海拔200~950 m丘陵或低山灌丛中。主要为害大田药材栽培地或仿野生药材栽培田，春夏季（苗期）为害严重。

叶

植株

花

花果

蔷薇科 Rosaceae

龙牙草 [拉丁名] *Agrimonia pilosa* Ledeb.
[属　别] 龙牙草属 *Agrimonia*

[形态特征]

多年生草本。根多呈块茎状，周围长出若十侧根，根茎短，基部常有1至数个地下芽。茎高30~120 cm，被疏柔毛及短柔毛，稀下部被稀疏长硬毛。叶为间断奇数羽状复叶，通常有小叶3~4对，稀2对，向上减少至3小叶，叶柄被稀疏柔毛或短柔毛；小叶片无柄或有短柄，倒卵形、倒卵椭圆形或倒卵披针形，长1.5~5.0 cm，宽1.0~2.5 cm，顶端急尖至圆钝，稀渐尖，基部楔形至宽楔形，边缘有急尖到圆钝锯齿，上面被疏柔毛，稀脱落几无毛，下面通常脉上伏生疏柔毛，稀脱落几无毛，有显著腺点；托叶草质，绿色，镰形，稀卵形，顶端急尖或渐尖，边缘有尖锐锯齿或裂片，稀全缘，茎下部托叶有时卵状披针形，常全缘。花序穗状总状顶生，分枝或不分枝，花序轴被柔毛，花梗长1~5 mm，被柔毛；苞片通常深3裂，裂片带形，小苞片对生，卵形，全缘或边缘分裂；花直径6~9 mm；萼片5，三角卵形；花瓣黄色，长圆形；雄蕊5~8（15）枚；花柱2，丝状，柱头头状。果实倒卵圆锥形，外面有10条肋，被疏柔毛，顶端有数层钩刺，幼时直立，成熟时靠合，连钩刺长7~8 mm，最宽处直径3~4 mm。

[生长发育规律]

多年生草本，西南地区每年春季萌枝生叶，花果期5—12月，冬季植株地上部分枯萎，以宿根形式越冬。

[分布与为害]

我国南北各地均有分布。常生于海拔100~3 800 m溪边、路旁、草地、灌丛、林缘及疏林下。主要为害大田药材栽培地或仿野生药材栽培田，春夏季（苗期）为害严重。

植株

幼苗

花

果实

蛇莓　[拉丁名] *Duchesnea indica*（Andr.）Focke
　　　　[属　别] 蛇莓属 *Duchesnea*
　　　　[俗　名] 三爪风、龙吐珠、蛇泡草、东方草莓

[形态特征]

　　多年生草本。根茎短，粗壮；匍匐茎多数，长30~100 cm，有柔毛。小叶片倒卵形至菱状长圆形，长 2.0~3.5（5） cm，宽 1~3 cm，先端圆钝，边缘有钝锯齿，两面皆有柔毛，或上面无毛，具小叶柄；叶柄长 1~5 cm，有柔毛；托叶窄卵形至宽披针形，长 5~8 mm。花单生于叶腋；直径 1.5~2.5 cm；花梗长 3~6 cm，有柔毛；萼片卵形，长 4~6 mm，先端锐尖，外面有散生柔毛；副萼片倒卵形，长 5~8 mm，比萼片长，先端常具 3~5 锯齿；花瓣倒卵形，长 5~10 mm，黄色，先端圆钝；雄蕊 20~30；心皮多数，离生；花托在果期膨大，海绵质，鲜红色，有光泽，直径 10~20 mm，外面有长柔毛。瘦果卵形，长约 1.5 mm，光滑或具不明显突起，鲜时有光泽。

[生长发育规律]

　　多年生草本，西南地区每年春季萌枝生叶，花期 6—8 月，果期 8—10 月，冬季植株地上部分略枯萎，以宿根形式越冬。

[分布与为害]

　　全国分布广泛，西南地区分布较多，常生于海拔 1 800 m 以下山坡、河岸、草地等潮湿的地方。主要为害大田药材栽培地或仿野生药材栽培田，春夏季（苗期）为害严重。

植株　　　　　　群落

花　　　　　　果

路边青　[拉丁名] *Geum aleppicum* Jacq.
　　　　　[属　别] 路边青属 *Geum*
　　　　　[俗　名] 兰布政、水杨梅、草本水杨梅

[形态特征]

　　多年生草本。须根簇生。茎直立，被开展粗硬毛。基生叶为大头羽状复叶，通常有小叶 2~6 对，叶柄被粗硬毛，小叶大小极不相等，顶生小叶最大，菱状广卵形，顶端急尖或圆钝，基部宽心形至宽楔形，边缘常浅裂，有不规则粗大锯齿，锯齿急尖或圆钝，两面绿色，疏生粗硬毛；茎生叶为羽状复叶，有时重复分裂，向上小叶逐渐减少，顶生小叶披针形或倒卵披针形，顶端常渐尖或短渐尖，基部楔形；茎生叶托叶大，绿色，叶状，卵形，边缘有不规则粗大锯齿。花序顶生，疏散排列，花梗被微硬毛；花瓣黄色，几圆形，比萼片长；萼片卵状三角形，顶端渐尖，副萼片狭小，披针形，顶端渐尖稀 2 裂，外面被短柔毛及长柔毛；花柱顶生，在上部 1/4 处扭曲，成熟后自扭曲处脱落。聚合果倒卵球形，瘦果被长硬毛，花柱宿存部分无毛。

[生长发育规律]

　　多年生草本，西南地区每年春季萌枝生叶，花果期 7—10 月，冬季植株地上部分枯萎，以宿根形式越冬。

[分布与为害]

　　我国南北各地均有分布，西南地区分布较多。常生于海拔 200~3 500 m 山坡草地、沟边、地边、河滩、林间隙地及林缘处。主要为害大田药材栽培地或仿野生药材栽培田，春夏季（苗期）为害严重。

植株　　　　　　花　　　　　　群落　　　　　　叶片

翻白草 ［拉丁名］*Potentilla discolor* Bunge
［属　别］委陵菜属 *Potentilla*
［俗　名］鸡爪参、叶下白、翻白萎陵菜、天藕、鸡腿根

[形态特征]

多年生草本。根粗壮，下部常肥厚呈纺锤形。花茎直立，上升或微铺散，高 10~45 cm，密被白色绵毛。基生叶有小叶 2~4 对，间隔 0.8~1.5 cm，连叶柄长 4~20 cm，叶柄密被白色绵毛，有时并有长柔毛；小叶对生或互生，无柄，小叶片长圆形或长圆披针形，长 1~5 cm，宽 0.5~0.8 cm，顶端圆钝，稀急尖，基部楔形、宽楔形或偏斜圆形，边缘具圆钝锯齿，稀急尖，上面暗绿色，被稀疏白色绵毛或脱落几无毛，下面密被白色或灰白色绵毛，脉不显或微显，茎生叶 1~2，有掌状小叶；基生叶托叶膜质，褐色，外面被白色长柔毛，茎生叶托叶草质，绿色，卵形或宽卵形，边缘常有缺刻状牙齿，稀全缘，下面密被白色绵毛。聚伞花序有花数朵，疏散，花梗长 1.0~2.5 cm，外被绵毛；花直径 1~2 cm；萼片三角状卵形，副萼片披针形，比萼片短，外面被白色绵毛；花瓣黄色，倒卵形，顶端微凹或圆钝，比萼片长；花柱近顶生，基部具乳头状膨大，柱头稍微扩大。瘦果近肾形，宽约 1 mm，光滑。

[生长发育规律]

多年生草本，西南地区每年春季萌枝生叶，花果期 5—9 月，冬季植株地上部分略枯萎，以宿根形式越冬。

[分布与为害]

分布广泛，我国南北各地均有分布，西南地区分布较多。常生于海拔 100~1 850 m 荒地、山谷、沟边、山坡草地、草甸及疏林下。主要为害大田药材栽培地或仿野生药材栽培田，春夏季（苗期）为害严重。

植株

叶片

花

根系

蛇含委陵菜 ［拉丁名］*Potentilla kleiniana* Wight & Arn.
　　　　　　［属　别］委陵菜属 *Potentilla*
　　　　　　［俗　名］五皮草、五皮风、五爪龙、蛇含、蛇含萎陵菜

［形态特征］

　　一年生、二年生或多年生草本。多须根。花茎上升或匍匐，常于节处生根并发育出新植株，被疏柔毛或开展长柔毛。基生叶为近于鸟足状 5 小叶，叶柄被疏柔毛或开展长柔毛；小叶几无柄稀有短柄，小叶片倒卵形或长圆倒卵形，顶端圆钝，基部楔形，边缘有多数急尖或圆钝锯齿，两面绿色，被疏柔毛，有时上面脱落几无毛，或下面沿脉密被伏生长柔毛，下部茎生叶有 5 小叶，上部茎生叶有 3 小叶，小叶与基生小叶相似，唯叶柄较短；基生叶托叶膜质，淡褐色，外面被疏柔毛或脱落几无毛，茎生叶托叶草质，绿色，卵形至卵状披针形，全缘，稀有 1~2 齿，顶端急尖或渐尖，外被稀疏长柔毛。聚伞花序密集于枝顶如假伞形，密被开展长柔毛，下有茎生叶如苞片状；萼片三角卵圆形，顶端急尖或渐尖，副萼片披针形或椭圆披针形，顶端急尖或渐尖，花时比萼片短，果时略长或近等长，外被稀疏长柔毛；花瓣黄色，倒卵形，顶端微凹，长于萼片；花柱近顶生，圆锥形，基部膨大，柱头扩大。瘦果近圆形，一面稍平具皱纹。

［生长发育规律］

　　一年生、二年生或多年生草本，西南地区每年春季萌枝生叶，花果期 4—9 月，冬季植株地上部分略枯萎，以宿根形式越冬。

［分布与为害］

　　我国南北各地均有分布，西南地区分布较多。常生于海拔 400~3 000 m 田边、水旁、草甸及山坡草地中。野生植株主要为害大田药材栽培地或仿野生药材栽培田，春夏季（苗期）为害严重。

群落

叶

花

植株

茜草科 Rubiaceae

茜草 ［拉丁名］*Rubia cordifolia* L.
［属　别］茜草属 *Rubia*

[形态特征]

多年生草本。草质攀缘藤木，通常长 1.5~3.5 m；根状茎和其节上的须根均为红色；茎数至多条，从根状茎的节上发出，细长，方柱形，有 4 棱，棱上生倒生皮刺，中部以上多分枝。叶通常 4 片轮生，纸质，披针形或长圆状披针形，长 0.7~3.5 cm，顶端渐尖，有时钝尖，基部心形，边缘有齿状皮刺，两面粗糙，脉上有微小皮刺；基出脉 3 条，极少外侧有 1 对很小的基出脉。叶柄通常长 1.0~2.5 cm，有倒生皮刺。聚伞花序腋生和顶生，多回分枝，有花十余朵至数十朵，花序和分枝均细瘦，有微小皮刺；花冠淡黄色，干时淡褐色，盛开时花冠檐部直径 3.0~3.5 mm，花冠裂片近卵形，微伸展，长约 1.5 mm，外面无毛。果球形，直径 4~5 mm，成熟时橘黄色。

[生长发育规律]

多年生草本，西南地区每年春季萌枝生叶，花期 8—9 月，果期 10—11 月，冬季植株地上部分略枯萎，以宿根形式越冬。

[分布与为害]

分布广泛，我国南北各地均有分布，贵州、四川、重庆分布较多。常生于疏林、林缘、灌丛或草地上。主要为害大田药材栽培地或仿野生药材栽培田，春夏季（苗期）为害严重。

植株　　　　　　叶片

花　　　　　　果实

拉拉藤 ［拉丁名］*Galium spurium* L.
［属　别］拉拉藤属 *Galium*
［俗　名］猪殃殃、爬拉殃、八仙草

[形态特征]

一年生草本植物，多枝，蔓生或攀缘状草本，通常高 30~90 cm；茎有 4 棱角；棱上、叶缘、叶脉上均有倒生的小刺毛。叶纸质或近膜质，6~8 片轮生，稀为 4~5 片，带状倒披针形或长圆状倒披针形，长 1.0~5.5 cm，宽 1~7 mm，顶端有针状凸尖头，基部渐狭，两面常有紧贴的刺状毛，干时常卷缩，1 脉，近无柄。聚伞花序腋生或顶生，少至多花，花小，4 数，有纤细的花梗；花萼被钩毛，萼檐近截平；花冠黄绿色或白色，辐状，裂片长圆形，长不及 1 mm，镊合状排列；子房被毛，花柱 2 裂至中部，柱头头状。果干燥，直径达 5.5 mm，肿胀，密被钩毛，果柄直，长可达 2.5 cm。

[生长发育规律]

一年生草本，每年春季萌芽，花期 3—7 月，果期 4—11 月，冬季植株枯萎。

[分布与为害]

全国广泛分布，西南地区分布极多，是常见农田杂草，常生于海拔 20~4 600 m 的山坡、旷野、沟边、河滩、田中、林缘、草地处。主要为害大田药材栽培地或仿野生药材栽培田，春夏季（苗期）为害严重。

植株　　　　　群落　　　　　花　　　　　植株

小叶猪殃殃 ［拉丁名］*Galium trifidum* L.

［属　别］拉拉藤属 *Galium*

［俗　名］细叶猪殃殃、三瓣猪殃殃、细叶四叶葎

[形态特征]

多年生丛生草本，高15~50 cm。茎纤细，具4棱，多分枝，常交错纠结，近无毛。叶小，纸质，通常4片或有时5~6片轮生，倒披针形，有时狭椭圆形，长3~14 mm，宽1~4 mm，顶端圆或钝，很少近短尖，基部渐狭，无毛或近无毛，有时在边缘有极微小的倒生刺毛，1脉，近无柄。聚伞花序腋生和顶生，不分枝或少分枝，通常长1~2 cm，亦有时长达3.5 cm，通常有花3或4朵；总花梗纤细；花小，直径约2 mm；花梗纤细，长1~8 mm；花冠白色，辐状，花冠裂片3，稀4片，卵形，长约1 mm，宽约0.8 mm；雄蕊通常3枚；花柱长约0.5 mm，顶部2裂。果小，果爿近球状，双生或有时单生，直径1.0~2.5 mm，干时黑色，光滑无毛；果柄纤细而稍长，长2~10 mm。

[生长发育规律]

多年生草本，每年春季萌芽，花果期3—8月，冬季植株枯萎。

[分布与为害]

全国广泛分布，西南地区分布极多，是常见农田杂草，常生于海拔20~4 600 m的山坡、旷野、沟边、河滩、田中、林缘、草地。主要为害大田药材栽培地或仿野生药材栽培田，春夏季（苗期）为害严重。

叶

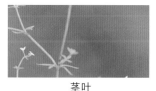
茎叶

群落

花

四叶葎 ［拉丁名］*Galium bungei* Steud.

［属　别］拉拉藤属 *Galium*

［俗　名］四叶草、小拉马藤、散血丹、细中叶葎

[形态特征]

多年生丛生直立草本。高5~50 cm，有红色丝状根。茎有4棱，不分枝或稍分枝，常无毛或节上有微毛。叶纸质，4片轮生，叶形变化较大，同一株的上部叶与下部叶的叶通常均不同，包括卵状长圆形、卵状披针形、披针状长圆形或线状披针形，长0.6~3.4 cm，宽2~6 mm，顶端尖或稍钝，基部楔形，中脉和边缘常有刺状硬毛，有时两面亦有糙伏毛，1脉，近无柄或有短柄。聚伞花序顶生和腋生，稠密或稍疏散，总花梗纤细，常3歧分枝，再形成圆锥状花序；花小；花梗纤细，长1~7 mm；花冠黄绿色或白色，辐状，直径1.4~2.0 mm，无毛，花冠裂片卵形或长圆形，长0.6~1.0 mm。果爿近球状，直径1~2 mm，通常双生，有小疣点、小鳞片或短钩毛，稀无毛；果柄纤细，常比果长，长可达9 mm。

[生长发育规律]

多年生草本，每年春季萌芽，花期4—9月，果期5月至翌年1月，冬季植株地上部分枯萎，以宿根形式越冬。

[分布与为害]

全国广泛分布，西南地区四川、贵州、云南分布极多，常生于海拔50~2 520 m山坡、林下、田间、沟边。主要为害大田药材栽培地或仿野生药材栽培田，春夏季（苗期）为害严重。

植株

茎叶

花

果实

三白草科 Saururaceae

蕺菜 [拉丁名] *Houttuynia cordata* Thunb.
[属　别] 蕺菜属 *Houttuynia*
[俗　名] 侧耳根、侧儿根、鱼腥草、猪屁股

[形态特征]

　　多年生腥臭草本，高 30~60 cm。茎下部伏地，节上轮生小根，上部直立，无毛或节上被毛，有时带紫红色。叶薄纸质，有腺点，背面尤甚，卵形或阔卵形，长 4~10 cm，宽 2.5~6.0 cm，顶端短渐尖，基部心形，两面有时除叶脉被毛外其余均无毛，背面常呈紫红色；叶脉 5~7 条，全部基出或最内 1 对离基约 5 mm 从中脉发出，如为 7 脉时，则最外 1 对很纤细或不明显；叶柄长 1.0~3.5 cm，无毛；托叶膜质，长 1.0~2.5 cm，顶端钝，下部与叶柄合生而成长 8~20 mm 的鞘，且常有缘毛，基部扩大，略抱茎。花序长约 2 cm，宽 5~6 mm；总花梗长 1.5~3.0 cm，无毛；总苞片长圆形或倒卵形，长 10~15 mm，宽 5~7 mm，顶端钝圆；雄蕊长于子房，花丝长为花药的 3 倍。蒴果长 2~3 mm，顶端有宿存的花柱。

[生长发育规律]

　　多年生草本，每年春季萌芽，花期 4—7 月，冬季植株地上部分枯萎，以宿根形式越冬。

[分布与为害]

　　广泛分布于我国南方各地，西南地区分布较广，常生于沟边、溪边或林下湿地上，野生植株为农田杂草。为害新垦药材栽培地或仿野生药材栽培田，春夏季（苗期）为害严重。

群落

根状茎

花

果实

虎耳草科 Saxifragaceae

虎耳草 [拉丁名] *Saxifraga stolonifera* Meerb.
[属　别] 虎耳草属 *Saxifraga*
[俗　名] 天青地红、通耳草、耳朵草、丝棉吊梅、金丝荷叶、天荷叶、老虎耳、金线吊芙蓉、石荷叶

[形态特征]

多年生草本。鞭匐枝细长，密被卷曲长腺毛，具鳞片状叶。茎被长腺毛，具 1~4 枚苞片状叶。基生叶具长柄，叶片近心形、肾形至扁圆形，先端钝或急尖，基部近截形、圆形至心形，（5）7~11 浅裂（有时不明显），裂片边缘具不规则齿牙和腺睫毛，腹面绿色，被腺毛，背面通常红紫色，被腺毛，有斑点，具掌状达缘脉序，叶柄长 1.5~21.0 cm，被长腺毛；茎生叶披针形。聚伞花序圆锥状，长 7.3~26.0 cm，具 7~61 花；花序分枝长 2.5~8.0 cm，被腺毛，具 2~5 花；花梗长 0.5~1.6 cm，细弱，被腺毛；花两侧对称；萼片在花期开展至反曲，卵形，先端急尖，边缘具腺睫毛，腹面无毛，背面被褐色腺毛，3 脉于先端汇合成 1 疣点；花瓣白色，中上部具紫红色斑点，基部具黄色斑点，5 枚；其中 3 枚较短，卵形，先端急尖，基部具长 0.1~0.6 mm 的爪，羽状脉序，具 2 级脉（2）3~6 条；另 2 枚较长，披针形至长圆形，先端急尖，基部具长 0.2~0.8 mm 的爪，羽状脉序，具 2 级脉 5~10（11）条。雄蕊，花丝棒状；花盘半环状，围绕于子房一侧，边缘具瘤突；2 心皮下部合生，长 3.8~6.0 mm；子房卵球形，花柱 2，叉开。

[生长发育规律]

多年生草本，西南地区每年冬季植株略枯萎，次年春季重新萌芽，花果期 4—11 月。

[分布与为害]

分布较广泛，西南地区主要分布于四川、贵州、重庆、云南。主要为害大田药材栽培地或仿野生药材栽培田，春夏季（苗期）为害严重。

生境

植株

花序

花

黄水枝　[拉丁名] *Tiarella polyphylla* D. Don
　　　　　[属　别] 黄水枝属 *Tiarella*
　　　　　[俗　名] 防风七、水前胡、博落

[形态特征]

多年生草本，高 20~45 cm；根状茎横走，深褐色，直径 3~6 mm。茎不分枝，密被腺毛。基生叶具长柄，叶片心形，长 2~8 cm，宽 2.5~10.0 cm，先端急尖，基部心形，掌状 3~5 浅裂，边缘具不规则浅齿，两面密被腺毛；叶柄长 2~12 cm，基部扩大呈鞘状，密被腺毛；托叶褐色；茎生叶通常 2~3 枚，与基生叶同形，叶柄较短。总状花序长 8~25 cm，密被腺毛；花梗长达 1 cm，被腺毛；萼片在花期直立，卵形，长约 1.5 mm，宽约 0.8 mm，先端稍渐尖，腹面无毛，背面和边缘具短腺毛，3 至多脉；无花瓣；雄蕊长约 2.5 mm，花丝钻形；心皮 2，不等大，下部合生，子房近上位，花柱 2。蒴果长 7~12 mm；种子黑褐色，椭圆球形，长约 1 mm。

[生长发育规律]

多年生草本，西南地区每年冬季植株略枯萎，次年春季重新萌芽，花果期 4—11 月。

[分布与为害]

长江流域呈地带性分布，西南地区主要分布于四川、贵州、云南。主要为害新垦药材栽培地或仿野生药材栽培田，春夏季（苗期）为害严重。

植株

叶

群落

花序

玄参科 Scrophulariaceae

宽叶腹水草 ［拉丁名］*Veronicastrum latifolium*（Hemsl.）T. Yamazaki
［属　别］腹水草属 *Veronicastrum*

[形态特征]

多年生草本，茎细长，弓曲，顶端着地生根，长可超过 1 m，圆柱形，仅上部有时有狭棱，通常被黄色倒生短曲毛，少完全无毛。叶具短柄，叶片圆形至卵圆形，长 3~7 cm，宽 2~5 cm，长略超过宽，基部圆形，平截形或宽楔形，顶端短渐尖，通常两面疏被短硬毛，少完全无毛，边缘具三角状锯齿。花序腋生，少兼顶生于侧枝上，长 1.5~4.0 cm；苞片和花萼裂片有睫毛；花冠淡紫色或白色，长约 5 mm，裂片短，正三角形，长不及 1 mm。蒴果卵状，长 2~3 mm。种子卵球状，长 0.3 mm，具浅网纹。

[生长发育规律]

多年生草本，西南地区每年冬季植株略枯萎，次年春季重新萌芽，花期 8—9 月。

[分布与为害]

分布在四川、贵州等地。生林缘或灌丛中。主要为害新垦药材栽培地或仿野生药材栽培田，春夏季（苗期）为害严重。

枝叶

植株

叶

叶背面

婆婆纳 ［拉丁名］*Veronica polita* Fries
［属　别］婆婆纳属 *Veronica*

[形态特征]

多年生草本，铺散多分枝，多少被长柔毛，高 10~25 cm。叶仅 2~4 对（腋间有花的为苞片），具 3~6 mm 长的短柄，叶片心形至卵形，长 5~10 mm，宽 6~7 mm，每边有 2~4 个深刻的钝齿，两面被白色长柔毛。总状花序很长；苞片叶状，下部的对生或全部互生；花梗比苞片略短；花萼裂片卵形，顶端急尖，果期稍增大，三出脉，疏被短硬毛；花冠淡紫色、蓝色、粉色或白色，直径 4~5 mm，裂片圆形至卵形；雄蕊比花冠短。蒴果近于肾形，密被腺毛，略短于花萼，宽 4~5 mm，凹口约为 90° 角，裂片顶端圆，脉不明显，宿存的花柱与凹口齐或略过之。种子背面具横纹，长约 1.5 mm。

[生长发育规律]

多年生草本，西南地区每年冬季植株略枯萎，次年春季重新萌芽，花期 3—10 月。

[分布与为害]

我国西南地区极为常见，主要为害新垦药材栽培地或仿野生药材栽培田，春夏季（苗期）为害严重。

生境

群落

叶背面

花

阿拉伯婆婆纳　[拉丁名] *Veronica persica* Poir.
　　　　　　　　[属　别] 婆婆纳属 *Veronica*

[形态特征]

多年生草本，铺散多分枝，高 10~50 cm。茎密生两列柔毛。叶 2~4 对（腋内生花的称苞片），具短柄，卵形或圆形，长 6~20 mm，宽 5~18 mm，基部浅心形，平截或浑圆，边缘具钝齿，两面疏生柔毛。总状花序很长；苞片互生，与叶同形且几乎等大；花梗比苞片长，有的超过 1 倍；花萼花期长仅 3~5 mm，果期增长达 8 mm，裂片卵状披针形，有睫毛，三出脉；花冠蓝色、紫色或蓝紫色，长 4~6 mm，裂片卵形至圆形，喉部疏被毛；雄蕊短于花冠。蒴果肾形，长约 5 mm，宽约 7 mm，被腺毛，成熟后几乎无毛，网脉明显，凹口角度超过 90°，裂片钝，宿存的花柱长约 2.5 mm，超出凹口。种子背面具深的横纹，长约 1.6 mm。

[生长发育规律]

多年生草本，西南地区每年冬季植株略枯萎，次年春季重新萌芽，花期 3—5 月。

[分布与为害]

长江流域呈地带性分布，西南地区主要分布于四川、贵州、云南。主要为害新垦药材栽培地或仿野生药材栽培田，春夏季（苗期）为害严重。

群落

群落

花

植株

泥花草　［拉丁名］*Lindernia antipoda*（L.）Alston
　　　　　［属　别］陌上菜属 *Lindernia*
　　　　　［俗　名］鸡蛋头棵

［形态特征］

一年生草本。根须状成丛。茎幼时亚直立，长大后多分枝，枝基部葡匐，下部节上生根，弯曲上升，高可达 30 cm，茎枝有沟纹，无毛。叶片矩圆形、矩圆状披针形、矩圆状倒披针形或条状披针形，长 0.3~4.0 cm，宽 0.6~1.2 cm，顶端急尖或圆钝，基部下延有宽短叶柄，近于抱茎，边缘有少数不明显的锯齿至有明显的锐锯齿或近于全缘，两面无毛。花多，在茎枝顶成总状着生，花序长者可达 15 cm，含花 2~20 朵；苞片钻形；花梗有条纹，顶端变粗，长者可达 1.5 cm，花期上升或斜展，在果期平展或反折；萼仅基部合生，齿 5，条状披针形，沿中肋和边缘略有短硬毛；花冠紫色、紫白色或白色，长可达

1 cm，管长可达 7 mm，上唇 2 裂，下唇 3 裂，上、下唇近等长；后方一对雄蕊能育，前方一对雄蕊退化、花药消失，花丝端钩曲有腺；花柱细，柱头扁平，片状。蒴果圆柱形，顶端渐尖，长约为宿萼的 2 倍或更长；种子为不规则三棱状卵形，褐色，有网状孔纹。

［生长发育规律］

一年生草本，每年春季萌芽，花果期春季至秋季，冬季植株枯萎。

［分布与为害］

分布于云南、四川、贵州等地。多生于田边及潮湿的草地中。主要为害大田药材栽培地、新垦或仿野生药材栽培田，春夏季（苗期）为害严重。

植株　　　　　　　　幼苗　　　　　　　　花序　　　　　　　　果序

母草　［拉丁名］*Lindernia crustacea*（L.）F. Muell.
　　　　［属　别］陌上菜属 *Lindernia*

［形态特征］

一年生草本。根须状。高 10~20 cm，茎常铺散成密丛，多分枝，枝弯曲上升，微方形有深沟纹，无毛。叶柄长 1~8 mm；叶片三角状卵形或宽卵形，长 10~20 mm，宽 5~11 mm，顶端钝或短尖，基部宽楔形或近圆形，边缘有浅钝锯齿，上面近于无毛，下面沿叶脉有稀疏柔毛或近于无毛。花单生于叶腋或在茎枝顶成极短的总状花序，花梗细弱，长 5~22 mm，有沟纹，近于无毛；花萼坛状，长 3~5 mm；花冠紫色，长 5~8 mm，上唇直立，卵形，钝头，有时 2 浅裂，下唇 3 裂，中间裂片较大，仅稍长于上唇；雄蕊 4，全育，2 强；花柱常早落。蒴果椭圆形，与宿萼近等长；种子近球形，浅黄褐色，有明显的蜂窝状瘤突。

［生长发育规律］

一年生草本，西南地区每年春季萌芽，冬季植株枯萎，花果期全年。

［分布与为害］

西南地区主要分布于四川、贵州、四川、重庆等地，生于田边、草地、路边等低湿处。主要为害大田药材栽培地、新垦或仿野生药材栽培田，春夏季（苗期）为害严重。

植株　　　　　　　　群落

植株　　　　　　　　花

陌上菜 [拉丁名] *Lindernia procumbens* (Krock.) Borbás
[属　别] 陌上菜属 Lindernia

[形态特征]

　　一年生直立草本。根细密成丛。茎高 5~20 cm，基部多分枝，无毛。叶无柄；叶片椭圆形至矩圆形多少带菱形，长 1.0~2.5 cm，宽 6~12 mm，顶端钝至圆头，全缘或有不明显的钝齿，两面无毛，叶脉并行，自叶基发出 3~5 条。花单生于叶腋，花梗纤细，长 1.2~2.0 cm，比叶长，无毛；萼仅基部联合，齿 5，条状披针形，长约 4 mm，顶端钝头，外面微被短毛；花冠粉红色或紫色，长 5~7 mm，管长约 3.5 mm，向上渐扩大，上唇短，长约 1 mm，2 浅裂，下唇甚大于上唇，长约 3 mm，3 裂，侧裂椭圆形，较小，中裂圆形，向前突出；雄蕊 4，全育，前方 2 枚雄蕊

的附属物腺体状且短小；花药基部微凹；柱头 2 裂。蒴果球形或卵球形，与萼近等长或略过之，室间 2 裂；种子多数，有格纹。

[生长发育规律]

　　一年生草本，西南地区每年春季种子萌发，花期 7—10 月，果期 9—11 月，冬季植株枯萎。

[分布与为害]

　　在西南地区的四川、贵州、云南等地分布较多。主要为害新垦药材栽培地或仿野生药材栽培田，春夏季（苗期）为害严重。

生境　　　　　　　　茎叶　　　　　　　　花　　　　　　　　植株

通泉草 [拉丁名] *Mazus pumilus*（Burm. f）Steenis
[属　别] 通泉草属 *Mazus*

[形态特征]

　　一年生草本，高 3~30 cm，无毛或疏生短柔毛。主根伸长，垂直向下或短缩，须根纤细，多数，散生或簇生。本种在体态上变化幅度很大，茎 1~5 或有时更多，直立，上升或倾卧状上升，着地部分节上常能长出不定根，分枝多而披散，少不分枝。基生叶少到多数，有时为莲座状或早落，倒卵状匙形至卵状倒披针形，膜质至薄纸质，长 2~6 cm，顶端全缘或有不明显的疏齿，基部楔形，下延成带翅的叶柄，边缘具不规则的粗齿或基部有 1~2 片浅羽裂；茎生叶对生或互生，少数，与基生叶相似或几乎等大。总状花序生于茎、枝顶端，常在近基部生花，伸长或上部成束状，通常 3~20 朵，花稀疏；花梗在果期长达 10 mm，上

部的较短；花萼钟状，花期时长约 6 mm，果期多少增长，萼片与萼筒近等长，卵形，端急尖，脉不明显；花冠白色、紫色或蓝色，长约 10 mm，上唇裂片卵状三角形，下唇中裂片较小，稍突出，倒卵圆形；子房无毛。蒴果球形；种子小而多数，黄色，种皮上有不规则的网纹。

[生长发育规律]

　　一年生草本，花果期 4—10 月。

[分布与为害]

　　在西南地区主要分布于四川、贵州、云南。主要为害新垦药材栽培地或仿野生药材栽培田，春夏季（苗期）为害严重。

植株　　　　　　　　植株　　　　　　　　植株　　　　　　　　花

茄科 Solanaceae

龙葵　[拉丁名] *Solanum nigrum* L.
　　　　[属　别] 茄属 *Solanum*
　　　　[俗　名] 黑天天、天茄菜、飞天龙、地泡子、假灯龙草、白花菜、小果果、野茄秧、山辣椒、灯龙草、野海角、野伞子、石海椒、小苦菜、野梅椒、野辣虎、悠悠、天星星、天天豆、颜柔、黑狗眼、滨藜叶龙葵

[形态特征]

一年生直立草本，高 0.25~1.00 m。茎无棱或棱不明显，绿色或紫色，近无毛或被微柔毛。叶卵形，长 2.5~10.0 cm，宽 1.5~5.5 cm，先端短尖，基部楔形至阔楔形并下延至叶柄，全缘或每边具不规则的波状粗齿，光滑或两面均被稀疏短柔毛，叶脉每边 5~6 条，叶柄长 1~2 cm。蝎尾状花序腋外生，由 3~6（10）花组成，总花梗长 1.0~2.5 cm，花梗长约 5 mm，近无毛或具短柔毛；萼小，浅杯状，直径 1.5~2.0 mm，齿卵圆形，先端圆；花冠白色，筒部隐于萼内，长不及 1 mm，冠檐长约 2.5 mm，5 深裂，裂片卵圆形，长约 2 mm；花丝短，花药黄色，长约 1.2 mm，约为花丝长度的 4 倍，顶孔向内；子房卵形，直径约 0.5 mm，花柱长约 1.5 mm，中部以下被白色茸毛，柱头小，头状。浆果球形，直径约 8 mm，熟时黑色。种子多数，近卵形，直径 1.5~2.0 mm，两侧压扁状。

[生长发育规律]

一年生草本，西南地区每年春季和秋季萌发，花期 5—8 月，果期 7—11 月，进入冬季植株枯萎死亡。

[分布与为害]

分布较广泛，西南各地均有分布，主要为害大田药材栽培地或仿野生药材栽培田，春夏季（苗期）为害严重。

植株

叶

花

果实

白英 [拉丁名] *Solanum lyratum* Thunberg
[属　别] 茄属 *Solanum*
[俗　名] 毛母猪藤、排风藤、生毛鸡屎藤、白英、北风藤、蔓茄、山甜菜、蜀羊泉、白毛藤、千年不烂心

[形态特征]

一年生草质藤本，株高达 3 m。茎及小枝均密被具节长柔毛。叶互生，多数为琴形，长 3.5~5.5 cm，宽 2.5~4.8 cm，基部常 3~5 深裂，裂片全缘，侧裂片愈近基部的愈小，端钝，中裂片较大，通常卵形，先端渐尖，两面均被白色发亮的长柔毛，中脉明显，侧脉在下面较清晰，通常每边 5~7 条；少数在小枝上部的叶为心脏形，小，长 1~2 cm；叶柄长 1~3 cm，有与茎枝相同的毛被。聚伞花序顶生或腋外生，疏花，总花梗长 2.0~2.5 cm，被具节的长柔毛，花梗长 0.8~1.5 cm，无毛，顶端稍膨大，基部具关节；萼环状，直径约 3 mm，无毛，萼齿 5 枚，圆形，顶端具短尖头；花冠蓝紫色或白色，直径约 1.1 cm，花冠筒隐于萼内，长约 1 mm，冠檐长约 6.5 mm，5 深裂，裂片椭圆状披针形，长约 4.5 mm，先端被微柔毛；花丝长约 1 mm，花药长圆形，长约 3 mm，顶孔略向上；子房卵形，直径不及 1 mm，花柱丝状，长约 6 mm，柱头小，头状。浆果球状，成熟时红黑色，直径约 8 mm；种子近盘状，扁平，直径约 1.5 mm。

[生长发育规律]

一年生草本，西南地区每年早春萌发，花期夏秋，果熟期秋末，冬季植株枯萎。

[分布与为害]

分布较广泛，西南地区云南、贵州、四川均有分布，喜生于海拔 100~2 800 m 山谷草地或路旁、田边。主要为害大田药材栽培地或仿野生药材栽培田，夏季（营养生长期）为害严重。

植株

茎叶

花

果实

珊瑚樱　[拉丁名] *Solanum pseudocapsicum* L.
　　　　　[属　别] 茄属 *Solanum*
　　　　　[俗　名] 吉庆果、冬珊瑚、假樱桃

[形态特征]

多年生直立分枝小灌木，高达 2 m，全株光滑无毛。叶互生，狭长圆形至披针形，长 1~6 cm，宽 0.5~1.5 cm，先端尖或钝，基部狭楔形下延成叶柄，边全缘或波状，两面均光滑无毛，中脉在下面凸出，侧脉 6~7 对，在下面更明显；叶柄长约 2~5 mm，与叶片不能截然分开。花多单生，稀双生或成短总状花序，无总花梗或近于无总花梗，腋外生或与叶对生，花梗长 3~4 mm；花小，白色，直径 0.8~1.0 cm；萼绿色，直径约 4 mm，5 裂，裂片长约 1.5 mm；花冠筒隐于萼内，长不及 1 mm，冠檐长约 5 mm，裂片 5，卵形，长约 3.5 mm，宽约 2 mm；花丝长不及 1 mm，花药黄色，矩圆形，长约 2 mm；子房近圆形，直径约 1 mm，花柱短，长约 2 mm，柱头截形。浆果橙红色，直径 1.0~1.5 cm，萼宿存，果柄长约 1 cm，顶端膨大。种子盘状，扁平，直径 2~3 mm。

[生长发育规律]

多年生小灌木，花期初夏，果期秋末。

[分布与为害]

原产于南美，我国将其作为观果植物引种栽培，后逸生成为杂草，常影响大田作物与中药材栽培地，形成草害。

果实

幼苗

花

植株

喀西茄 [拉丁名] *Solanum aculeatissimum* auct. non jacq.:C. C. Hsu
[属　　别] 茄属 *Solanum*

[形态特征]

一年生直立草本至亚灌木，茎、枝、叶及花柄多混生黄白色具节的长硬毛、短硬毛、腺毛及淡黄色基部宽扁的直刺，基部暗黄色。叶阔卵形，宽与长约相等，先端渐尖，基部戟形，5~7深裂，裂片边缘又有不规则的齿裂及浅裂；上面深绿，毛被在叶脉处更密；下面淡绿，除有与上面相同的毛被外，还有稀疏分散的星状毛；侧脉与裂片数相等，在上面平，在下面略凸出，其上分散着生基部宽扁的直刺，刺长5~15 mm；叶柄粗壮，长约为叶片之半。蝎尾状花序腋外生，短且少花，单生或2~4朵着生，花梗长约1 cm；萼钟状，绿色，直径约1 cm，5裂，裂片长圆状披针形，外面具细小的直刺及纤毛，边缘的纤毛更长而密；花冠筒淡黄色，隐于萼内，长约1.5 mm；冠檐白色，5裂，裂片披针形，具脉纹，开放时先端反折；花丝长约1.5 mm，花药在顶端延长，顶孔向上；子房球形，被微茸毛，花柱纤细，长约8 mm，光滑，柱头截形。浆果球状，直径2.0~2.5 cm，初时绿白色，具绿色花纹，成熟时淡黄色，宿萼上具纤毛及细直刺，后逐渐脱落；种子淡黄色，近倒卵形，扁平，直径约2.5 mm。

[生长发育规律]

一年生草本至亚灌木，花期春夏，果熟期冬季。

[分布与为害]

在西南地区多地均有逸生，在部分区域成为中药材栽培地杂草。繁衍力极强，嫩苗期即有刺布满全身，易在城乡荒山沟坡、废弃建筑工地等地形成茂盛种群，不易铲除。主要为害大田药材栽培地或仿野生药材栽培田，夏秋季为害严重。

植株

茎叶

花

果实

假酸浆 ［拉丁名］*Nicandra physalodes*（L.）Gaertner
　　　　 ［属　别］假酸浆属 *Nicandra*
　　　　 ［俗　名］鞭打绣球、冰粉、大千生

［形态特征］

　　一年生草本，茎直立，有棱条，无毛，高0.4~1.5 m，上部交互不等的二歧分枝。叶卵形或椭圆形，草质，长4~12 cm，宽2~8 cm，顶端急尖或短渐尖，基部楔形，边缘有具圆缺的粗齿或浅裂，两面有稀疏毛；叶柄长为叶片长的1/4~1/3。花单生于枝腋而与叶对生，通常具比叶柄长的花梗，俯垂；花萼5深裂，裂片顶端尖锐，基部心脏状箭形，有2尖锐的耳片，果时包围果实，直径2.5~4.0 cm；花冠钟状，浅蓝色，直径达4 cm，檐部有折襞，5浅裂。浆果球状，直径

1.5~2.0 cm，黄色。种子淡褐色，直径约1 mm。

［生长发育规律］

　　一年生草本，多以种子繁殖，每年春季萌发，花果期夏秋季。

［分布与为害］

　　原产于南美洲，我国南北各地将其作为药用或观赏植物栽培，西南地区四川、贵州、云南、重庆等地均有分布，属逸生种类，常生于田边、荒地或住宅区。易对大田栽培药材形成草害。

植株　　群落　　花　　果实

酸浆 ［拉丁名］*Alkekengi officinarum* Moench
　　　 ［属　别］酸浆属 *Alkekengi*
　　　 ［俗　名］泡泡草、洛神珠、灯笼草、打拍草、红姑娘、香姑娘、酸姑娘、菠萝果、戈力、天泡子、金灯果、菇莴

［形态特征］

　　多年生草本，基部常匍匐生根。茎高40~80 cm，基部略带木质，分枝稀疏或不分枝，茎节不甚膨大，常被有柔毛，尤其以幼嫩部分较密。叶长5~15 cm，宽2~8 cm，长卵形至阔卵形，有时菱状卵形，顶端渐尖，基部不对称狭楔形，下延至叶柄，全缘而波状或者有粗牙齿，有时每边具少数不等大的三角形大牙齿，两面被有柔毛，沿叶脉较密，上面的毛常不脱落，沿叶脉亦有短硬毛；叶柄长1~3 cm。花梗长6~16 mm，开花时直立，后来向下弯曲，密生柔毛且果时也不脱落；花萼阔钟状，长约6 mm，密生柔毛，萼齿三角形，边缘有硬毛；花冠辐状，白色，直径15~20 mm，裂片开展，阔而短，顶端骤然狭窄成三角形尖头，外面有短柔毛，边缘有缘毛；雄蕊及花柱均较花冠为短。果梗长2~3 cm，多少被宿存柔毛；果萼卵状，长2.5~4.0 cm，直径2.0~3.5 cm，薄革质，网脉显著，有10纵肋，橙色或火红色，被宿存的柔毛，顶端闭合，基部凹陷；浆果球状，橙红色，直径10~15 mm，柔软多汁。种子肾脏形，淡黄色，长约2 mm。

［生长发育规律］

　　多年生草本，西南地区每年冬季植株略枯萎，次年春季重新萌芽，花期5—9月，果期6—10月。

［分布与为害］

　　分布较广泛，西南地区主要分布于四川、贵州、重庆、云南。常生长于空旷地或山坡处，主要为害大田药材栽培地或仿野生药材栽培田，春夏季（苗期）为害严重。

茎叶　　群落

花序　　果实

伞形科 Apiaceae

积雪草　[拉丁名] *Centella asiatica* (L.) Urban
　　　　　[属　别] 积雪草属 *Centella*
　　　　　[俗　名] 铁灯盏、钱齿草、大金钱草、铜钱草、老鸦碗、马蹄草、崩大碗、雷公根

[形态特征]

　　多年生草本，茎匍匐，细长，节上生根。叶片膜质至草质，圆形、肾形或马蹄形，长 1.0~2.8 cm，宽 1.5~5.0 cm，边缘有钝锯齿，基部阔心形，两面无毛或在背面脉上疏生柔毛；掌状脉 5~7，两面隆起，脉上部分叉；叶柄长 1.5~27.0 cm，无毛或上部有柔毛，基部叶鞘透明，膜质。伞形花序梗 2~4 个，聚生于叶腋，长 0.2~1.5 cm，有或无毛；苞片通常 2，很少 3，卵形，膜质，长 3~4 mm，宽 2.1~3.0 mm；每一伞形花序有花 3~4，聚集呈头状，花无柄或有 1 mm 长的短柄；花瓣卵形，紫红色或乳白色，膜质，长 1.2~1.5 mm，宽 1.1~1.2 mm；花柱长约 0.6 mm；花丝短于花瓣，与花柱等长。果实两侧扁压状，圆球形，基部心形至平截形，长 2.1~3.0 mm，宽 2.2~3.6 mm，每侧有纵棱数条，棱间有明显的小横脉，网状，表面有毛或平滑。

[生长发育规律]

　　多年生草本，西南地区每年冬季植株略枯萎，次年春季重新萌芽，花果期 4—10 月。

[分布与为害]

　　分布较广泛，西南地区四川、贵州、重庆、云南均有分布，主要为害大田药材栽培地或仿野生药材栽培田，春夏季（苗期）为害严重。

群落

叶片

植株

植株

天胡荽 ［拉丁名］*Hydrocotyle sibthorpioides* Lam.
　　　　 ［属　别］天胡荽属 *Hydrocotgle*

［形态特征］

　　多年生草本，有气味。茎细长而匍匐，平铺地上成片，节上生根。叶片膜质至草质，圆形或肾圆形，长 0.5~1.5 cm，宽 0.8~2.5 cm，基部心形，两耳有时相接，不分裂或 5~7 裂，裂片阔倒卵形，边缘有钝齿，表面光滑，背面脉上疏被粗伏毛，有时两面光滑或密被柔毛；叶柄长 0.7~9.0 cm，无毛或顶端有毛；托叶略呈半圆形，薄膜质，全缘或稍有浅裂。伞形花序与叶对生，单生于节上；花序梗纤细，长 0.5~3.5 cm，短于叶柄；小总苞片卵形至卵状披针形，长 1.0~1.5 mm，膜质，有黄色透明腺点，背部有 1 条不明显的脉；小伞形花序有花 5~18，花无柄或有极短的柄，花瓣卵形，长约 1.2 mm，绿白色，有腺点；花丝与花瓣同长或稍超出，花药卵形；花

柱长 0.6~1.0 mm。果实略呈心形，长 1.0~1.4 mm，宽 1.2~2.0 mm，两侧扁压状，中棱在果熟时极为隆起，幼时表面草黄色，成熟时有紫色斑点。

［生长发育规律］

　　多年生草本，西南地区每年冬季植株略枯萎，次年春季重新萌芽，花果期 4—9 月。

［分布与为害］

　　分布较广泛，西南地区四川、贵州、重庆、云南均有分布，通常生长在海拔 475~3 000 m 湿润的草地、河沟边、林下等处。主要为害大田药材栽培地或仿野生药材栽培田，春夏季（苗期）为害严重。

群落

茎叶

叶片

群落

红马蹄草 ［拉丁名］*Hydrocotyle nepalensis* Hook.
　　　　　［属　别］天胡荽属 *Hydrocotyle*
　　　　　［俗　名］大马蹄草、一串钱、铜钱草、闹鱼草、大样驳骨草、金钱薄荷

[形态特征]

　　多年生草本，高5~45 cm。茎匍匐，有斜上分枝，节上生根。叶片膜质至硬膜质，圆形或肾形，长2~5 cm，宽3.5~9.0 cm，边缘通常5~7浅裂，裂片有钝锯齿，基部心形，掌状脉7~9，疏生短硬毛；叶柄长4~27 cm，上部密被柔毛，下部无毛或有毛；托叶膜质，顶端钝圆或有浅裂，长1~2 mm。伞形花序数个簇生于茎端叶腋，花序梗短于叶柄，长0.5~2.5 cm，有柔毛；小伞形花序有花20~60，常密集成球形的头状花序；花柄极短，长0.5~1.5 mm或很少超过2 mm，很少无柄，花柄基部有膜质、卵形或倒卵形的小总苞片；无萼齿；花瓣卵形，白色或乳白色，有时有紫红色斑点；花柱幼时内卷，花后向外反曲，基部隆起。果长1.0~1.2 mm，宽1.5~1.8 mm，基部心形，两侧扁压状，光滑或有紫色斑点，成熟后常呈黄褐色或紫黑色，中棱和背棱显著。

[生长发育规律]

　　多年生草本，西南地区每年冬季植株略枯萎，次年春季重新萌芽，花果期5—11月。

[分布与为害]

　　分布较广泛，西南地区四川、贵州、重庆、云南均有分布，主要为害大田药材栽培地或仿野生药材栽培田，春夏季（苗期）为害严重。

植株

群落

花叶

植株

鸭儿芹　［拉丁名］*Cryptotaenia japonica* Hassk.
　　　　　［属　别］鸭儿芹属 *Cryptotaenia*
　　　　　［俗　名］鸭脚板、鸭脚芹

［形态特征］

多年生草本，高 20~100 cm。主根短，侧根多数，细长。茎直立，光滑，有分枝，表面有时略带淡紫色。基生叶或上部叶有柄，叶柄长 5~20 cm，叶鞘边缘膜质；叶片轮廓三角形至广卵形，长 2~14 cm，宽 3~17 cm，通常为 3 小叶；中间小叶片呈菱状倒卵形或心形，长 2~14 cm，宽 1.5~10.0 cm，顶端短尖，基部楔形；两侧小叶片斜倒卵形至长卵形，长 1.5~13.0 cm，宽 1~7 cm，近无柄，所有的小叶片边缘有不规则的尖锐重锯齿，表面绿色，背面淡绿色，两面叶脉隆起，最上部的茎生叶近无柄，小叶片呈卵状披针形至窄披针形，边缘有锯齿。复伞形花序呈圆锥状，花序梗不等长，总苞片 1，呈线形或钻形，长 4~10 mm，宽 0.5~1.5 mm；伞辐 2~3，不等长，长 5~35 mm；小总苞片 1~3，长 2~3 mm，宽不及 1 mm。小伞形花序有花 2~4；花柄极不等长；萼齿细小，呈三角形；花瓣白色，倒卵形，长 1.0~1.2 mm，宽约 1 mm，顶端有内折的小舌片；花丝短于花瓣，花药卵圆形，长约 0.3 mm；花柱基圆锥形，花柱短，直立。分生果线状长圆形，长 4~6 mm，宽 2.0~2.5 mm，合生面略收缩，胚乳腹面近平直，每棱

槽内有油管 1~3 个，合生面有油管 4 个。

［生长发育规律］

多年生草本，西南地区每年冬季植株略枯萎，次年春季重新萌芽，花期 4—5 月，果期 6—10 月。

［分布与为害］

分布较广泛，西南地区四川、贵州、重庆、云南均有分布。根系发达，主要为害大田药材栽培地或仿野生药材栽培田，春夏季（苗期）为害严重。

植株　　　　茎叶

花　　　　根

野胡萝卜　［拉丁名］*Daucus carota* L.
　　　　　　［属　别］胡萝卜属 *Daucus*

［形态特征］

二年生草本，高 15~120 cm。茎单生，全体有白色粗硬毛。基生叶薄膜质，长圆形，二至三回羽状全裂，末回裂片线形或披针形，长 2~15 mm，宽 0.5~4.0 mm，顶端尖锐，有小尖头，光滑或有糙硬毛；叶柄长 3~12 cm；茎生叶近无柄，有叶鞘，末回裂片小或细长。复伞形花序，花序梗长 10~55 cm，有糙硬毛；总苞有多数苞片，呈叶状，羽状分裂，少有不裂的，裂片线形，长 3~30 mm；伞辐多数，长 2.0~7.5 cm，结果时外缘的伞辐向内弯曲；小总苞片 5~7，线形，不分裂或 2~3 裂，边缘膜质，具纤毛；花

通常白色，有时淡红色；花柄不等长，长 3~10 mm。果实圆卵形，长 3~4 mm，宽 2 mm，棱上有白色刺毛。

［生长发育规律］

二年生草本，西南地区每年冬季出苗，进行营养生长，次年春季进入生殖生长，花期 5—7 月，次年冬季植株枯萎，完成整个生活周期。

［分布与为害］

该物种适应性强，西南地区四川、贵州、重庆、云南均有分布。主要为害大田药材栽培地或仿野生药材栽培田，春夏季（苗期）为害严重。

茎叶　　　　生境　　　　花　　　　果实

窃衣 [拉丁名] *Torilis scabra* (Thunb.) DC.
[属　别] 窃衣属 *Torilis*

[形态特征]

一年生或多年生草本植物，高 10~70 cm。全株有贴生短硬毛，茎单生，有分枝，有细直纹和刺毛。叶与胡萝卜相似。复伞形花序顶生和腋生，总苞片通常无，伞辐 2~4 mm。果实长圆形，长 4~7 mm，宽 2~3 mm，有内弯或呈钩状的皮刺。

[生长发育规律]

一年生或多年生草本，西南地区每年春季种子萌发，花果期 4—11 月，秋季植株枯萎。

[分布与为害]

分布较广泛，西南地区四川、贵州、重庆、云南均有分布，主要为害大田药材栽培地或仿野生药材栽培田，春夏季（苗期）为害严重。

群落　　　　　　花

植株　　　　　　果实

莳萝 [拉丁名] *Anethum graveolens* L.
[属　别] 莳萝属 *Anethum*
[俗　名] 洋茴香、野茴香、土茴香

[形态特征]

一年生草本，稀为二年生，高 60~120 cm，全株无毛，有强烈香味。茎单一，直立，圆柱形，光滑，有纵长细条纹，径 0.5~1.5 cm。基生叶有柄，叶柄长 4~6 cm，基部有宽阔叶鞘，边缘膜质；叶片宽卵形，三至四回羽状全裂，末回裂片丝状，长 4~20 mm，宽不及 0.5 mm；茎上部叶较小，分裂次数少，无叶柄，仅有叶鞘。复伞形花序常呈二歧式分枝，伞形花序直径 5~15 cm；伞辐 10~25，稍不等长；无总苞片；小伞形花序有花 15~25；无小总苞片；花瓣黄色，中脉常呈褐色，长圆形或近方形，小舌片钝，近长方形，内曲；花柱短，先直后弯；萼齿不显；花柱基圆锥形至垫状。分生果卵状椭圆形，长 3~5 mm，宽 2~2.5 mm，成熟时褐色，背部压扁状，背棱细但明显突起，侧棱狭翅状，灰白色；每棱槽内油管 1 个，合生面有油管 2 个；胚乳腹面平直。

[生长发育规律]

一年生草本，西南地区每年春季种子萌发，花期 5—8 月，果期 7—9 月，冬季植株枯萎。

[分布与为害]

分布较广泛，西南地区四川、贵州、重庆、云南均有分布。主要为害大田药材栽培地或仿野生药材栽培田，春夏季（苗期）为害严重。

茎叶　　　　　　植株上部　　　　　　花　　　　　　花

水芹 [拉丁名] *Oenanthe javanica*（Bl.）DC.
　　　　[属　别] 水芹属 *Oenanthe*
　　　　[俗　名] 野芹菜、水芹菜

[形态特征]

　　多年生草本，高 15~80 cm，茎直立或基部匍匐。基生叶有柄，柄长达 10 cm，基部有叶鞘；叶片三角形，一至二回羽状分裂，末回裂片卵形至菱状披针形，长 2~5 cm，宽 1~2 cm，边缘有牙齿或圆齿状锯齿；茎上部叶无柄，裂片和基生叶的裂片相似，较小。复伞形花序顶生，花序梗长 2~16 cm；无总苞；伞辐 6~16，不等长，长 1~3 cm，直立和展开；小总苞片 2~8，线形，长 2~4 mm；小伞形花序有花 20 余朵，花柄长 2~4 mm；萼齿线状披针形，长与花柱基相等；花瓣白色，倒卵形，长 1 mm，宽 0.7 mm，有一长而内折的小舌片；花柱基圆锥形，花柱直立或两侧分开，长 2 mm。果实近于四角状椭圆形或筒状长圆形，长 2.5~3.0 mm，宽 2 mm，侧棱较背棱和中棱隆起，木栓质，分生果横剖面近于五边状的半圆形；每棱槽内有油管 1 个，合生面有油管 2 个。

[生长发育规律]

　　多年生草本，西南地区每年冬季植株略枯萎，次年春季重新萌芽，花期 6—7 月，果期 8—9 月。

[分布与为害]

　　分布较广泛，西南地区四川、贵州、重庆、云南均有分布，也是一种野菜，但野生水芹根系发达，极易成活，会为害大田药材栽培地或仿野生药材栽培田，春夏季（苗期）为害严重。

群落

植株

花

群落

荨麻科 Urticaceae

花点草 ［拉丁名］*Nanocnide japonica* Bl.
　　　　 ［属　别］花点草属 *Nanocnide*

[形态特征]

多年生小草本。茎直立，自基部分枝，下部多少匍匐，高 10~25（45）cm，常半透明，黄绿色，有时上部带紫色，被向上倾斜的微硬毛。叶三角状卵形或近扇形，长 1.5~3（4）cm，宽 1.3~2.7（4）cm，先端钝圆，基部宽楔形、圆形或近截形，边缘每边具 4~7 枚圆齿或粗牙齿，茎下部的叶较小，扇形或三角形，基部截形或浅心形，上面翠绿色，疏生紧贴的小刺毛，下面浅绿色，有时带紫色，疏生短柔毛，钟乳体短杆状，两面均明显，基出脉 3~5 条，次级脉与细脉呈二叉状分枝；茎下部的叶柄较长；托叶膜质，宽卵形，长 1.0~1.5 mm，具缘毛。雄花序为多回二歧聚伞花序，生于枝的顶部叶腋，直径 1.5~4.0 cm，疏松，具长梗，长过叶，花序梗被向上倾斜的毛；雌花序密集成团伞花序，直径 3~6 mm，具短梗。雄花具梗，紫红色，直径 2~3 mm；花被 5 深裂，裂片卵形，长约 1.5 mm，

背面近中部有横向的鸡冠状突起物，其上缘生长毛；雄蕊 5 枚；退化雌蕊宽倒卵形，长约 0.5 mm。雌化长约 1 mm，花被绿色，不等 4 深裂，外面一对生于雌蕊的背腹面，较大，倒卵状船形，稍长于子房，具龙骨状突起，先端有 1~2 根透明长刺毛，背面和边缘疏生短毛；内面一对裂片，生于雌蕊的两侧，长倒卵形，较窄小，顶生一根透明长刺毛。瘦果卵形，黄褐色，长约 1 mm，有疣点状突起。

[生长发育规律]

多年生草本，西南地区每年冬季植株略枯萎，次年春季重新萌芽，花期 4—5 月，果期 6—7 月。

[分布与为害]

分布较广泛，西南地区四川、贵州、重庆、云南均有分布，常生于海拔 100~1 600 m 山谷林下和石缝阴湿处，为害大田药材栽培地或仿野生药材栽培田，春夏季（苗期）为害严重。

叶

群落

植株

花果

大蝎子草 [拉丁名] *Girardinia diversifolia*（Link）Friis
[属　别] 蝎子草属 *Girardinia*
[俗　名] 浙江蝎子草、台湾蝎子草、棱果蝎子草

[形态特征]

多年生高大草本，茎下部常木质化；茎高达 2 m，具 5 棱，生刺毛和细糙毛或伸展的柔毛，多分枝。叶片宽卵形、扁圆形或五角形，茎干的叶较大，分枝上的叶较小，长和宽均为 8~25 cm，基部宽心形或近截形，具 (3) 5~7 深裂片，稀不裂，边缘有不规则的牙齿或重牙齿，上面疏生刺毛和糙伏毛，下面生糙伏毛或短硬毛，在脉上疏生刺毛，基生脉 3 条；叶柄长 3~15 cm，毛被同茎上的；托叶大，长圆状卵形，长 10~30 mm，外面疏生细糙伏毛。花雌雄异株或同株，雌花序生于上部叶腋处，雄花序生于下部叶腋处，多次二叉状分枝排成总状或近圆锥状，长 5~11 cm；雌花序总状或近圆锥状，稀长穗状，在果时长 10~25 cm，序轴上具糙伏毛和伸展的粗毛，小团伞花枝上密生刺毛和细粗毛。雄花近无梗，花被片 4，卵形，内凹，外面疏生细糙毛；退化雌蕊杯状。雌花长约 0.5 mm，花被片大的一枚为舟形，长约 0.4 mm（在果时增长到约 1 mm），先端有 3 齿，背面疏生细糙毛，小的一枚为条形，较短；子房狭长圆状卵形。瘦果近心形，稍扁，长 2.5~3.0 mm，熟时变棕黑色，表面有粗疣点。

[生长发育规律]

多年生草本，西南地区每年冬季植株略枯萎，次年春季重新萌芽，花期 9—10 月，果期 10—11 月。

[分布与为害]

分布较广泛，西南地区四川、贵州、重庆、云南均有分布，常生于山谷、溪旁、山地林边或疏林下。植株高大，皮刺明显，为害新垦药田和仿野生药材栽培地。

生境

茎叶

植株

群落

苎麻 [拉丁名] *Boehmeria nivea*（L.）Gaudich.
　　　[属　别] 苎麻属 *Boehmeria*
　　　[俗　名] 野麻、野苎麻、家麻、苎仔、青麻、白麻

[形态特征]

　　多年生亚灌木或灌木，高 0.5~1.5 m；茎上部与叶柄均密被开展的长硬毛和近开展或贴伏的短糙毛。叶互生；叶片草质，通常圆卵形或宽卵形，少数卵形，长 6~15 cm，宽 4~11 cm，顶端骤尖，基部近截形或宽楔形，边缘在基部之上有牙齿，上面稍粗糙，疏被短伏毛，下面密被雪白色毡毛，侧脉约 3 对；叶柄长 2.5~9.5 cm；托叶分生，钻状披针形，长 7~11 mm，背面被毛。圆锥花序腋生，或植株上部的为雌性，其下的为雄性，或同一植株的全为雌性，长 2~9 cm；雄团伞花序直径 1~3 mm，有少数雄花；雌团伞花序直径 0.5~2.0 mm，有多数密集的雌花。雄花：花被片 4，狭椭圆形，长约 1.5 mm，合生至中部，顶端急尖，外面有疏柔毛；雄蕊 4，长约 2 mm，花药长约 0.6 mm；退化雌蕊狭倒卵球形，长约 0.7 mm，顶端有短柱头。

雌花：花被椭圆形，长 0.6~1.0 mm，顶端有 2~3 小齿，外面有短柔毛，果期菱状倒披针形，长 0.8~1.2 mm；柱头丝形，长 0.5~0.6 mm。瘦果近球形，长约 0.6 mm，光滑，基部突缩成细柄。

[生长发育规律]

　　多年生亚灌木或灌木，西南地区每年冬季植株略枯萎，次年春季重新萌芽，花期 8—10 月。

[分布与为害]

　　分布较广泛，西南地区四川、贵州、重庆、云南均有分布，常生于海拔 200~1 700 m 山谷林边或草坡处。该物种是一种纤维植物资源，其根系发达，植株生长势极强，常为害大田药材栽培地或仿野生药材栽培田，春夏季（苗期）为害严重，不易彻底拔除。

生境

植株

花序

群落

密球苎麻 ［拉丁名］*Boehmeria densiglomerata* W. T. Wang
　　　　　［属　别］苎麻属 *Boehmeria*

［形态特征］

　　多年生草本。茎高 32~46 cm，分枝或不分枝，上部疏被短糙伏毛，下部无毛。叶对生；叶片草质，心形或圆卵形，长 5.0~9.4 cm，宽 5.2~8.0 cm，顶端渐尖，基部近心形或心形，边缘具牙齿，两面有稍密的短糙伏毛，基出脉 3 条，侧脉 2~3 对；叶柄长 2.5~6.9 cm，疏被短糙伏毛；托叶钻状三角形，长约 7 mm。花序长 2.5~5.5 cm，两性花序下部或近基部有少数分枝、稀不分枝，雄性花序分枝，雌性花序不分枝、穗状；雄团伞花序直径约 2 mm，雌团伞花序直径 2.0~2.5 mm，互相邻接；苞片狭三角形，长 1.2~2.0 mm。雄花：花被片 4，椭圆形，长约 1 mm，基部合生，外面疏被短糙伏毛；雄蕊 4，花丝长 1.6 mm，花药直径 0.6 mm；退化雌蕊倒卵球形，

长约 0.5 mm。雌花：花被纺锤形，狭倒卵形或倒卵形，长约 0.7 mm，果期长 1.0~1.3 mm，顶端有 2 小齿，外面被短糙伏毛；柱头长约 1 mm。瘦果卵球形或狭倒卵球形，长 1.0~1.2 mm，光滑。

［生长发育规律］

　　多年生草本，西南地区每年冬季植株略枯萎，次年春季重新萌芽，花期 6—8 月。

［分布与为害］

　　西南地区主要分布于云南（屏边）、四川西部和南部、重庆东南部与东北部、贵州西南部，常生于海拔 250~1 300 m 山谷沟边或林中。为害大田药材栽培地或仿野生药材栽培田，春夏季（药材营养生长期）为害严重。

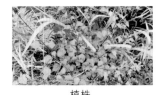 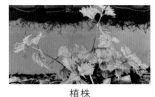  

植株　　　　　　　　植株　　　　　　　　花果　　　　　　　　群落

序叶苎麻 ［拉丁名］*Boehmeria clidemioides* var. *diffusa* （Wedd.）Hand.-Mazz.
　　　　　［属　别］苎麻属 *Boehmeria*
　　　　　［俗　名］合麻仁、水苎麻、水苏麻、米麻、野麻藤

［形态特征］

　　多年生草本或亚灌木；茎高 0.9~3.0 m，不分枝或有少数分枝，上部多少密被短伏毛。叶互生，下部的叶有时近对生；叶片纸质或草质，卵形、狭卵形或长圆形，长 5~14 cm，宽 2.5~7.0 cm，顶端长渐尖或骤尖，基部圆形，稍偏斜，边缘自中部以上有小或粗牙齿，两面有短伏毛，上面常粗糙，基出脉 3 条，侧脉 2~3 对；叶柄长 0.7~6.8 cm。穗状花序单生叶腋，通常雌雄异株，长 4.0~12.5 cm，顶部有 2~4 叶；叶狭卵形，长 1.5~6.0 cm；团伞花序直径 2~3 mm，除在穗状花序上着生外，也常生于叶腋。雄花：无梗，花被片 4，椭圆形，长约 1.2 mm，下部合生，外面有疏毛；雄蕊 4，长约 2 mm，花药长约 0.6 mm；退化雌蕊椭圆形，长约 0.5 mm。雌花：花被椭圆形或狭倒卵形，长 0.6~1.0 mm，果期长约 1.5 mm，顶端有 2~3 小齿，外面上部有短毛；柱头长 0.7~1.8 mm。

［生长发育规律］

　　多年生草本或亚灌木，西南地区每年冬季植株正常生长，次年春末重新萌芽，花期 6—8 月。

［分布与为害］

　　该物种在我国的分布范围极广，几乎遍及全国。常生于海拔 400~2 200 m 山坡林下或岩石缝等阴湿处。为害大田药材栽培地或仿野生药材栽培田，春夏季（药材营养生长期）为害严重。

群落　　　　　　　　　　　叶

群落　　　　　　　　　　　果实

透茎冷水花　[拉丁名] *Pilea pumila*（L.）A. Gray
　　　　　　　[属　别] 冷水花属 *Pilea*

[形态特征]

　　一年生草本。茎肉质，直立，高 5~50 cm，无毛，分枝或不分枝。叶近膜质，同对的近等大，近平展，菱状卵形或宽卵形，长 1~9 cm，宽 0.6~5.0 cm，先端渐尖、短渐尖、锐尖或微钝（尤其是下部的叶），基部常宽楔形，有时钝圆，边缘除基部全缘外，其上有牙齿或牙状锯齿，稀近全缘，两面疏生透明硬毛，钟乳体条形，长约 0.3 mm，基出脉 3 条，侧出的一对微弧曲，伸达上部与侧脉网结或达齿尖，侧脉数对，不明显，上部的几对常网结；叶柄长 0.5~4.5 cm，上部近叶片基部常疏生短毛；托叶卵状长圆形，长 2~3 mm，后脱落。花雌雄同株并常同序，雄花常生于花序的下部，花序蝎尾状，密集，生于几乎每个叶腋处，长 0.5~5.0 cm，雌花枝在果时增长。雄花具短梗或无梗，在芽时倒卵形，长 0.6~1.0 mm；花被片常 2，有时 3~4，近船形，外面近先端处有短角突起；雄蕊 2（~3~4）；退化雌蕊不明显。雌花花被片 3，近等大，或侧生的两枚较大，中间的一枚较小，条形，在果时长不过果实或与果实近等长，而不育的雌花花被片更长；退化雄蕊在果时增大，椭圆状长圆形，长及花被片的一半。瘦果三角状卵形，扁，长 1.2~1.8 mm，初时光滑，常有褐色或深棕色斑点，熟时色斑多少隆起。

[生长发育规律]

　　一年生草本，西南地区每年冬季植株仍能正常生长，次年春末进入生殖生长期，花期 6—8 月，果期 8—10 月。

[分布与为害]

　　分布十分广泛，我国南北各地均有野生，常生于海拔 400~2 200 m 山坡林下或岩石缝的阴湿处。常为害大田药材栽培地或仿野生药材栽培田，春夏季（苗期）为害严重。

群落

花

根

雾水葛 [拉丁名] *Pouzolzia zeylanica*（L.）& Benn.R. Br
[属 别] 雾水葛属 *Pouzolzia*

[形态特征]

多年生草本。茎直立或渐升，高 12~40 cm，不分枝，通常在基部或下部有 1~3 对对生的长分枝，枝条不分枝或有少数极短的分枝，有短伏毛，或混有开展的疏柔毛。叶全部对生，或茎顶部的叶对生；叶片草质，卵形或宽卵形，长 1.2~3.8 cm，宽 0.8~2.6 cm，短分枝的叶很小，长约 6 mm，顶端短渐尖或微钝，基部圆形，边缘全缘，两面有疏伏毛，或有时下面的毛较密，侧脉 1 对；叶柄长 0.3~1.6 cm。团伞花序通常两性，直径 1.0~2.5 mm；苞片三角形，长 2~3 mm，顶端骤尖，背面有毛。雄花有短梗，花被片 4，狭长圆形或长圆状倒披针形，长约 1.5 mm，基部稍合生，外面有疏毛；雄蕊 4，长约 1.8 mm，花药长约 0.5 mm；退化雌蕊狭倒卵形，长约 0.4 mm。雌花：花被椭圆形或近菱形，长约 0.8 mm，顶端有 2 小齿，外面密被柔毛，果期呈菱状卵形，长约 1.5 mm；柱头长 1.2~2.0 mm。瘦果卵球形，长约 1.2 mm，淡黄白色，上部褐色，或全部黑色，有光泽。花期秋季。

[生长发育规律]

多年生草本，西南地区每年冬季植株正常生长，次年春季营养生长进入旺盛期，每年秋季开花结果。

[分布与为害]

分布较为广泛，西南地区主要分布于云南南部和东部，以及四川、重庆、贵州等多个地区。常生于海拔 300~1 300 m 平地的草地或田边，丘陵或低山的灌丛或疏林、沟边，为害大田药材栽培地或仿野生药材栽培田，春夏季（苗期）为害严重。

果实

叶

花

糯米团 [拉丁名] *Gonostegia hirta* (Bl.) Miq.

　　　　[属　别] 糯米团属 *Gonostegia*

　　　　[俗　名] 糯米草、红头带、猪粥菜、蚌巢草、糯米莲、糯米藤、糯米条、糯米菜、糯米芽、饭甸子

[形态特征]

多年生草本，有时茎基部变木质；茎蔓生、铺地或渐升，长50~100（160）cm，基部粗1~2.5 mm，不分枝或分枝，上部带四棱形，有短柔毛。叶对生；叶片草质或纸质，宽披针形至狭披针形、狭卵形、稀卵形或椭圆形，长（1）3~10 cm，宽（0.7）1.2~2.8 cm，顶端长渐尖至短渐尖，基部浅心形或圆形，边缘全缘，上面稍粗糙，有稀疏短伏毛或近无毛，下面沿脉有疏毛或近无毛，基出脉3~5条；叶柄长1~4 mm；托叶钻形，长约2.5 mm。团伞花序腋生，通常两性，有时单性，雌雄异株，直径2~9 mm；苞片三角形，长约2 mm。雄花：花梗长1~4 mm；花蕾直径约2 mm，在内折线上有稀疏长柔毛；花被片5，分生，倒披针形，长2.0~2.5 mm，顶端短骤尖；雄蕊5，花丝条形，长2.0~2.5 mm，花药长约1 mm；

退化雌蕊极小，圆锥状。雌花：花被菱状狭卵形，长约1 mm，顶端有2小齿，有疏毛，果期呈卵形，长约1.6 mm，有10条纵肋；柱头长约3 mm，有密毛。瘦果卵球形，长约1.5 mm，白色或黑色，有光泽。

[生长发育规律]

多年生草本，西南地区每年冬季植株略枯萎，次年春季继续生长，花期5—9月。

[分布与为害]

分布较广泛，西南地区四川、贵州、重庆、云南均有分布，常生于海拔100~1 000 m低山林下、灌丛、沟边，常为害大田药材栽培地或仿野生药材栽培田，春夏季（苗期）为害严重。

植株

花

果实

马鞭草科 Verbenaceae

马鞭草　[拉丁名] *Verbena officinalis* L.

　　　　[属　别] 马鞭草属 *Verbena*

　　　　[俗　名] 蜻蜓饭、蜻蜓草、凤须草、土马鞭、粘身蓝被、兔子草、蛤蟆棵、透骨草、马鞭稍、马鞭子

[形态特征]

多年生草本，高 30~120 cm。茎四方形，近基部可为圆形，节和棱上有硬毛。叶片卵圆形至倒卵形或长圆状披针形，长 2~8 cm，宽 1~5 cm，基生叶的边缘通常有粗锯齿和缺刻，茎生叶多数 3 深裂，裂片边缘有不整齐锯齿，两面均有硬毛，背面脉上尤多。穗状花序顶生和腋生，细弱，结果时长达 25 cm，花小，无柄，最初密集，结果时疏离；苞片稍短于花萼，具硬毛；花萼长约 2 mm，有硬毛，有 5 脉，脉间凹穴处质薄而色淡；花冠淡紫色至蓝色，长 4~8 mm，外面有微毛，裂片 5；雄蕊 4，着生于花冠管的中部，花丝短；子房无毛。果长圆形，长约 2 mm，外果皮薄，成熟时 4 瓣裂。

[生长发育规律]

多年生草本，西南地区每年冬季植株地上部分枯萎，次年春季重新抽生枝叶，花期 6—8 月，果期 7—10 月。

[分布与为害]

分布较广泛，西南地区四川、贵州、重庆、云南均有分布，常生于路边、山坡、溪边或林旁。主要为害新垦药材栽培地或仿野生药材栽培田，春夏季（苗期）为害严重。

茎

生境

花

叶

过江藤 [拉丁名] *Phyla nodiflora*（L.）Greene
[属　别] 过江藤属 *Verbena*
[俗　名] 蓬莱草、苦舌草、水马齿苋、鸭脚板、铜锤草、大二郎箭、虾子草、水黄芹、过江龙

[形态特征]

多年生草本，有木质宿根，多分枝，全体有紧贴的丁字状短毛。叶近无柄，匙形、倒卵形至倒披针形，长 1~3 cm，宽 0.5~1.5 cm，顶端钝或近圆形，基部狭楔形，中部以上的边缘有锐锯齿；穗状花序腋生，卵形或圆柱形，长 0.5~3.0 cm，宽约 0.6 cm，有长 1~7 cm 的花序梗；苞片宽倒卵形，宽约 3 mm；花萼膜质，长约 2 mm；花冠白色、粉红色至紫红色，内外无毛；雄蕊短小，不伸出花冠外；子房无毛。果淡黄色，长约 1.5 mm，内藏于膜质的花萼内。

[生长发育规律]

多年生草本植物，西南地区每年冬季植株地上部分枯萎，次年春季重新抽生枝叶，花果期 6—10 月。

[分布与为害]

广泛分布于我国长江流域，西南地区四川、贵州、重庆、云南均有分布，常生长在海拔 300~2 300 m 的山坡、平地、河滩等湿润地方。主要为害新垦药材栽培地或仿野生药材栽培田，春季（苗期）和夏季（营养生长期）为害严重。

群落

茎

花叶

果实

叉枝荟 [拉丁名] *Tripora divaricata*（Maxim.）P. D. Cantino
[属　别] 叉枝荟属 *Caryopteris*
[俗　名] 荟、雁金草

[形态特征]

多年生草本，高约 80 cm。茎方形，疏被柔毛或无毛。叶片膜质，卵圆形、卵状披针形至长圆形，长 2~14 cm，宽 1.2~5.0 cm，顶端渐尖至尾尖，基部近圆形或楔形，下延成翼，边缘具粗齿，两面疏生柔毛或背面的毛较密，侧脉 3~5 对；叶柄长 0.5~2.0 cm。二歧聚伞花序腋生，花序梗长 2~3（11）cm，疏被柔毛，苞片披针形至线形；花萼杯状，外面被柔毛，长 2~4 mm，结果时增大近一倍，顶端 5 浅裂，裂齿三角形，长 0.6~1.0 mm；花冠紫色或红色，长 1~2 cm，外面被疏毛，喉部疏生柔毛，顶端 5 裂，裂片全缘，下唇中裂片较大，花冠管长 1.0~1.5 cm；雄蕊 4 枚，与花柱均伸出花冠管外；子房无毛，有或无腺点。蒴果黑棕色，4 瓣裂，无毛，无翅，有网纹。

[生长发育规律]

多年生草本植物，西南地区每年冬季植株地上部分枯萎，次年春季重新抽生枝叶，花果期 8—9 月。

[分布与为害]

主要分布于我国西南和华中地区，西南地区主要分布在四川和云南中北部，常生于海拔 660~2 900 m 的山坡草地或疏林中。主要为害新垦药材栽培地或仿野生药材栽培田，春夏季（苗期）为害严重。

群落

茎叶

花

花

堇菜科 Violaceae

深圆齿堇菜　[拉丁名] *Viola davidii* Franch.
　　　　　　　[属　别] 堇菜属 *Viola*
　　　　　　　[俗　名] 浅圆齿堇菜

[形态特征]

　　多年生草本，细弱无毛。无地上茎或几无地上茎，高 4~9 cm，有时具匍匐枝。根状茎细，几垂直，节密生。叶基生；叶片圆形或有时肾形，长、宽均为 1~3 cm，先端圆钝，基部浅心形或截形，边缘具较深圆齿，两面无毛，上面深绿色，下面灰绿色；叶柄长短不等，长 2~5 cm，无毛；托叶褐色，离生或仅基部与叶柄合生，披针形，长约 0.5 mm，先端渐尖，边缘疏生细齿。花白色或有时淡紫色；花梗细，长 4~9 cm，上部有 2 枚线形小苞片；萼片披针形，长 3~5 mm，宽 1.5~2.0 mm，先端稍尖，基部附属物短，末端截形，边缘膜质；花瓣倒卵状长圆形，上方花瓣长 1.0~1.2 cm，宽约 4 mm，侧方花瓣与上方花瓣近等大，里面无须毛，下方花瓣较短，连距长约 9 mm，有紫色脉纹；距较短，长约 2 mm，囊状；

花药长约 1.5 mm，药隔顶端附属物长约 1 mm，下方雄蕊的距为钝角状，长约 1.5 mm；子房球形，有褐色腺点，花柱棍棒状，基部膝曲，柱头两侧及后方有狭缘边，前方具短喙。蒴果椭圆形，长约 7 mm，无毛，常具褐色腺点。

[生长发育规律]

　　多年生草本，西南地区每年冬季植株地上部分枯萎，当年冬季即可重新抽生新叶，花期 3—6 月，果期 5—8 月。

[分布与为害]

　　我国长江流域分布广泛，西南地区四川、贵州、云南、重庆等地均有分布，常生于林下、林缘、山坡草地、溪谷或石上阴蔽处。是常见杂草，主要为害新垦药材栽培地或仿野生药材栽培田，春夏季（苗期）为害严重。

植株

植株

花

七星莲 [拉丁名] *Viola diffusa* Ging.

[属 别] 堇菜属 *Viola*

[俗 名] 蔓茎堇菜、须毛蔓茎堇菜、光蔓茎堇菜、短须毛七星莲

[形态特征]

一年生草本，全体被糙毛或白色柔毛，或近无毛，花期生出地上匍匐枝。匍匐枝先端具莲座状叶丛，通常生不定根。根状茎短，具多条白色细根及纤维状根。基生叶多数，丛生呈莲座状，或于匍匐枝上互生；叶片卵形或卵状长圆形，先端钝或稍尖，基部宽楔形或截形，稀浅心形，明显下延于叶柄，边缘具钝齿及缘毛，幼叶两面密被白色柔毛，后渐变稀疏，但叶脉上及两侧边缘仍被较密的毛；叶柄长 2.0~4.5 cm，具明显的翅，通常有毛；托叶基部与叶柄合生，2/3 离生，线状披针形，先端渐尖，边缘具稀疏的细齿或疏生流苏状齿。花较小，淡紫色或浅黄色，具长梗，生于基生叶或匍匐枝叶丛的叶腋间；花梗纤细，无毛或被疏柔毛，中部有 1 对线形苞片；萼片披针形，先端尖，基部附属物短，末端圆或具稀疏细齿，边缘疏生睫毛；侧方花瓣倒卵形或长圆状倒卵形，无须毛，下方花瓣连距长约 6 mm，较其他花瓣显著短；距极短，长仅 1.5 mm，稍露出萼片附属物之外；下方 2 枚雄蕊背部的距短而宽，呈三角形；子房无毛，花柱棍棒状，基部稍膝曲，上部渐增粗，柱头两侧及后方具肥厚的缘边，中央部分稍隆起，前方具短喙。蒴果长圆形，直径约 3 mm，长约 1 cm，无毛，顶端常具宿存的花柱。

[生长发育规律]

一年生草本，西南地区每年冬季出苗，春季营养生长旺盛，花期 3—5 月，果期 5—8 月，晚秋植株枯萎。

[分布与为害]

我国长江流域以南分布广泛，西南地区主要分布在四川、贵州、云南，常生于山地林下、林缘、草坡、溪谷旁、岩石缝隙中，海拔适应范围较广。主要为害新垦药材栽培地或仿野生药材栽培田，春夏季（苗期）为害严重。

生境

植株

种子

果实

长萼堇菜 ［拉丁名］*Viola inconspicua* Blume

［属　别］堇菜属 *Viola*

［俗　名］湖南堇菜

［形态特征］

　　多年生草本，无地上茎。根状茎垂直或斜生，较粗壮，节密生，通常被残留的褐色托叶所包被。叶均基生，呈莲座状；叶片三角形、三角状卵形或戟形，最宽处在叶的基部，中部向上渐变狭，先端渐尖或尖，基部宽心形，弯缺呈宽半圆形，两侧垂片发达，通常平展，稍下延于叶柄成狭翅，边缘具圆锯齿，两面通常无毛，少有在下面的叶脉及近基部的叶缘上有短毛，上面密生乳头状小白点，但在较老的叶上则变成暗绿色；叶柄无毛；托叶 3/4 与叶柄合生，分离部分披针形，先端渐尖，边缘疏生流苏状短齿，稀全缘，通常有褐色锈点。花淡紫色，有暗色条纹；花梗细弱，通常与叶片等长或稍高出于叶，无毛或上部被柔毛，中部稍上处有 2 枚线形小苞片；萼片卵状披针形或披针形，顶端渐尖，基部附属物伸长，末端具缺刻状浅齿，具狭膜质缘，无毛或具纤毛；花瓣长圆状倒卵形，长7~9 mm，侧方花瓣里面基部有须毛，下方花瓣连距长 10~12 mm；距管状，直，末端钝；下方雄蕊背部的距呈角状，长约 2.5 mm，顶端尖，基部宽；子房球形，无毛，花柱棍棒状，长约 2 mm，基部稍膝曲，顶端平，两侧具较宽的缘边，前方具明显的短喙，喙端具向上开口的柱头孔。蒴果长圆形，长 8~10 mm，无毛。种子卵球形，长 1.0~1.5 mm，深绿色。

［生长发育规律］

　　多年生草本，西南地区每年冬季植株地上部分枯萎，当年冬季即可重新抽生新叶，花果期 3—11 月。

［分布与为害］

　　我国长江流域分布广泛，西南地区四川、贵州、云南、重庆等地均有分布，常生林下、林缘、山坡草地、溪谷或石上阴蔽处。是常见杂草，主要为害新垦药材栽培地或仿野生药材栽培田，春夏季（苗期）为害严重。

花叶

生境

植株

花

戟叶堇菜 ［拉丁名］*Viola betonicifolia* Sm.
　　　　　［属　别］堇菜属 *Viola*
　　　　　［俗　名］尼泊尔堇菜、箭叶堇菜

[形态特征]

　　多年生草本，无地上茎。根状茎通常较粗短，斜生或垂直，有数条粗长的淡褐色根。叶多数，均基生，莲座状；叶片狭披针形、长三角状戟形或三角状卵形，先端尖，有时稍钝圆，基部截形或略呈浅心形，有时宽楔形，花期后叶增大，基部垂片开展并具明显的牙齿，边缘具疏而浅的波状齿，近基部齿较深，两面无毛或近无毛；叶柄较长，上半部有狭而明显的翅，通常无毛，有时下部有细毛；托叶褐色，约 3/4 与叶柄合生，离生部分线状披针形或钻形，先端渐尖，边缘全缘或疏生细齿。花白色或淡紫色，有深色条纹；花梗细长，与叶等长或超出于叶，通常无毛，有时仅下部有细毛，中部附近有 2 枚线形小苞片；萼片卵状披针形或狭卵形，先端渐尖或稍尖，基部附属物较短，末端圆，有时疏生钝齿，具狭膜质缘，具 3 脉；上方花瓣倒卵形，侧方花瓣长圆状倒卵形，里面基部密生

或有时生较少量的须毛，下方花瓣通常稍短，连距长 1.3~1.5 cm；距管状，稍短而粗，末端圆，直或稍向上弯；花药及药隔顶部附属物均长约 2 mm，下方 2 枚雄蕊具长 1~3 mm 的距；子房卵球形，长约 2 mm，无毛，花柱棍棒状，基部稍向前膝曲，上部逐渐增粗，柱头两侧及后方略增厚成狭缘边，前方具明显的短喙，喙端具柱头孔。蒴果椭圆形至长圆形，无毛。

[生长发育规律]

　　多年生草本，西南地区每年冬季植株地上部分枯萎，当年冬季即可重新抽生新叶，花果期 4—9 月。

[分布与为害]

　　我国长江流域分布广泛，西南地区主要分布于四川、云南，常生于田野、路边、山坡、灌丛、林缘等处。主要为害新垦药材栽培地或仿野生药材栽培田，春夏季（苗期）为害严重。

植株

植株

花

果实

紫花地丁 ［拉丁名］*Viola philippica* Cav.
　　　　　［属　别］堇菜属 *Viola*
　　　　　［俗　名］辽堇菜、野堇菜、光瓣堇菜

［形态特征］

　　多年生草本，无地上茎。根状茎短，垂直，淡褐色，节密生，有数条淡褐色或近白色的细根。叶多数，基生，莲座状；叶片下部者通常较小，呈三角状卵形或狭卵形，上部者较长，呈长圆形、狭卵状披针形或长圆状卵形，先端圆钝；叶柄在花期通常长于叶片 1~2 倍，上部具极狭的翅，果期长可超出 10 cm，上部具较宽之翅，无毛或被细短毛；托叶膜质，苍白色或淡绿色，2/3~4/5 与叶柄合生，离生部分线状披针形，边缘疏生具腺体的流苏状细齿或近全缘。花中等大，或淡紫色，稀呈白色，喉部色较淡并带有紫色条纹；花梗通常细弱，与叶片等长或高出于叶片，无毛或有短毛，中部附近有 2 枚线形小苞片；萼片卵状披针形或披针形，先端渐尖，基部附属物短，末端圆形或截形，边缘具膜质白边，无毛或有短毛；花瓣倒卵形或长圆状倒卵形，侧方花瓣长，里面无毛或有须毛，下方花瓣连距长 1.3~2.0 cm，里面有紫色脉纹；距细管状，末端圆。蒴果长圆形，无毛；种子卵球形，淡黄色。

［生长发育规律］

　　多年生草本，西南地区每年冬季植株地上部分枯萎，当年冬季即可重新抽生新叶，花果期 4 月中下旬至 9 月。

［分布与为害］

　　主要分布于我国西南地区和东北地区，四川、贵州、云南等多地均有野生分布，常生于田间、荒地、山坡草丛、林缘或灌丛中，在较湿润处常易形成小种群。可药用和观赏，但野生种群常成为农田常见杂草，主要为害新垦药材栽培地或仿野生药材栽培田，春夏季（苗期）为害严重。

生境

花

植株

叶

葡萄科 Vitaceae

乌蔹莓 ［拉丁名］*Causonis japonica*（Thunb.）Raf.
［属　别］乌蔹莓属 *Causonis*
［俗　名］虎葛、五爪龙、五叶莓、地五加、过山龙、五将草、五龙草

[形态特征]

多年生草质藤本。小枝圆柱形，有纵棱纹，无毛或微被疏柔毛。卷须 2~3 叉分枝，相隔 2 节间断与叶对生。叶为鸟足状 5 小叶，中央小叶长椭圆形或椭圆披针形，顶端急尖或渐尖，基部楔形，侧生小叶椭圆形或长椭圆形，顶端急尖或圆形，基部楔形或近圆形，边缘每侧有 6~15 个锯齿，上面绿色，无毛，下面浅绿色，无毛或微被毛；侧脉 5~9 对，网脉不明显；托叶早落。花序腋生，复二歧聚伞花序；花序梗长 1~13 cm，无毛或微被毛；花梗长 1~2 mm，几无毛；花蕾卵圆形，顶端圆形；萼碟形，边缘全缘或波状浅裂，外面被乳突状毛或几无毛；花瓣 4，三角状卵圆形，外面被乳突状毛；雄蕊 4，花药卵圆形，长宽近相等；花盘发达，4 浅裂；子房下部与花盘合生，花柱短，柱头微扩大。果实近球形，有种子 2~4 颗；种子三角

状倒卵形，顶端微凹，基部有短喙，种脐在种子背面近中部呈带状椭圆形，上部种脊突出，表面有突出肋纹，腹部中棱脊突出，两侧洼穴呈半月形，从近基部向上达种子近顶端。

[生长发育规律]

多年生草质藤本，西南地区每年冬季植株地上部分枯萎，当年冬季即可重新抽生新叶，花期 3—8 月，果期 8—11 月。

[分布与为害]

我国南北多地均有分布，西南地区常生于海拔 300~2 500 m 山谷林中或山坡灌丛中，野生乌蔹莓是农田常见杂草，主要为害新垦药材栽培地或仿野生药材栽培田，春夏季（苗期）为害严重。

群落

茎

花

果实

三裂蛇葡萄 ［拉丁名］*Ampelopsis delavayana* Planch.

［属　别］蛇葡萄属 *Ampelopsis*

［俗　名］德氏蛇葡萄、三裂叶蛇葡萄、赤木通

［形态特征］

多年生木质藤本，小枝圆柱形，有纵棱纹，疏生短柔毛，以后脱落。卷须2~3叉分枝，相隔2节间断，与叶对生。叶为3小叶，中央小叶披针形或椭圆披针形，长5~13 cm，宽2~4 cm，顶端渐尖，基部近圆形，侧生小叶卵状椭圆形或卵状披针形，长4.5~11.5 cm，宽2~4 cm，基部不对称，近截形，边缘有粗锯齿，齿端通常尖细，上面绿色，嫩时被稀疏柔毛，以后脱落几无毛，下面浅绿色，侧脉5~7对，网脉两面均不明显；叶柄长3~10 cm，中央小叶有柄或无柄，侧生小叶无柄，被稀疏柔毛。多歧聚伞花序与叶对生，花序梗长2~4cm，被短柔毛；花梗长1.0~2.5 mm，伏生短柔毛；花蕾卵形，高1.5~2.5 mm，顶端圆形；萼碟形，边缘呈波状浅裂，无毛；花瓣5，卵椭圆形，高1.3~2.3 mm，外面无毛，雄蕊5，花药卵圆形，长宽近相等，花盘明显，5浅裂；子房下部与花盘合生，花柱明显，

柱头不明显扩大。果实近球形，直径0.8 cm，有种子2~3颗；种子倒卵圆形，顶端近圆形，基部有短喙，种脐在种子背面中部向上渐狭呈卵状椭圆形，顶端种脊突出，腹部中棱脊突出，两侧洼穴呈沟状楔形，上部宽，斜向上展达种子中部以上。

［生长发育规律］

多年生木质藤本，每年冬季植株叶片不凋落但植株停止生长，次年春季植株再次生长，花期6—8月，果期9—11月。

［分布与为害］

主要分布于我国长江流域，西南地区云南、贵州、四川、重庆等地均有野生分布，常生于海拔50~2 200 m山谷林中、山坡灌丛等地。春季生长势强，主要为害新垦药材栽培地或仿野生药材栽培田，春夏季（苗期）为害严重。

植株

茎叶

花

果

狭叶崖爬藤 [拉丁名] *Tetrastigma serrulatum* （Roxb.）Planch.
[属　别] 崖爬藤属 *Tetrastigma*
[俗　名] 细齿崖爬藤

[形态特征]

多年生草质藤本。小枝纤细，圆柱形，有纵棱纹，无毛。卷须不分枝，相隔2节间断，与叶对生。叶为鸟足状5小叶，小叶卵状披针形或倒卵状披针形，顶端尾尖、渐尖或急尖，基部圆形或阔楔形，侧小叶基部不对称，边缘常呈波状，常着生波形凹处，上面绿色，下面浅绿色，两面无毛；侧脉4~8对，网脉两面明显突出；叶柄无毛。花序腋生，比叶柄短，或与叶柄近等长或较叶柄长，下部有节和苞片，或在侧枝上与叶对生，下部无节和苞片，二级分枝4~5，集生成伞形；花梗长2~4 mm，无毛或几无毛；花蕾卵椭圆形；萼细小，齿不明显，无毛；花瓣4，卵椭圆形，顶端有小角，外展，无毛；雄蕊4，花丝丝状，花药黄色，卵圆形，长宽近相等，在雌花内雄蕊显著短且败育；花盘在雄花中明显，4浅裂，在雌花中呈环状；子房下部与花盘合生，花柱短，柱头呈盘形扩大，边缘不规则分裂。果实圆球形，紫黑色，有种子2颗；种子倒卵椭圆形，顶端近圆形，基部渐狭成短喙，种脐在种子背面下部向上呈狭带形，下端略呈龟头状，腹部中棱脊突出，两侧洼穴呈沟状，从基部向上斜展达种子顶端，两侧边缘有横肋。

[生长发育规律]

多年生草质藤本，西南地区每年冬季植株地上部分枯萎，当年冬季即可重新抽生新叶，花期3—6月，果期7—10月。

[分布与为害]

主要分布于我国西南地区和东北地区，四川、贵州、云南等多地均有野生分布，常生于田间、荒地、山坡草丛、林缘或灌丛中，在较湿润处常易形成小群落。可药用和观赏，也是农田常见杂草，主要为害新垦药材栽培地或仿野生药材栽培田，春夏季（苗期）为害严重。

生境

茎叶

花

果

三叶崖爬藤 [拉丁名] *Tetrastigma hemsleyanum* Diels & Gilg
[属　别] 崖爬藤属 *Tetrastigma*
[俗　名] 三叶青

[形态特征]

多年生草质攀缘藤本。小枝纤细，有纵棱纹，无毛或被疏柔毛。卷须不分枝，相隔2节间断，与叶对生。叶为3小叶，小叶披针形、长椭圆披针形或卵披针形，顶端渐尖，稀急尖，基部楔形或圆形，侧生小叶基部不对称，近圆形，边缘每侧有4~6个锯齿，锯齿细或有时较粗，上面绿色，下面浅绿色，两面均无毛；侧脉5~6对，网脉两面不明显，无毛；叶柄长2.0~7.5 cm，中央小叶柄长0.5~1.8 cm，侧生小叶柄较短，无毛或被疏柔毛。花序腋生，长1~5 cm，比叶柄短、近等长或较叶柄长，下部有节，节上有苞片，或假顶生而基部无节和苞片，二级分枝通常4，集生成伞形，花二歧状着生在分枝末端；花序梗长1.2~2.5 cm，被短柔毛；花梗通常被灰色短柔毛；花蕾卵圆形，顶端圆形；萼碟形，萼齿细小，卵状三角形；花瓣4，卵圆形，顶端有小角，外展，无毛；雄蕊4，花药黄色；花盘明显，4浅裂；子房陷在花盘中呈短圆锥状，花柱短，柱头4裂。果实近球形或倒卵球形，有种子1颗；种子倒卵椭圆形，顶端微凹，基部圆钝，表面光滑，种脐在种子背面中部向上呈椭圆形，腹面两侧洼穴呈沟状，从下部近1/4处向上斜展直达种子顶端。

[生长发育规律]

多年生草质攀缘藤本，西南地区每年冬季植株地上部分茎叶不凋，次年春季快速生长，花期4—6月，果期8—11月。

[分布与为害]

主要分布于我国长江以南各地，西南地区主要在四川、贵州、云南等地有分布，常生于海拔500~2 900 m山谷林中、山坡灌丛、岩石缝中。主要为害新垦药材栽培地或仿野生药材栽培田，春季（苗期）和夏季（营养生长期）为害严重。

群落

茎

植株

6.3.2　单子叶植物纲Monocotyledoneae

鸭跖草科 Commelinaceae

鸭跖草　[拉丁名] *Commelina communis* L.
　　　　　[属　别] 鸭跖草属 *Commelina*
　　　　　[俗　名] 淡竹叶、竹叶菜、鸭趾草、挂梁青、鸭儿草、竹芹菜

[形态特征]

　　一年生披散草本。茎匍匐生根，多分枝，长可达1 m，下部无毛，上部被短毛。叶披针形至卵状披针形，长3~9 cm，宽1.5~2.0 cm。总苞片佛焰苞状，有1.5~4 cm的柄，与叶对生，折叠状，展开后为心形，顶端短急尖，基部心形，长1.2~2.5 cm，边缘常有硬毛；聚伞花序，下面一枝仅有花1朵，具长8 mm的梗，不孕；上面一枝具花3~4朵，具短梗，几乎不伸出佛焰苞。花梗花期长仅3 mm，果期弯曲，长不过6 mm；萼片膜质，长约5 mm，内面2枚常靠近或合生；花瓣深蓝色；内面2枚具爪，长近1 cm。蒴

果椭圆形，长5~7 mm，2室，2片裂，有种子4颗。种子长2~3 mm，棕黄色，一端平截、腹面平，有不规则窝孔。

[生长发育规律]

　　一年生草本，喜温暖稍湿润气候和肥沃湿润土壤。种子4月下旬发芽，5—6月出苗，7—9月开花，9—10月成熟，冬季植株枯萎死亡，完成生长周期。

[分布与为害]

　　我国分布极为广泛，春夏季种子萌发后常形成种群，为害药材栽培田。

叶　　　　　　　群落　　　　　　　花　　　　　　　植株

饭包草　[拉丁名] *Commelina benghalensis* L.
　　　　　[属　别] 鸭跖草属 *Commelina*
　　　　　[俗　名] 火柴头、竹叶菜、狼叶鸭跖草、圆叶鸭跖草

[形态特征]

　　多年生披散草本。茎大部分匍匐，节上生根，上部及分枝上部上升，长可达70 cm，被疏柔毛。叶有明显的叶柄；叶片卵形，长3~7 cm，宽1.5~3.5 cm，顶端钝或急尖，近无毛；叶鞘口沿有疏而长的睫毛。总苞片漏斗状，与叶对生，常数个集于枝顶，下部边缘合生，长8~12 mm，被疏毛，顶端短急尖或钝，柄极短；花序下面一枝具细长梗，具1~3朵不孕的花，伸出佛焰苞，上面一枝有花数朵，结实，不伸出佛焰苞；萼片膜质，披针形，长2 mm，无毛；花瓣蓝色，圆形，长3~5 mm；内面2枚具长爪。蒴果椭圆状，长4~6 mm，3室，腹面2室每室具两颗种子，开裂，后面一室仅有1颗种子，或无种子，不裂。种子长近

2 mm，多皱并有不规则网纹，黑色。

　　本种与鸭跖草形态相近，但叶片明显宽大，且为多年生，容易判别。

[生长发育规律]

　　多年生草本，茎略肉质，基部匍匐生长，节上生不定根，容易形成片生种群，每年5—8月开花，8—10月结实，冬季植株停止生长但不凋落死亡。

[分布与为害]

　　我国分布极为广泛，西南各地均有分布，海拔适应范围广，海拔200~1 800 m均有分布。为害药材栽培田。

植株　　　　　　　花　　　　　　　群落

水竹叶　[拉丁名] *Murdannia triquetra* （Wall.） Bruckn.
　　　　　[属　别] 水竹叶属 *Murdannia*
　　　　　[俗　名] 细竹叶高草、肉草

[形态特征]

　　多年生草本，具长而横走的根状茎。根状茎具叶鞘，节间长约 6 cm，节上具细长须状根。茎肉质，下部匍匐，节上生根，上部上升，通常多分枝，长达 40 cm，节间长 8 cm，密生一列白色硬毛，这一列毛与下一个叶鞘的一列毛相连续。叶无柄，仅叶片下部有睫毛和叶鞘合缝处有一列毛，这一列毛与上一个节上的毛衔接而成一个系列，叶的他处无毛；叶片竹叶形，平展或稍折叠，长 2~6 cm，宽 5~8 mm，顶端渐尖而头钝。花序通常仅有单朵花，顶生并兼腋生，花序梗长 1~4 cm，顶生者梗长，腋生者短，花序梗中部有一个条状的苞片，有时苞片腋中生一朵花；萼片绿色，狭长圆形，浅舟状，长 4~6 mm，无毛，果期宿存；花瓣粉红色，紫红色或蓝紫色，倒卵圆形，稍长于萼片；花丝密生长须毛。蒴果卵圆状三棱形，长 5~7 mm，直径 3~4 mm，两端钝或短急尖，每室有种子 3 颗，有时仅 1~2 颗。种子短柱状，不扁，红灰色。

[生长发育规律]

　　多年生草本，茎略肉质，基部匍匐生长，节上生不定根，容易形成片生种群，每年 9—10 月开花，10—11 月结实，冬季植株仍然正常生长。

[分布与为害]

　　我国分布极为广泛，西南地区多地有分布，为害药材栽培田。

植株　　　　　　　　　植株

植株　　　　　　　　　根

竹叶子　[拉丁名] *Streptolirion volubile* Edgew.
　　　　　[属　别] 竹叶子属 *Streptolirion*

[形态特征]

　　多年生攀缘草本。极少茎近于直立，茎长 0.5~6.0 m，常无毛。叶柄长 3~10 cm，叶片心状圆形，有时心状卵形，长 5~15 cm，宽 3~15 cm，顶端常尾尖，基部深心形，上面多少被柔毛。蝎尾状聚伞花序有花 1 至数朵，集成圆锥状，圆锥花序下面的总苞片叶状，长 2~6 cm，上部的总苞片小且呈卵状披针形。花无梗；萼片长 3~5 mm，顶端急尖；花瓣白色、淡紫色而后变白色，线形，略比萼长。蒴果长 4~7 mm，顶端有长达 3 mm 的芒状突尖。种子褐灰色，长约 2.5 mm。

[生长发育规律]

　　多年生攀缘草本，冬季地上植株停止生长，但叶片不落，次年春季重新恢复生长。每年花期 7—8 月，果期 9—10 月。

[分布与为害]

　　我国分布极为广泛，西南地区常见于云南（全境）、贵州（全境）、四川西部和北部高海拔区域，以及渝东南和渝东北。通常生于海拔 2 000 m 以下的山地，在云南、西藏等地也可生长于海拔 3 200 m 的地方。常形成种群，为害药材栽培田。

植株

叶

茎

花

莎草科 Cyperaceae

团穗薹草 ［拉丁名］*Carex agglomerata* C. B. Clarke
［属　别］薹草属 *Carex*

[形态特征]

根状茎较长，木质，具地下匍匐茎。秆高20~60 cm，稍纤细，锐三棱形，棱上粗糙，基部具紫褐色、无叶片的鞘，后期鞘常撕裂成丝网状。叶短于或近等长于秆，宽2~6 mm，边缘粗糙，干后常反卷，具淡红棕色叶鞘。最下面的一枚苞片叶状，长于小穗，上面的苞片常呈芒状，通常短于小穗，不具鞘。小穗3~4个，聚集于秆的上端，顶生小穗通常雌雄顺序，棒状长圆形，长约1.5 cm，少数全部为雄花，狭长圆形，近无柄；侧生小穗2~3个为雌小穗，长圆形，长1.0~1.5 cm，密生多数花，近于无柄。雄花鳞片披针状卵形，长约4 mm，顶端渐尖成芒，膜质，淡褐黄色，具1条中脉；雌花鳞片卵形，长约3 mm，顶端渐尖成短芒，膜质，淡褐黄色，具1条中脉，脉上部稍粗糙。果囊斜展，

后期向外张开，较鳞片长，卵形或狭卵形，稍鼓胀呈三棱形，长3.5~4.0 mm，膜质，淡黄绿色，无毛，两侧脉明显，其余的脉不明显，基部急缩呈钝圆形，顶端渐狭成稍长的喙，喙口具两齿。小坚果较松地包于果囊内，倒卵形，三棱形，长约2 mm，淡黄色；花柱基部不增粗，柱头3个。

[生长发育规律]

多年生草本，花果期4—7月。

[分布与为害]

西南地区有分布，生于海拔1 200~3 200 m山坡林下、山谷阴湿处。主要为害新垦药地和仿野生药材栽培田。

群落

群落

茎叶

花

签草 ［拉丁名］*Carex doniana* Spreng.
　　　［属　别］薹草属 *Carex*
　　　［俗　名］蟋蟀草

［形态特征］

　　根状茎短，具细长的地下匍匐茎。秆高30~60 cm，较粗壮，扁锐三棱形，棱上粗糙，基部具淡褐黄色叶鞘，后期鞘的一侧膜质部分常开裂。叶稍长或近等长于秆，宽5~12 mm，平张，质较柔软，上面具两条明显的侧脉，向上的叶边缘粗糙，具鞘，老叶鞘有时裂成纤维状。苞片叶状，向上的叶渐狭成线形，长于小穗，不具鞘。小穗3~6个，下面的1~2个小穗间距稍长，上面的较密集生于秆的上端，顶生小穗为雄小穗，线状圆柱形，长3.0~7.5 cm，具柄；侧生小穗为雌小穗，有时顶端具少数雄花，长圆柱形，长3~7 cm，密生多数花，下部的小穗具短柄，上部的近无柄。雄花鳞片披针形或卵状披针形，长3.0~3.5 mm，顶端渐尖成短尖，膜质，淡黄色，有的稍带淡褐色，具1条绿色的中脉；雌花鳞片卵状披针形，长约2.5 mm，顶端具短尖，膜质，淡黄

色或稍带淡褐色，具1条绿色中脉。果囊后期近水平展开，长于鳞片，长圆状卵形，稍鼓胀呈三棱形，长3.5~4.0 mm，膜质，淡绿黄色，具几条不很明显的细脉，基部急缩成宽楔形或近钝圆形，顶端渐狭成较短而直的喙，喙口具两短齿。小坚果稍松地包于果囊内，倒卵形，三棱形，长约1.8 mm，深黄色，顶端具小短尖；花柱基部不增粗，柱头3个，细长，果期不脱落。

［生长发育规律］

　　多年生草本，花果期4—10月。

［分布与为害］

　　西南地区有分布，常生于海拔500~3 000 m溪边、沟边、林下、灌木丛和草丛中潮湿处。主要为害新垦药地和仿野生药材栽培田。

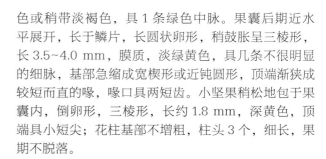

群落

群落

叶片

花序

扁穗莎草 ［拉丁名］*Cyperus compressus* L.
［属　别］莎草属 *Cyperus*

［形态特征］

多年生丛生草本；根为须根。秆稍纤细，高 5~25 cm，锐三棱形，基部具较多叶。叶短于秆，或与秆几等长，宽 1.5~3.0 mm，折合或平张，灰绿色；叶鞘紫褐色。苞片 3~5 枚，叶状，长于花序；长侧枝聚伞花序简单，具（1）2~7 个辐射枝，辐射枝最长达 5 cm；穗状花序近于头状；花序轴很短，具 3~10 个小穗；小穗排列紧密，斜展，线状披针形，长 8~17 mm，宽约 4 mm，近于四棱形，具 8~20 朵花；鳞片呈紧贴的覆瓦状排列，稍厚，卵形，顶端具稍长的芒，长约 3 mm，背面具龙骨状突起，中间较宽部分为绿色，两侧苍白色或麦秆色，有时有锈色斑纹，脉 9~13 条；雄蕊 3 枚，花药线形，药隔突出于花药顶端；花柱长，柱头 3 个，较短。小坚果倒卵形，三棱形，侧面凹陷，长约为鳞片的 1/3，深棕色，表面具密的细点。

［生长发育规律］

多年生丛生草本，花果期 7—12 月。

［分布与为害］

西南地区有分布，多生长于空旷的田野里。主要为害新垦药地和仿野生药材栽培田。

群落	植株	茎	果序

异型莎草 ［拉丁名］*Cyperus difformis* L.
［属　别］莎草属 *Cyperus*

［形态特征］

一年生草本，根为须根。秆丛生，稍粗或细弱，高 2~65 cm，扁三棱形，平滑。叶短于秆，宽 2~6 mm，平张或折合；叶鞘稍长，褐色。苞片 2 枚，少 3 枚，叶状，长于花序；长侧枝聚伞花序简单，少数为复出，具 3~9 个辐射枝，辐射枝长短不等，最长达 2.5 cm，或有时近于无花梗；头状花序球形，具极多数小穗，直径 5~15 mm；小穗密聚，披针形或线形，长 2~8 mm，宽约 1 mm，具 8~28 朵花；小穗轴无翅；鳞片排列稍松，膜质，近于扁圆形，顶端圆，长不及 1 mm，中间淡黄色，两侧深红紫色或栗色，边缘具白色透明的边，具 3 条不很明显的脉；雄蕊 2，有时 1 枚，花药椭圆形，药隔不突出于花药顶端；花柱极短，柱头 3 个，短。小坚果倒卵状椭圆形，三棱形，几与鳞片等长，淡黄色。

［生长发育规律］

一年生草本，以种子繁殖，子实极多，成熟后即脱落，春季出苗，花果期 7—10 月。

［分布与为害］

西南地区有分布，为低洼潮湿的旱地恶性杂草，生于稻田或水边潮湿处。

生境	花	植株	花、茎

畦畔莎草 ［拉丁名］*Cyperus haspan* L.
    ［属　别］莎草属 *Cyperus*
    ［俗　名］埃及红莎草、埃及莎草

［形态特征］

多年生草本，根状茎短缩，或有时为一年生草本，具许多须根。秆丛生或散生，稍细弱，高 2~100 cm，扁三棱形，平滑。叶短于秆，宽 2~3 mm，或有时仅剩叶鞘而无叶片。苞片 2 枚，叶状，常较花序短，罕长于花序；长侧枝聚伞花序复出或简单，少数为多次复出，具多数细长松散的第一次辐射枝，辐射枝最长达 17 cm；小穗通常 3~6 个呈指状排列，少数可多至 14 个，线形或线状披针形，长 2~12 mm，宽 1.0~1.5 mm，具 6~24 朵花；小穗轴无翅。鳞片密覆瓦状排列，膜质，长圆状卵形，长约 1.5 mm，顶端具短尖，背面稍呈龙骨状突起，绿色，两侧紫红色或苍白色，具 3 条脉；雄蕊 1~3 枚，花药线状长圆形，顶端具白色刚毛状附属物；花柱中等长度，柱头 3 个。小坚果宽倒卵形，三棱形，长约为鳞片的 1/3，淡黄色，具疣状小突起。

［生长发育规律］

多年生草本，或有时为一年生草本，3—5 月出苗，花果期很长，随地区而改变。

［分布与为害］

西南地区有分布，多生长于水田或浅水塘等多水的地方，山坡上亦能见到。主要为害新垦药地和仿野生药材栽培田。

生境

群落

植株

花

旋鳞莎草 ［拉丁名］*Cyperus michelianus*（L.）Link
    ［属　别］莎草属 *Cyperus*

［形态特征］

一年生草本，具许多须根。秆密丛生，高 2~25 cm，扁三棱形，平滑。叶长于或短于秆，宽 1.0~2.5 mm，平张或有时对折；基部叶鞘紫红色。苞片 3~6 枚，叶状，基部宽，较花序长很多；长侧枝聚伞花序呈头状，卵形或球形，直径 5~15 mm，具极多数密集的小穗；小穗卵形或披针形，长 3~4 mm，宽约 1.5 mm，具 10~20 朵花或更多；鳞片螺旋状排列，膜质，长圆状披针形，长约 2 mm，淡黄白色，稍透明，有时上部中间具黄褐色或红褐色条纹，具 3~5 条脉，中脉呈龙骨状突起，绿色，延伸出顶端呈短尖状；雄蕊 2，少数 1，花药长圆形；花柱长，柱头 2，少数 3，通常具黄色乳头状突起。小坚果狭长圆形，三棱形，长为鳞片的 1/3~1/2，表面包有一层白色透明疏松的细胞。

［生长发育规律］

一年生草本，花果期 6—9 月。

［分布与为害］

西南地区分布广泛，多生长于水边潮湿空旷的地方，路旁亦可见到。主要为害新垦药地和仿野生药材栽培田。

植株

群落

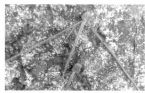
花序

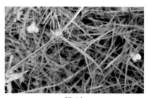
茎叶

香附子　[拉丁名] *Cyperus rotundus* L.
　　　　　[属　别] 莎草属 *Cyperus*
　　　　　[俗　名] 梭梭草、香附

[形态特征]

　　多年生草本，匍匐根状茎长，具椭圆形块茎。秆稍细弱，高 15~95 cm，锐三棱形，平滑，基部呈块茎状。叶较多，短于秆，宽 2~5 mm，平张；鞘棕色，常裂成纤维状。叶状苞片 2~3（5）枚，常长于花序，或有时短于花序；长侧枝聚伞花序简单或复出，具（2）3~10 个辐射枝；辐射枝最长达 12 cm；穗状花序轮廓为陀螺形，稍疏松，具 3~10 个小穗；小穗斜展开，线形，长 1~3 cm，宽约 1.5 mm，具 8~28 朵花；小穗轴具较宽的、白色透明的翅；鳞片稍密地覆瓦状排列，膜质，卵形或长圆状卵形，长约 3 mm，顶端急尖或钝，无短尖，中间绿色，两侧紫红色或红棕色，

具 5~7 条脉；雄蕊 3，花药长，线形，暗血红色，药隔突出于花药顶端；花柱长，柱头 3 个，细长，伸出鳞片外。小坚果长圆状倒卵形，三棱形，长为鳞片的 1/3~2/5，具细点。

[生长发育规律]

　　多年生草本，花果期 5—11 月。

[分布与为害]

　　广布于世界各地，生长于山坡荒地草丛中或水边潮湿处。具有惊人的繁殖能力，能在短时间内快速繁育生长，对药材种植造成严重威胁。

群落　　　　　　　叶　　　　　　　花序　　　　　　　植株

荸荠　[拉丁名] *Eleocharis dulcis*（Burm. f.）Trinius ex Henschel
　　　　[属　别] 荸荠属 *Eleocharis*
　　　　[俗　名] 马蹄

[形态特征]

　　多年生草本，有长的匍匐根状茎。秆多数，丛生，直立，圆柱状，高 30~100 cm，直径 4~7 mm，灰绿色，中有横隔膜，干后秆的表面有节。叶缺如，只在秆的基部有 2~3 个叶鞘；鞘膜质，紫红色、微红色、深、淡褐色或麦秆黄色，光滑，无毛，鞘口斜，顶端急尖，高 7~26 cm。小穗圆柱状，长 1.5~4.5 cm，直径 4~5 mm，微绿色，顶端钝，有多数花；在小穗基部多有两片、少有一片不育鳞片，各抱小穗基部一周，其余鳞片全有花，呈紧密覆瓦状排列，宽长圆形，顶端圆形，长 5 mm，苍白微绿色，有稠密的红棕色细点，中脉一条；下位刚毛 7~8 条，较小坚果长，有倒刺；柱头 3。小坚果宽倒卵形，扁双凸状，

长 2.0~2.5 mm，宽约 1.7 mm，黄色，平滑，表面细胞呈四至六角形，顶端不缢缩。花柱基部宽，由基部向上渐狭而呈等腰三角形，扁，不为海绵质。

[生长发育规律]

　　多年生草本，荸荠以球茎繁殖为主，花果期 5—10 月。

[分布与为害]

　　荸荠在全国分布广泛，为水田多年生恶性杂草。球茎上生有多个芽，即使最初由芽形成的植株被切断或被除草剂杀死后，球茎上的其他芽仍能很快萌发，形成新的植株，防治困难。

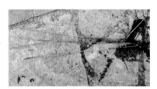

生境　　　　　　　群落　　　　　　　植株　　　　　　　球茎

牛毛毡 ［拉丁名］*Eleocharis yokoscensis*（Franch. & Sav.）Tang & F. T. Wang

　　　　 ［属　别］荸荠属 *Eleocharis*

［形态特征］

　　多年生草本。秆多数，细如毫发，密丛生如牛毛毡，高 2~12 cm。叶鳞片状，叶鞘长 0.5~1.5 cm，微红色。小穗卵形，长 2~4 mm，宽约 2 mm，淡紫色，具几朵花，基部 1 鳞片无花，抱小穗基部一周，上部的鳞片螺旋状排列，下部的近 2 列，卵形，长约 3.5 mm，膜质，中间微绿色，两侧紫色，边缘无色，中脉明显，下位刚毛 3~4，具倒刺；柱头 3。小坚果窄长圆形，钝圆三棱状，无明显棱，长约 1.5 mm，微黄白色，具横矩形网纹，顶端缢缩。

［生长发育规律］

　　多年生草本，花果期 4—11 月。

［分布与为害］

　　几乎遍布于全中国。多半生长在海拔 0~3 000 m 水田中、池塘边或湿黏土中。是水田恶性杂草，吸肥力强，防治不易，为害严重。

植株　　　　　　　　群落　　　　　　　　花序　　　　　　　　幼苗

两歧飘拂草 ［拉丁名］*Fimbristylis dichotoma*（L.）Vahl

　　　　　　 ［属　别］飘拂草属 *Fimbristylis*

　　　　　　 ［俗　名］线叶两歧飘拂草

［形态特征］

　　一年生草本。秆丛生，高 15~50 cm，无毛或被疏柔毛。叶线形，略短于秆或与秆等长，宽 1.0~2.5 mm，被柔毛或无，顶端急尖或钝；鞘革质，上端近于截形，膜质部分较宽而呈浅棕色。苞片 3~4 枚，叶状，通常有 1~2 枚长于花序，无毛或被毛。长侧枝聚伞花序复出，少有简单，疏散或紧密；小穗单生于辐射枝顶端，卵形、椭圆形或长圆形，长 4~12 mm，宽约 2.5 mm，具多数花；鳞片卵形、长圆状卵形或长圆形，长 2.0~2.5 mm，褐色，有光泽，脉 3~5 条，中脉顶端延伸成短尖；雄蕊 1~2 枚，花丝较短；花柱扁平，长于雄蕊，上部有缘毛，柱头 2。小坚果宽倒卵形，双凸状，长约 1 mm，具 7~9 显著纵肋，网纹近似横长圆形，无疣状突起，具褐色的柄。

［生长发育规律］

　　一年生草本，花果期 7—10 月，种子繁殖。

［分布与为害］

　　分布于西南地区云南、四川、贵州等地；生长于稻田或空旷草地上。为害夏收作物，为害药材栽培田，也能侵入水稻田内为害。

植株　　　　　　　　　　花　　　　　　　　　　　生境

水虱草　[拉丁名] *Fimbristylis littoralis* Gaudich.
　　　　[属　别] 飘拂草属 *Fimbristylis*
　　　　[俗　名] 日照飘拂草

[形态特征]

　　一年生草本，无根状茎。秆丛生，高（1.5）10~60 cm，扁四棱形，具纵槽，基部包着 1~3 个无叶片的鞘；鞘侧扁，鞘口斜裂，向上渐狭窄，有时呈刚毛状，长（1.5）3.5~9.0 cm。叶长于或短于秆或与秆等长，侧扁，套褶，剑状，边上有稀疏细齿，向顶端渐狭呈刚毛状，宽（1）1.5~2 mm；鞘侧扁，背面呈锐龙骨状，前面具膜质、锈色的边，鞘口斜裂，无叶舌。苞片 2~4 枚，刚毛状，基部宽，具锈色、膜质的边，较花序短。长侧枝聚伞花序复出或多次复出，很少简单，有许多小穗；辐射枝 3~6 个，细而粗糙，长 0.8~5.0 cm；小穗单生于辐射枝顶端，球形或近球形，顶端极钝，长 1.5~5.0 mm，宽 1.5~2.0 mm；鳞片膜质，卵形，顶端极钝，长 1 mm，栗色，具白色狭边，背面具龙骨状突起，具有 3 条脉，沿侧脉处深褐色，中脉绿色；雄蕊 2，花药长圆形，顶端钝，长 0.75 mm，为花丝长的 1/2；花柱三棱形，基部稍膨大，无缘毛，柱头 3，为花柱长的 1/2。小坚果倒卵形或宽倒卵形，钝三棱形，长 1 mm，麦秆黄色，具疣状突起和横长圆形网纹。

[生长发育规律]

　　一年生草本，7—10 月开花结果，本物种除了冬天之外，春夏秋都可以在潮湿的田地中找到，全草具有特殊香气。

[分布与为害]

　　在我国西南地区分布广泛。主要为害新垦药地或仿野生药材栽培田，苗期为害严重。

生境

群落

茎叶

花

砖子苗　[拉丁名] *Cyperus cyperoides*（L.）Kuntze
　　　　　[属　别] 莎草属 *Cyperus*
　　　　　[俗　名] 复出穗砖子苗、小穗砖子苗、展穗砖子苗

[形态特征]

　　一年生草本，根状茎短。秆疏丛生，锐三棱形，平滑，基部膨大，具较多叶。叶短于秆或几与秆等长，下部常折合，向上渐成平张，边缘不粗糙；叶鞘褐色或红棕色。叶状苞片 5~8 枚，通常长于花序，斜展。长侧枝聚伞花序简单，具 6~12 个或更多辐射枝，辐射枝长短不等，有时短缩，最长达 8 cm；穗状花序圆筒形或长圆形，具多数密生的小穗；小穗平展或稍俯垂，线状披针形，具 1~2 个小坚果；小穗轴具宽翅，翅披针形，白色透明；鳞片膜质，长圆形，顶端钝，无短尖，长约 3 mm，边缘常内卷，淡黄色或绿白色，背面具多数脉，中间 3 条脉明显，绿色；雄蕊 3 枚，花药线形，药隔稍突出；花柱短，柱头 3 个，细长。小坚果狭长圆形，三棱形，长约为鳞片的 2/3，初期麦秆黄色，表面具微突起细点。

[生长发育规律]

　　一年生草本。每年春季出苗，秋季后种子成熟，植株枯萎，完成整个生长周期。花果期 5—6 月。

[分布与为害]

　　分布于贵州、云南、四川等地；生长于海拔 200~3 200 m 山坡阳处、路旁草地、溪边以及松林下。主要为害新垦药地或仿野生药材栽培田，苗期为害严重。

花　　　　　　　　　　花　　　　　　　　　　茎

球穗扁莎　[拉丁名] *Pycreus flavidus*（Retz.）T. Koyama
　　　　　　[属　别] 扁莎属 *Pycreus*

[形态特征]

　　一年生草本。根状茎短，具须根。秆丛生，细弱，高 7~50 cm，钝三棱形，一面具沟，平滑。叶少，短于秆，宽 1~2 mm，折合或平张；叶鞘长，下部红棕色。苞片 2~4 枚，细长，较长于花序。简单长侧枝聚伞花序具 1~6 个辐射枝，辐射枝长短不等，最长达 6 cm，有时极短缩为头状；每一辐射枝具 2~20 个小穗或更多；小穗密聚于辐射枝上端呈球形，辐射展开，线状长圆形或线形，极压扁状，长 6~18 mm，宽 1.5~3.0 mm，具 12~34（66）朵花；小穗轴近四棱形，两侧有具横隔的槽；鳞片稍疏松排列，膜质，长圆状卵形，顶端钝，长 1.5~2.0 mm，背面龙骨状突起绿色；具 3 条脉，两侧黄褐色、红褐色或暗紫红色，具白色透明的狭边；雄蕊 2，花药短，长圆形；花柱中等长，柱头 2，细长。小坚果倒卵形，顶端有短尖，双凸状，稍扁，长约为鳞片的 1/3，褐色或暗褐色，具白色透明有光泽的细胞层和微突起的细点。

[生长发育规律]

　　一年生草本，每年春季出苗，秋季后种子成熟，植株枯萎。花果期 6—11 月。

[分布与为害]

　　在西南地区分布于贵州、云南、四川等地，生长于田边、沟旁潮湿处或溪边湿润的沙土上。主要为害新垦药地或仿野生药材栽培田，苗期为害严重。

花　　　　　　植株　　　　　　花　　　　　　茎叶

红鳞扁莎 [拉丁名] *Pycreus sanguinolentus*（Vahl）Nees ex C.B. Clarke
[属　别] 扁莎属 *Pycreus*
[俗　名] 黑扁莎、矮红鳞扁莎

[形态特征]

　　一年生草本。根为须根。秆密丛生，高7~40 cm，扁三棱形，平滑。叶稍多，常短于秆，少有长于秆，宽2~4 mm，平张，边缘具白色透明的细刺。苞片3~4枚，叶状，近于平向展开，长于花序。简单长侧枝聚伞花序具3~5个辐射枝；辐射枝有时极短，因而花序近似头状，有时可长达4.5 cm，由4~12个或更多的小穗密聚成短的穗状花序；小穗辐射展开，长圆形、线状长圆形或长圆状披针形，长5~12 mm，宽2.5~3.0 mm，具6~24朵花；小穗轴直，四棱形，无翅；鳞片稍疏松地覆瓦状排列，膜质，卵形，顶端钝，长约2 mm，背面中间部分黄绿色，具3~5条脉，两侧具较宽的槽，麦秆黄色或褐黄色，边缘暗血红色或暗褐红色；

雄蕊3枚，少数2枚，花药线形；花柱长，柱头2个，细长，伸出于鳞片之外。小坚果圆倒卵形或长圆状倒卵形，双凸状，稍肿胀，长为鳞片的1/2~3/5，成熟时黑色。

[生长发育规律]

　　一年生草本，每年初春出苗，冬季后种子成熟，植株枯萎。花果期7—12月。

[分布与为害]

　　分布很广，在贵州、云南、四川等地常见。生长于山谷、田边、河旁潮湿处，或长于浅水处（多在向阳的地方）。主要为害新垦药地或仿野生药材栽培田，苗期为害严重。

群落

植株

花

茎叶

刺子莞　[拉丁名] *Rhynchospora rubra*（Lour.）Makino

　　　　　[属　别] 刺子莞属 *Rhynchospora*

[形态特征]

　　多年生草本。根状茎极短。秆丛生，直立，圆柱状，高 30~65 cm 或稍长，平滑，直径 0.8~2.0 mm，具细的条纹，基部不具无叶片的鞘。叶基生，叶片狭长，钻状线形，长达秆的 1/2 或 2/3，宽 1.5~3.5 mm，纸质，向顶端渐狭，顶端稍钝，三棱形，稍粗糙。苞片 4~10 枚，叶状，不等长，长 1~5 cm，也有的达 8.5 cm，下部或近基部具密缘毛，上部或基部以上粗糙且多少反卷，背面中脉隆起且粗糙，顶端渐尖。头状花序顶生，球形，直径 15~17 mm，棕色，具多数小穗；小穗钻状披针形，长约 8 mm，有光泽，具鳞片 7~8 枚，有 2~3 朵花；鳞片卵状披针形至椭圆状卵形，有花鳞片较无花鳞片大，棕色，背面具隆起的中脉，上部呈龙骨状，顶端钝或急尖，具短尖，最上面 1 或 2 片鳞片具雄花，其下 1 枚为雌花；下位刚毛 4~6 条，长短不一，不到

小坚果长的 1/2 或 1/3；雄蕊 2 或 3 枚，花丝短于或微露出鳞片外，花药线形，药隔突出于顶端；花柱细长，基部膨大，柱头 2 个，很短，或有时只有 1 个柱头，顶端细尖。小坚果宽或狭倒卵形，长 1.5~1.8 mm，双凸状，近顶端被短柔毛，上部边缘具细缘毛，成熟后为黑褐色，表面具细点；宿存花柱基短小，三角形。

[生长发育规律]

　　多年生草本。每年春季出苗，冬季后种子成熟，植株枯萎。花果期 5—11 月。

[分布与为害]

　　本种分布甚广，广布于长江流域以南地区；适应性强，生活力强，能生长在各种环境条件下；分布海拔 100~1 400 m。主要为害新垦药地或仿野生药材栽培田，苗期为害严重。

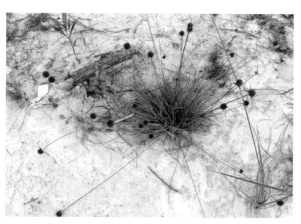

植株

植株

茎叶

花

萤蔺 [拉丁名] *Schoenoplectiella juncoides*（Roxburgh）Lye
[属　别] 萤蔺属 *Schoenoplectiella*

[形态特征]

多年生草本，秆丛生，根状茎短，具许多须根。秆稍坚挺，圆柱状，少数近于有棱角，平滑，基部具 2~3 个鞘。鞘的开口处为斜截形，顶端急尖或圆形，边缘为干膜质，无叶片。苞片 1 枚，为秆的延长，直立，长 3~15 cm。小穗（2~）3~5（7）个聚成头状，假侧生，卵形或长圆状卵形，长 8~17 mm，宽 3.5~4.0 mm，棕色或淡棕色，具多数花；鳞片宽卵形或卵形，顶端骤缩成短尖，近于纸质，长 3.5~4.0 mm，背面绿色，具 1 条中肋，两侧棕色或具深棕色条纹；下位刚毛 5~6 条，有倒刺；雄蕊 3，花药长圆形，药隔突出；花柱中等长，柱头 2 个，极少 3 个。小坚果宽倒卵形，或倒卵形，平凸状，长约 2 mm 或更长些，稍皱缩，但无明显的横皱纹，成熟时黑褐色，具光泽。

[生长发育规律]

多年生草本。生育期 5—11 月，花果期 8—11 月，种子繁殖。

[分布与为害]

全国广泛分布；生长在海拔 300~2 000 m 的路旁、荒地潮湿处，或水田边、池塘边、溪旁、沼泽中，是水田常见杂草。主要为害新垦药地和仿野生药材栽培田。

生境

茎叶

根

花

扁秆荆三棱 [拉丁名] *Bolboschoenus planiculmis* (F. Schmidt) T. V. Egorova
[属　别] 三棱草本 *Bolboschoenus*
[俗　名] 扁秆藨草

[形态特征]

多年生草本。具匍匐根状茎和块茎。秆高60~100 cm，一般较细，三棱形，平滑，靠近花序部分粗糙，基部膨大，具秆生叶。叶扁平，宽2~5 mm，向顶部渐狭，具长叶鞘。叶状苞片1~3枚，常长于花序，边缘粗糙。长侧枝聚伞花序短缩为头状，或有时具少数辐射枝，通常具1~6个小穗；小穗卵形或长圆状卵形，锈褐色，长10~16 mm，宽4~8 mm，具多数花；鳞片膜质，长圆形或椭圆形，长6~8 mm，褐色或深褐色，外面被稀少的柔毛，背面具一条稍宽的中肋，顶端或多或少有缺刻状撕裂，具芒；下位刚毛4~6条，上生倒刺，长为小坚果的1/2~2/3；雄蕊3枚，花药线形，长约3 mm，药隔稍突出于花药顶端；花柱长，柱头2个。小坚果宽倒卵形，或倒卵形，扁，两面稍凹，或稍凸，长3.0~3.5 mm。

[生长发育规律]

多年生草本。花期5—6月，果期7—9月。

[分布与为害]

在西南地区主要分布于云南等地。生长于湖边、河边近水处，分布海拔为2~1 600 m。主要为害新垦药地或仿野生药材栽培田，苗期为害严重。

生境

花序

植株

花

三棱水葱 [拉丁名] *Schoenoplectus triqueter* (L.) Palla
[属　别] 水葱属 *Schoenoplectus*
[俗　名] 青岛藨草、藨

[形态特征]

多年生丛生状草本。匍匐根状茎长，直径1~5 mm，干时呈红棕色。秆散生，粗壮，高20~90 cm，三棱形，基部具2~3个鞘，鞘膜质，横脉明显隆起，最上一个鞘顶端具叶片。叶片扁平，长1.3~5.5（8.0）cm，宽1.5~2.0 mm。苞片1枚，为秆的延长，三棱形，长1.5~7.0 cm。简单长侧枝聚伞花序假侧生，有1~8个辐射枝；辐射枝三棱形，棱上粗糙，长可达5 cm，每辐射枝顶端有1~8个簇生的小穗；小穗卵形或长圆形，长6~12（14）mm，宽3~7 mm，密生许多花；鳞片长圆形、椭圆形或宽卵形，顶端微凹或圆形，长3~4 mm，膜质，黄棕色，背面具1条中肋，稍延伸出顶端呈短尖状，边缘疏生缘毛；下位刚毛3~5条，几等长或稍长于小坚果，全长都生有倒刺；雄蕊3枚，花药线形，药隔暗褐色，稍突出；花柱短，柱头2个，细长。小坚果倒卵形，平凸状，长2~3 mm，成熟时褐色，具光泽。

[生长发育规律]

多年生丛生状草本，花果期6—9月。

[分布与为害]

本种在我国广泛分布；生长在海拔2 000 m以下的水沟、水塘、山溪边或沼泽地。主要为害新垦药地或仿野生药材栽培田，苗期为害严重。

生境

植株

根

花

禾本科 Poaceae

林地早熟禾 ［拉丁名］*Poa nemoralis* L.
［属　别］早熟禾属 *Poa*

［形态特征］

多年生草本。疏丛，不具根状茎。秆高 30~70 cm，直立或铺散。具 3~5 节，花序以下部分微粗糙，细弱，径约 1 mm。叶鞘平滑或糙涩，稍短或稍长于其节间，基部叶鞘带紫色，顶生叶鞘长约 10 cm，短于其叶片；叶舌长 0.5~1.0 mm；叶片扁平，柔软，长 5~12 cm，宽 1~3 mm，边缘和两面平滑无毛。圆锥花序狭窄柔弱，长 5~15 cm，分枝开展，2~5 枚着生于主轴各节上，疏生 1~5 枚小穗，微粗糙，基部主枝长约 5 cm；小穗披针形，多含 3 小花，长 4~5 mm；小穗轴具微毛；颖披针形，具 3 脉，边缘膜质，先端渐尖，脊上部糙涩，长 3.5~4.0 mm，第一颖较短而狭窄；

外稃长圆状披针形，先端具膜质，间脉不明显，脊中部以下与边脉下部 1/3 具柔毛，基盘具少量绵毛，第一外稃长约 4 mm；内稃长约 3 mm，两脊粗糙；花药长约 1.5 mm。

［生长发育规律］

多年生草本，春季是其生长旺季，在夏季生长缓慢。花果期 5—6 月。

［分布与为害］

在西南地区主要分布在四川、贵州等地。生于山坡林地，喜阴湿环境，常见于林缘、灌丛草地中，分布海拔 1 000~4 200 m。主要为害新垦药地或仿野生药材栽培田，苗期为害严重。

群落

茎叶

花

植株

小花剪股颖 ［拉丁名］*Agrostis micrantha* Steud.
［属　别］剪股颖属 *Agrostis*
［俗　名］多花剪股颖

［形态特征］

　　多年生草本。秆丛生，高 30~52 cm，径 0.8~1.0 mm，具 3~4 节。叶鞘疏松抱秆，有纵条纹，无毛或仅近上部边缘具细柔毛，多短于节间或基部的叶鞘长于节间，顶生叶鞘长 8~12 cm；叶舌干膜质，长 0.5~2.0 mm，背部具短柔毛，基部下延；叶片扁平或干时内卷，长 5~8 cm，宽 1.2~2.0 mm，具微毛，或稍粗糙，或下面近于平滑。圆锥花序狭窄或为椭圆形，长 10~17 cm，分枝线形，微粗糙，2~6 枚簇生于各节，直立或斜伸展，小穗均匀地着生于枝上，小穗柄长 1.0~1.5 mm，有时较短，先端呈棒状；小穗灰绿色，长 2.5~3.0 mm；两颖近相等或第一颖较长，先端渐尖，脊上微粗糙；外稃长 1.5 mm，具不显的 3~5 脉，无芒；内稃微小；花药乳白色，长 0.5 mm。颖果窄圆形，长约 1 mm。

［生长发育规律］

　　多年生草本，花果期 8 月。

［分布与为害］

　　我国西藏、四川、云南、甘肃和陕西等地均有分布。生于海拔 2 100~3 400 m 的山坡、草地、田边、河边、灌丛下和林缘处。主要为害新垦药地或仿野生药材栽培田，苗期为害严重。

植株

幼苗

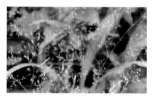

花

果

看麦娘 ［拉丁名］*Alopecurus aequalis* Sobol.
［属　别］看麦娘属 *Alopecurus*
［俗　名］棒棒草

［形态特征］

　　一年生草本。秆少数丛生，细瘦，光滑，高 15~40 cm。叶鞘光滑，短于节间；叶舌膜质，长 2~5 mm；叶片扁平，长 3~10 cm，宽 2~6 mm。圆锥花序圆柱状，灰绿色，长 2~7 cm，宽 3~6 mm；小穗椭圆形或卵状长圆形，长 2~3 mm；颖膜质，基部互相连合，具 3 脉，脊上有细纤毛，侧脉下部有短毛；外稃膜质，先端钝，等大或稍长于颖，下部边缘互相连合，芒长 1.5~3.5 mm，约于

稃体下部 1/4 处伸出，隐藏或稍外露；花药橙黄色，长 0.5~0.8 mm。颖果长约 1 mm。

［生长发育规律］

　　一年生草本，花果期 4—8 月。

［分布与为害］

　　我国大部分地区均有分布。生于海拔较低的田边及潮湿之地。主要为害新垦药地或仿野生药材栽培田，苗期为害严重。

生境

花

植株

日本看麦娘 ［拉丁名］*Alopecurus japonicus* Steud.
［属　别］看麦娘属 *Alopecurus*

［形态特征］

　　一年生草本。秆少数丛生，直立或基部膝曲，具 3~4 节，高 20~50 cm。叶鞘松弛；叶舌膜质，长 2~5 mm；叶片上面粗糙，下面光滑，长 3~12 mm，宽 3~7 mm。圆锥花序圆柱状，长 3~10 cm，宽 4~10 mm；小穗长圆状卵形，长 5~6 mm；颖仅基部互相连合，具 3 脉，脊上具纤毛；外稃略长于颖，厚膜质，下部边缘互相连合，芒长 8~12 mm，于近稃体基部处伸出，上部粗糙，中部稍膝曲；花药色淡或白色，长约 1 mm。颖果半椭圆形，长 2.0~2.5 mm。

［生长发育规律］

　　一年生草本，花果期 2—5 月。种子繁殖，种子随熟随落，漂浮水面传播、扩散。

［分布与为害］

　　生于海拔较低的田边及湿地。我国大部分地区均有分布，在日本、朝鲜也有分布。为水田、旱耕地、绿化带等区块杂草，对作物生长影响很大。

群落

花

植株

荩草 ［拉丁名］*Arthraxon hispidus*（Thunb.）Makino
［属　别］荩草属 *Arthraxon*
［俗　名］绿竹、光亮荩草、匿芒荩草

［形态特征］

　　一年生草本。秆细弱，无毛，基部倾斜，高 30~60 cm，具多节，常分枝，基部节着地易生根。叶鞘短于节间，生短硬疣毛；叶舌膜质，长 0.5~1.0 mm，边缘具纤毛；叶片卵状披针形，长 2~4 cm，宽 0.8~1.5 cm，基部心形，抱茎，除下部边缘生疣基毛外余均无毛。总状花序细弱，长 1.5~4.0 cm，2~10 枚以指状排列或簇生于秆顶；总状花序轴节间无毛，长为小穗的 2/3~3/4。无柄小穗卵状披针形，呈两侧压扁状，长 3~5 mm，灰绿色或带紫；第一颖草质，边缘膜质，包住第二颖 2/3，具 7~9 脉，脉上粗糙至生疣基硬毛，尤以顶端及边缘为多，先端锐尖；第二颖近膜质，与第一颖等长，舟形，脊上粗糙，具 3 脉而 2 侧脉不明显，先端尖；第一外稃长圆形，透明膜质，先端尖，长为第一颖的 2/3；第二外稃与第一外稃等长，透明膜质，从近基部处伸出一弯曲的芒；芒长 6~9 mm；雄蕊 2 枚；花药黄色或带紫色，长 0.7~1.0 mm。颖果长圆形，与稃体等长。

［生长发育规律］

　　一年生草本，花果期 9—11 月。每年春季出苗，冬季后种子成熟，植株枯萎，完成生命周期。

［分布与为害］

　　遍布全国各地的温暖区域，生于山坡草地阴湿处。主要为害新垦药地或仿野生药材栽培田，苗期为害严重。

植株

植株

茎叶

花

野燕麦　[拉丁名] *Avena fatua* L.
　　　　　[属　别] 燕麦属 *Avena*
　　　　　[俗　名] 燕麦草、乌麦、南燕麦

[形态特征]

　　一年生草本。须根较坚韧。秆直立，光滑无毛，高60~120 cm，具2~4节。叶鞘松弛，光滑，或基部叶鞘被微毛；叶舌透明膜质，长1~5 mm；叶片扁平，长10~30 cm，宽4~12 mm，微粗糙，或上面和边缘疏生柔毛。圆锥花序开展，金字塔形，长10~25 cm，分枝具棱角，粗糙；小穗长18~25 mm，含2~3小花，其柄弯曲下垂，顶端膨胀；小穗轴密生淡棕色或白色硬毛，其节脆硬易断落，第一节间长约3 mm；颖草质，几相等，通常具9脉；外稃质地坚硬，第一外稃长15~20 mm，背面中部以下具淡棕色或白色硬毛，芒自稃体中部稍下处伸出，

长2~4 cm，膝曲，芒柱棕色，扭转。颖果被淡棕色柔毛，腹面具纵沟，长6~8 mm。

[生长发育规律]

　　一年生草本，花果期4—9月。每年春季出苗，秋季后种子成熟，植株枯萎，完成生命周期。

[分布与为害]

　　广布于我国南北各地，多生于田间。野燕麦是为害青稞等农作物的农田恶性杂草之一，它与农作物争水肥、争光照、争生长空间，也是农作物病虫害传播的介质。

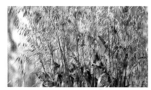

群落　　　　　　　　茎叶　　　　　　　　花序　　　　　　　　植株

菵草　[拉丁名] *Beckmannia syzigachne*（Steud.）Fernald
　　　　[属　别] 菵草属 *Beckmannia*
　　　　[俗　名] 冈草、菵米、水稗子

[形态特征]

　　一年生草本。秆直立，高15~90 cm，具2~4节。叶鞘无毛，多长于节间；叶舌透明膜质，长3~8 mm；叶片扁平，长5~20 cm，宽3~10 mm，粗糙或下面平滑。圆锥花序长10~30 cm，分枝稀疏，直立或斜升；小穗扁平，圆形，灰绿色，常含1小花，长约3 mm；颖草质；边缘质薄，白色，背部灰绿色，具淡色的横纹；外稃披针形，具5脉，常具伸出颖外的短尖头；花药黄色，长约1 mm。颖果黄褐色，长圆形，长约1.5 mm，先端

具丛生短毛。

[生长发育规律]

　　一年生草本，花果期4—10月。

[分布与为害]

　　分布在全国各地。生于海拔3 700 m以下的湿地、水沟边及浅的流水中。主要为害新垦药地或仿野生药材栽培田，苗期为害严重。

生境　　　　　　　　茎叶　　　　　　　　花序　　　　　　　　植株

毛臂形草 ［拉丁名］*Brachiaria villosa*（Lam.）A. Camus
［属　别］臂形草属 *Brachiaria*

［形态特征］

　　一年生草本。秆高 10~40 cm，基部倾斜，全体密被柔毛。叶鞘被柔毛，尤以鞘口及边缘更密；叶舌小，具长约 1 mm 的纤毛；叶片卵状披针形，长 1~4 cm，宽 3~10 mm，两面密被柔毛，先端急尖，边缘呈波状皱折，基部钝圆。圆锥花序由 4~8 枚总状花序组成；总状花序长 1~3 cm；主轴与穗轴密生柔毛；小穗卵形，长约 2.5 mm，常被短柔毛或无毛，通常单生；小穗柄长 0.5~1.0 mm，有毛；第一颖长为小穗之半，具 3 脉；第二颖等长于或略短于小穗，具 5 脉；第一小花中性，其外稃与小穗等长，具 5 脉，内稃膜质，狭窄；第二外稃革质，具横细皱纹；鳞被 2 个，膜质，折叠，长约 0.4 mm；花柱基分离。

［生长发育规律］

　　一年生草本，花果期 7—10 月。春季出苗，每年秋季后种子成熟，植株枯萎，完成一个生命周期。

［分布与为害］

　　西南地区四川、贵州云南等地均有分布；生于田野和山坡草地中。主要为害新垦药地或仿野生药材栽培田，苗期为害严重。

植株

植株

茎叶

花

雀麦　[拉丁名] *Bromus japonicus* Thunb.
　　　　[属　别] 雀麦属 *Bromus*

[形态特征]

　　一年生草本。秆直立，高 40~90 cm。叶鞘闭合，被柔毛；叶舌先端近圆形，长 1.0~2.5 mm；叶片长 12~30 cm，宽 4~8 mm，两面生柔毛。圆锥花序，长 20~30 cm，宽 5~10 cm，具 2~8 分枝，向下弯垂；分枝细，长 5~10 cm，上部着生 1~4 枚小穗；小穗黄绿色，密生 7~11 小花，长 12~20 mm，宽约 5 mm；颖近等长，脊粗糙，边缘膜质，第一颖长 5~7 mm，具 3~5 脉，第二颖长 5.0~7.5 mm，具 7~9 脉；外稃椭圆形，草质，边缘膜质，长 8~10 mm，一侧宽约 2 mm，具 9 脉，微粗糙，顶端钝三角形，芒自先端下部伸出，长 5~10 mm，基部稍扁平，成熟后外弯；内稃长 7~8 mm，宽约 1 mm，两脊疏生细纤毛；小穗轴短棒状，长约 2 mm；花药长 1 mm。颖果长 7~8 mm。

[生长发育规律]

　　一年生草本，花果期 5—7 月。

[分布与为害]

　　西南地区四川、云南等地均有分布。生于山坡林缘、荒野路旁、河漫滩湿地中，分布海拔为 50~2 500（3 500）m。主要为害新垦药地或仿野生药材栽培田，苗期为害严重。

群落

茎

花

植株

虎尾草 [拉丁名] *Chloris virgata* Sw.

[属　别] 虎尾草属 *Chloris*

[俗　名] 棒锤草、刷子头、盘草

[**形态特征**]

　　一年生草本。秆直立或基部膝曲，高 12~75 cm，直径 1~4 mm，光滑无毛。叶鞘背部具脊，包卷松弛，无毛；叶舌长约 1 mm，无毛或具纤毛；叶片线形，长 3~25 cm，宽 3~6 mm，两面无毛或边缘及上面粗糙。穗状花序 5~10 枚或更多，长 1.5~5.0 cm，指状着生于秆顶，常直立且并拢为毛刷状，有时包藏于顶叶的膨胀叶鞘中，成熟时常带紫色；小穗无柄，长约 3 mm；颖膜质，1 脉；第一颖长约 1.8 mm，第二颖等长于或略短于小穗，中脉延伸成长 0.5~1.0 mm 的小尖头；第一小花两性，外稃纸质，两侧压扁状，呈倒卵状披针形，长 2.8~3.0 mm，3 脉，沿脉及边缘被疏柔毛或无毛，两侧边缘上部 1/3 处有长 2~3 mm 的白色柔毛，顶端尖或有时具 2 微齿，芒自背部顶端稍下方伸出，长

5~15 mm；内稃膜质，略短于外稃，具 2 脊，脊上被微毛；基盘具长约 0.5 mm 的毛；第二小花不孕，长楔形，仅存外稃，长约 1.5 mm，顶端截平或略凹，芒长 4~8 mm，自背部边缘稍下方伸出。颖果纺锤形，淡黄色，光滑无毛而半透明，胚长约为颖果的 2/3。

[**生长发育规律**]

　　一年生草本，花果期 6—10 月。每年春季出苗，秋季后种子成熟，植株枯萎，完成生命周期。

[**分布与为害**]

　　遍布于全国各地；多生于路旁荒野、河岸沙地、土墙及房顶上，分布海拔可达 3 700 m。是旱田及其周边较常见的杂草。

植株

植株

果序

果实

狗牙根　[拉丁名] *Cynodon dactylon*（L.）Pers.
　　　　　[属　别] 狗牙根属 *Cynodon*
　　　　　[俗　名] 百慕达草

[形态特征]

多年生低矮草本，具根茎。秆细而坚韧，下部匍匐地面蔓延甚长，节上常生不定根，直立部分高 10~30 cm，直径 1.0~1.5 mm，秆壁厚，光滑无毛，有时两侧略压扁。叶鞘微具脊，无毛或有疏柔毛，鞘口常具柔毛；叶舌仅为一轮纤毛；叶片线形，长 1~12 cm，宽 1~3 mm，通常两面无毛。穗状花序(2) 3~5（6）枚，长 2~5（6）cm；小穗灰绿色或带紫色，长 2~2.5 mm，仅含 1 小花；颖长 1.5~2.0 mm，第二颖稍长，均具 1 脉，背部有脊且边缘膜质；外稃舟形，具 3 脉，背部明显有脊，脊上被柔毛；内稃与外稃近等长，具 2 脉。鳞被上缘近截平；花药淡紫色；子房无毛，柱头紫红色。颖果长圆柱形。

[生长发育规律]

多年生低矮草本，花果期 5—10 月。

[分布与为害]

全世界温暖地区均有分布，广布于我国黄河以南的区域。多生长于村庄附近、道旁河岸、荒地山坡。其根茎蔓延力很强，广铺地面，为良好的固堤保土植物，常用以铺建草坪或球场；但当生长于果园或耕地时，则为难除灭的有害杂草。

生境

茎叶

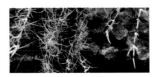
根状茎

花

双花草　[拉丁名] *Dichanthium annulatum*（Forssk.）Stapf
　　　　　[属　别] 双花草属 *Dichanthium*

[形态特征]

多年生草本，常丛生。秆高 30~100 cm，直立或基部曲膝，直径约 1 mm，有或无分枝，节密生髯毛。上部的叶鞘短于节间；叶舌膜质，长约 1 mm，上缘撕裂状；叶片线形，长 8~30 cm，宽 2.5~4.0 mm，顶端长渐尖，基部近圆形，粗糙，中脉明显，表面具疣基毛。总状花序 2~8 枚指状着生于秆顶，长 4~5 cm，基部腋内有白色柔毛；小穗呈紧密覆瓦状排列，边缘被纤毛，基部 1~6 对小穗，同为雄性或中性；无柄小穗两性，长 3~5 mm，卵状长圆形或长圆形，背部压扁状；第一颖卵状长圆形或长圆形，顶端钝或截形，纸质，边缘具狭脊或内折，背部常扁平，有 5~9 脉，无毛或被疏长毛，沿 2 脊上被纤毛；第二颖狭披针形，顶端尖或钝，无芒，具 3 脉，呈脊状，中脊压扁，脊的上部及边缘被纤毛；

第一小花不孕，外稃线状长圆形，无脉，光滑，顶端钝，膜质透明；第二小花两性，外稃狭，稍厚，退化为芒的基部，芒长 16~24 mm，膝曲，扭转；雄蕊 3；子房无毛。颖果倒卵状长圆形。有柄小穗与无柄小穗几等长，雄性或中性，第一颖有 7~11 脉，边缘内折成 2 脊，沿脊有短纤毛，第二颖窄而短，有 3 脉，第一外稃透明膜质，与第二颖等长或稍短，第二外稃小或不存在。

[生长发育规律]

多年生草本，花果期 6—11 月。

[分布与为害]

湖北、广东、广西、四川、贵州、云南等地均有分布，生于海拔 500~1 800 m 的山坡草地处。主要为害新垦药地或仿野生药材栽培田，苗期为害严重。

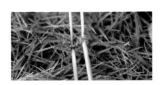
秆

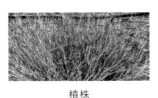
植株

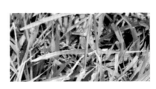
叶

花

马唐 [拉丁名] *Digitaria sanguinalis*（L.）Scop.
　　　[属　别] 马唐属 *Digitaria*
　　　[俗　名] 蹲倒驴

[形态特征]

　　一年生草本。秆直立或下部倾斜，膝曲上升，高 10~80 cm，直径 2~3 mm，无毛或节生柔毛。叶鞘短于节间，无毛或散生疣基柔毛；叶舌长 1~3 mm；叶片线状披针形，长 5~15 cm，宽 4~12 mm，基部圆形，边缘较厚，微粗糙，具柔毛或无毛。总状花序长 5~18 cm，4~12 枚成指状着生于长 1~2 cm 的主轴上；穗轴直伸或开展，两侧具宽翼，边缘粗糙；小穗椭圆状披针形，长 3.0~3.5 mm；第一颖小，短三角形，无脉；第二颖具 3 脉，披针形，长为小穗的 1/2 左右，脉间及边缘大多具柔毛；第一外稃等长于小穗，具 7 脉，中脉平滑，两侧的脉间距离较宽，无毛，边脉上具小刺状粗糙物，脉间及边缘生柔毛；第二外稃近革质，灰绿色，顶端渐尖，等长于第一外稃；花药长约 1 mm。

[生长发育规律]

　　一年生草本，花果期 6—9 月。

[分布与为害]

　　广布于两半球的温带和亚热带山地，我国西藏、四川、新疆、陕西、甘肃、山西、河北、河南及安徽等地均有分布。多生于路旁、田野，是一种优良牧草，但又是为害农田、果园的杂草。在中国，马唐主要为害玉米、大豆、棉花、花生、烟草、甘蔗以及高粱等植物，是重要的恶性杂草，对新垦药地和仿野生药材栽培田的影响很大。

植株

茎叶

群落

花序

长芒稗　［拉丁名］*Echinochloa caudata* Roshev.
　　　　　［属　别］稗属 *Echinochloa*

［形态特征］

　　一年生草本，秆高 1~2 m。叶鞘无毛或常有疣基毛（或毛脱落仅留疣基），或仅有粗糙毛或仅边缘有毛；叶舌缺；叶片线形，长 10~40 cm，宽 1~2 cm，两面无毛，边缘增厚而粗糙。圆锥花序稍下垂，长 10~25 cm，宽 1.5~4.0 cm；主轴粗糙，具棱，疏被疣基长毛；分枝密集，常再分小枝；小穗卵状椭圆形，常带紫色，长 3~4 mm，脉上具硬刺毛，有时疏生疣基毛；第一颖三角形，长为小穗的 1/3~2/5，先端尖，具三脉；第二颖与小穗等长，顶端具长 0.1~0.2 mm 的芒，具 5 脉；第一外稃草质，顶端具长 1.5~5.0 cm 的芒，具 5 脉，脉上疏生刺毛，内稃膜质，先端具细毛，边缘具细睫毛；第二外稃革质，光亮，边缘包着同质的内稃；鳞被 2 个，楔形，折叠，具 5 脉；雄蕊 3；花柱基分离。

［生长发育规律］

　　一年生草本，花果期为夏秋季。种子繁殖。

［分布与为害］

　　四川、贵州及云南等地均有分布，多生于田边、路旁及河边湿润处。是水田主要杂草，为害水稻等作物，也为害新垦药地或仿野生药材栽培田，苗期为害严重。

生境

植株

花

茎叶

光头稗 ［拉丁名］*Echinochloa colona*（L.）Link
［属　别］稗属 *Echinochloa*
［俗　名］芒稷、扒草、穆草

［形态特征］

一年生草本。秆直立，高 10~60 cm。叶鞘呈压扁状且背具脊，无毛；叶舌缺；叶片扁平，线形，长 3~20 cm，宽 3~7 mm，无毛，边缘稍粗糙。圆锥花序直立、狭窄，长 5~10 cm；主轴具棱，通常无疣基长毛，棱边上粗糙。花序分枝长 1~2 cm，排列稀疏，直立上升或贴向主轴，穗轴无疣基长毛或仅基部被 1~2 根疣基长毛；小穗卵圆形，长 2.0~2.5 mm，具小硬毛，无芒；第一颖三角形，长约为小穗的 1/2，具 3 脉；第二颖与第一外稃等长，顶端具小尖头，具 5~7 脉，间脉常不达基部；第一小花常中性，其外稃具 7 脉，内稃膜质，稍短于外稃，脊上被短纤毛；第二外稃椭圆形，平滑，光亮，边缘内卷，包着同质的内稃；鳞被 2 个，膜质。

［生长发育规律］

一年生草本。花果期夏秋季。

［分布与为害］

在西南地区，主要分布于四川、贵州、云南等地，全世界的温暖地区均有分布。多生于田野、园圃、路边湿润地上。光头稗是中国南方地区旱作物田的为害最重的恶性杂草之一，尤其在潮湿、肥沃、疏松的土壤条件下常形成优势种群。主要为害新垦药地或仿野生药材栽培田，苗期为害严重。

生境

茎叶

植株

花序

稗 [拉丁名] *Echinochloa crus-galli*（L.）P. Beauv.
[属 别] 稗属 *Echinochloa*

[形态特征]

一年生草本。秆高50~150 cm，光滑无毛，基部倾斜或膝曲。叶鞘疏松裹秆，平滑无毛，下部叶鞘长于节间，上部叶鞘短于节间；叶舌缺；叶片扁平，线形，长10~40 cm，宽5~20 mm，无毛，边缘粗糙。圆锥花序直立，近尖塔形，长6~20 cm；主轴具棱，粗糙或具疣基长刺毛；分枝斜上举或贴向主轴，有时再分小枝；穗轴粗糙或生疣基长刺毛；小穗卵形，长3~4 mm，脉上密被疣基刺毛，具短柄或近无柄，密集在穗轴的一侧；第一颖三角形，长为小穗的1/3~1/2，具3~5脉，脉上具疣基毛，基部包卷小穗，先端尖；第二颖与小穗等长，先端渐尖或具小尖头，具5脉，脉上具疣基毛；第一小花通常中性，其外稃草质，上部具7脉，脉上具疣基刺毛，顶端延伸成一粗壮的芒，芒长0.5~1.5（3.0）cm，内稃薄膜质，狭窄，具2脊；第二外稃椭圆形，平滑，光亮，成熟后变硬，顶端具小尖头，尖头上有一圈细毛，边缘内卷，包着同质的内稃，但内稃顶端露出。

[生长发育规律]

一年生草本，花果期夏秋季。

[分布与为害]

西南地区四川、贵州及云南等地均有分布，常生于田野水湿处。主要为害新垦药地或仿野生药材栽培田，苗期为害严重。

  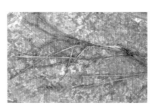 

植株　　　　　群落　　　　　植株　　　　　花序

无芒稗 [拉丁名] *Echinochloa crus-galli* var. *mitis*（Pursh）Petermann
[属 别] 稗属 *Echinochloa*

[形态特征]

一年生草本，高50~120 cm，直立，粗壮。叶片长20~30 cm，宽6~12 mm。圆锥花序直立，长10~20 cm，分枝斜上举而开展，常再分枝；小穗卵状椭圆形，长约3 mm，无芒或具极短芒，芒长常不超过0.5 mm，脉上被疣基硬毛。

[生长发育规律]

一年生草本，夏秋季开花结果。

[分布与为害]

分布于东北、华北、西北、华东、西南及华南等地，多生于水边或路边草地上。主要为害新垦药地或仿野生药材栽培田，苗期为害严重。

植株　　　　　花序　　　　　茎叶　　　　　群落

牛筋草 [拉丁名] *Eleusine indica*（L.）Gaertn.
[属　别] 穇属 *Eleusine*
[俗　名] 蟋蟀草

[形态特征]

　　一年生草本。根系极发达。秆丛生，基部倾斜，高 10~90 cm。叶鞘呈两侧压扁状且具脊，松弛，无毛或疏生疣毛；叶舌长约 1 mm；叶片平展，线形，长 10~15 cm，宽 3~5 mm，无毛或上面被疣基柔毛。穗状花序 2~7 个指状着生于秆顶，很少单生，长 3~10 cm，宽 3~5 mm；小穗长 4~7 mm，宽 2~3 mm，含 3~6 小花；颖披针形，具脊，脊粗糙；第一颖长 1.5~2.0 mm；第二颖长 2~3 mm；第一外稃长 3~4 mm，卵形，膜质，具脊，脊上有狭翼；内稃短于外稃，具 2 脊，脊上具狭翼。囊果卵形，长约 1.5 mm，基部下凹，具明显的波状皱纹。鳞被 2 个，折叠，具 5 脉。

[生长发育规律]

　　一年生草本，3—4 月出苗，花果期 6—10 月。

[分布与为害]

　　西南地区广泛分布，多生于荒芜之地及道路旁。与作物争夺水分、养分与光能，干扰并限制作物生长。主要为害新垦药地或仿野生药材栽培田，苗期为害严重。

植株

植株

茎叶

花序

大画眉草 [拉丁名] *Eragrostis cilianensis*（All.）Vignolo-Lutati ex Janch.
[属　别] 画眉草属 *Eragrostis*
[俗　名] 星星草、西连画眉草

[形态特征]

　　一年生草本。秆粗壮，高 30~90 cm，直径 3~5 mm，直立丛生，基部常膝曲，具 3~5 个节，节下有一圈明显的腺体。叶鞘疏松裹茎，脉上有腺体，鞘口具长柔毛；叶舌为一圈成束的短毛，长约 0.5 mm；叶片线形扁平，伸展，长 6~20 cm，宽 2~6 mm，无毛，叶脉上与叶缘均有腺体。圆锥花序长圆形或尖塔形，长 5~20 cm，分枝粗壮，单生，上举，腋间具柔毛，小枝和小穗柄上均有腺体；小穗长圆形或卵状长圆形，墨绿色带淡绿色或黄褐色，扁压状并弯曲，长 5~20 mm，宽 2~3 mm，有 10~40 小花，小穗除单生外，常密集簇生；颖近等长，长约 2 mm，颖具 1 脉或第二颖具 3 脉，脊上均有腺体；外稃呈广卵形，先端钝，第一外稃长约 2.5 mm，宽约 1 mm，侧脉明显，主脉有腺体，暗绿色而有光泽；内稃宿存，稍短于外稃，脊上具短纤毛。雄蕊 3 枚，花药长 0.5 mm。颖果近圆形，径约 0.7 mm。

[生长发育规律]

　　一年生草本，3—4 月出苗，花果期 7—10 月。

[分布与为害]

　　西南地区广泛分布，生于荒芜草地上。与作物争夺水分、养分和光能。影响作物光合作用，干扰并限制作物的生长。主要为害新垦药地或仿野生药材栽培田，苗期为害严重。

群落

植株

茎

花序

画眉草　[拉丁名] *Eragrostis pilosa*（L.）P. Beauv.
　　　　　[属　别] 画眉草属 *Eragrostis*
　　　　　[俗　名] 星星草、蚊子草

[形态特征]

　　一年生草本。秆丛生，直立或基部膝曲，高15~60 cm，直径1.5~2.5 mm，通常具4节，光滑。叶鞘疏松裹茎，长于或短于节间，压扁状，鞘缘近膜质，鞘口有长柔毛；叶舌为一圈纤毛，长约0.5 mm；叶片线形扁平或卷缩，长6~20 cm，宽2~3 mm，无毛。圆锥花序开展或紧缩，长10~25 cm，宽2~10 cm，分枝单生，簇生或轮生，多直立向上，腋间有长柔毛，小穗具柄，长3~10 mm，宽1~1.5 mm，含4~14小花；颖为膜质，披针形，先端渐尖。第一颖长约1 mm，无脉，第二颖长约1.5 mm，具1脉；第一外稃长约1.8 mm，广卵形，先端尖，具3脉；内稃长约1.5 mm，稍作弓形弯曲，脊上有纤毛，迟落或宿存；雄蕊3枚，花药长约0.3 mm。颖果长圆形，长约0.8 mm。画眉草与大画眉草的区别：画眉草叶鞘脉上、叶片边缘、小穗柄及颖与外稃脊上均无腺点。大画眉草叶鞘脉上、叶片边缘及小穗柄均具腺点，颖与外稃脊上有时也具腺点；小穗宽2 mm以上，外稃长2.5~2.7 mm。

[生长发育规律]

　　一年生草本，3—4月出苗，花果期8—11月。

[分布与为害]

　　西南地区广泛分布，生于海拔1 200 ~ 3 000 m的坝区或山坡草地、田边地中、宅旁路边、墙头及干涸河床或流水旁。与作物争夺水分、养分和光能，影响作物光合作用，干扰并限制作物的生长。主要为害新垦药地或仿野生药材栽培田。

茎叶

花

植株

果实

小画眉草 ［拉丁名］*Eragrostis minor* Host
　　　　　［属　别］画眉草属 *Eragrostis*
　　　　　［俗　名］星星草、蚊蚊草

［形态特征］

　　一年生草本。秆纤细，丛生，膝曲上升，高15~50 mm，直径1~2 mm，具3~4节，节下具有一圈腺体。叶鞘较节间短，疏松裹茎，叶鞘脉上有腺体，鞘口有长毛；叶舌为一圈长柔毛，长0.5~1.0 mm；叶片线形，平展或卷缩，长3~15 cm，宽2~4 mm，下面光滑，上面粗糙并疏生柔毛，主脉及边缘都有腺体。圆锥花序开展而疏松，长6~15 cm，宽4~6 cm，每节一分枝，分枝平展或上举，腋间无毛，花序轴、小枝以及柄上都有腺体；小穗长圆形，长3~8 mm，宽1.5~2.0 mm，含3~16小花，绿色或深绿色；小穗柄长3~6 mm；颖锐尖，具1脉，脉上有腺点，第一颖长1.6 mm，第二颖长约1.8 mm；第一外稃长约2 mm，广卵形，先端圆钝，具3脉，侧脉明显并靠近边缘，主脉上有腺体；内稃长约1.6 mm，弯曲，脊上有红毛，宿存；雄蕊3枚，花药长约0.3 mm。颖果红褐色，近球形，径约0.5 mm。

［生长发育规律］

　　一年生草本，2—3月出苗，花果期6—9月。

［分布与为害］

　　西南地区广泛分布，生于荒野、草地和路旁。成片生长时与作物争夺水分、养分和光能，影响作物的光合作用，干扰并限制作物的生长。

群落　　　　　　　　　　植株

茎

花

牛鞭草 ［拉丁名］*Hemarthria sibirica*（Gandoger）Ohwi
　　　　　［属　别］牛鞭草属 *Hemarthria*
　　　　　［俗　名］脱节草

［形态特征］

　　多年生草本，有长而横走的根茎。秆直立部分可高达1 m，直径约3 mm，一侧有槽。叶鞘边缘膜质，鞘口具纤毛；叶舌膜质，白色，长约0.5 mm，上缘撕裂状；叶片线形，长15~20 cm，宽4~6 mm，两面无毛。总状花序单生或簇生，长6~10 cm，直径约2 mm。无柄小穗卵状披针形，长5~8 mm，第一颖革质，等长于小穗，背面扁平，具7~9脉，两侧具脊，先端尖或长渐尖；第二颖厚纸质，贴生于总状花序轴凹穴中，但其先端游离；第一小花仅存膜质外稃；第二小花两性，外稃膜质，长卵形，长约4 mm；内稃薄膜质，长约为外稃的2/3，先端圆钝，无脉。有柄小穗长约8 mm，有时更长；第一小花中性，仅存膜质外稃；第二小花两稃均为膜质，长约4 mm。

［生长发育规律］

　　多年生草本，2—3月出苗，花果期夏秋季。

［分布与为害］

　　西南地区广泛分布，多生长于田地、水沟、河滩等湿润处。成片生长时，严重抑制其他植物生长。

群落　　　　　　　　　　茎

群落

花

白茅 [拉丁名] *Imperata cylindrica*（L.）Beauv.

　　　　[属　别] 白茅属 *Imperata*

　　　　[俗　名] 毛启莲、红色男爵白茅

[形态特征]

　　多年生草本，具粗壮的长根状茎。秆直立，高30~80 cm，具1~3节，节无毛。叶鞘聚集于秆基处，甚长于其节间，质地较厚，老后破碎呈纤维状；叶舌膜质，长约2 mm，紧贴其背部或鞘口具柔毛，分蘖叶片长约20 cm，宽约8 mm，扁平，质地较薄；秆生叶片长1~3 cm，窄线形，通常内卷，顶端渐尖呈刺状，下部渐窄，或具柄，质硬，被有白粉，基部上面具柔毛。圆锥花序稠密，长20 cm，宽达3 cm，小穗长4.5~5（6）mm，基盘具长12~16 mm的丝状柔毛；两颖草质，边缘膜质，近相等，具5~9脉，顶端渐尖或稍钝，常具纤毛，脉间疏生长丝状毛，第一外稃卵状披针形，长为颖片的2/3，透明膜质，无脉，顶端尖或齿裂，第二外稃与其内稃近相等，长约为颖之半，卵圆形，顶端具齿裂及纤毛；雄蕊2枚，花药长3~4 mm；花柱细长，基部多少连合，柱头2个，紫黑色，羽状，长约4 mm，自小穗顶端伸出。颖果椭圆形，长约1 mm，胚长为颖果之半。

[生长发育规律]

　　多年生草本，1—2月出苗，花果期4—6月。

[分布与为害]

　　分布于西南地区，以疏松沙质土地生长最多，为害最严重。生于低山带平原河岸草地、农田、果园、苗圃等处，为顽固性杂草。

植株　　　　　　　　叶　　　　　　　　花序　　　　　　　　果序

柳叶箬 [拉丁名] *Isachne globosa*（Thunb.）Kuntze.

　　　　[属　别] 柳叶箬属 *Isachne*

　　　　[俗　名] 类黍柳叶箬

[形态特征]

　　多年生草本。秆丛生，直立或基部节上生根而倾斜，高30~60 cm，节上无毛。叶鞘短于节间，无毛，但一侧边缘的上部或全部具疣基毛；叶舌纤毛状，长1~2 mm；叶片披针形，长3~10 cm，宽3~8 mm，顶端短渐尖，基部钝圆或微心形，两面均具微细毛而粗糙，边缘质地增厚，软骨质，全缘或微波状。圆锥花序卵圆形，长3~11 cm，宽1.5~4.0 cm，盛开时抽出鞘外，分枝斜升或开展，每一分枝着生1~3小穗，分枝和小穗柄均具黄色腺斑；小穗椭圆状球形，长2~2.5 mm，淡绿色，或成熟后带紫褐色；两颖近等长，坚纸质，具6~8脉，无毛，顶端钝或圆，边缘狭膜质；第一小花通常雄性，幼时较第二小花稍窄，稃体质地稍软；第二小花雌性，近球形，外稃边缘和背部常有微毛；鳞被楔形，顶端平截或微凹。颖果近球形。

[生长发育规律]

　　多年生草本，2—3月出苗，花果期夏秋季。

[分布与为害]

　　主要分布于四川、云南等地，常生于低海拔的缓坡、平原草地。主要为害新垦药地和仿野生栽培田。

 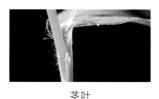  

植株　　　　　　　　茎叶　　　　　　　　花　　　　　　　　果实

李氏禾 [拉丁名] *Leersia hexandra* Sw

[属　别] 假稻属 *Leersia*

[形态特征]

多年生，具发达匍匐茎和细瘦根状茎。秆倾卧地面并于节处生根，直立部分高 40~50 cm，节部膨大且密被倒生微毛。叶鞘短于节间，多平滑；叶舌长 1~2 mm，基部两侧下延与叶鞘边缘相愈合成鞘边；叶片披针形，长 5~12 cm，宽 3~6 mm，粗糙，质硬有时卷折。圆锥花序开展，长 5~10 cm，分枝较细，直升，不具小枝，长 4~5 cm，具角棱；小穗长 3.5~4.0 mm，宽约 1.5 mm，具长约 0.5 mm 的短柄；颖不存在；外稃 5 脉，脊与边缘具刺状纤毛，两侧具微刺毛；内稃与外

稃等长，较窄，具 3 脉；脊生刺状纤毛；雄蕊 6 枚，花药长 2.0~2.5 mm。颖果长约 2.5 mm。

[生长发育规律]

多年生草本，3—4 月出苗，花果期 6—8 月。

[分布与为害]

主要分布于四川等地，生于河沟、田岸、水边湿地处。成片生长时与作物争夺水分、养分和阳光，影响作物光合作用，干扰并限制作物的生长。

生境　　　　　　根系　　　　　　花　　　　　　花

假稻 [拉丁名] *Leersia japonica*（Makino ex Honda）Honda

[属　别] 假稻属 *Leersia*

[俗　名] 水游草

[形态特征]

多年生草本。秆下部伏卧地面，节生多分枝的须根，上部向上斜升，高 60~80 cm，节密生倒毛。叶鞘短于节间，微粗糙；叶舌长 1~3 mm，基部两侧下延与叶鞘连合；叶片长 6~15 cm，宽 4~8 mm，粗糙或下面平滑。圆锥花序长 9~12 cm，分枝平滑，直立或斜升，有棱角，稍压扁状；小穗长 5~6 mm，带紫色；外稃具 5 脉，脊具刺毛；内稃具 3 脉，中脉生

刺毛；雄蕊 6 枚，花药长 3 mm。

[生长发育规律]

多年生草本，春季出苗，花果期夏秋季。

[分布与为害]

主要分布于四川等地，生于池塘、水田、溪沟湖旁湿地处。成片生长时与作物争夺水分、养分和光能，影响作物光合作用，干扰并限制作物的生长。

群落　　　　　　植株　　　　　　茎叶与节　　　　　　花序

千金子 [拉丁名] *Leptochloa chinensis*（L.）Nees
[属　别] 千金子属 *Leptochloa*

[形态特征]

　　一年生草本。秆直立，基部膝曲或倾斜，高30~90 cm，平滑无毛。叶鞘无毛，大多短于节间；叶舌膜质，长1~2 mm，常呈撕裂状，具小纤毛；叶片扁平或多少卷折，先端渐尖，两面微粗糙或下面平滑，长5~25 cm，宽2~6 mm。圆锥花序长10~30 cm，分枝及主轴均微粗糙；小穗多带紫色，长2~4 mm，含3~7小花；颖具1脉，脊上粗糙，第一颖较短且狭窄，长1.0~1.5 mm，第二颖长1.2~1.8 mm；外稃顶端钝，无毛或下部被微毛，第一外稃长约1.5 mm；花药长约0.5 mm。颖果长圆球形，长约1 mm。

[生长发育规律]

　　一年生草本，3—4月出苗，花果期8—11月。

[分布与为害]

　　主要分布于四川、云南等地，生于海拔500~1 020 m潮湿之地。成片生长时与作物争夺水分、养分和光能，影响作物光合作用，干扰并限制作物的生长。

植株　　　　　　　　群落　　　　　　　　茎叶　　　　　　　　花序

虮子草 [拉丁名] *Leptochloa panicea*（Retz.）Ohwi
[属　别] 千金子属 *Leptochloa*

[形态特征]

　　一年生草本。秆较细弱，高30~60 cm。叶鞘疏生有疣基的柔毛；叶舌膜质，多呈撕裂状，或顶端呈不规则齿裂，长约2 mm；叶片质薄，扁平，长6~18 cm，宽3~6 mm，无毛或疏生疣毛。圆锥花序长10~30 cm，分枝细弱，微粗糙；小穗灰绿色或带紫色，长1~2 mm，含2~4小花；颖膜质，具1脉，脊上粗糙，第一颖较狭窄，顶端渐尖，长约1 mm，第二颖较宽，长约1.4 mm；外稃具3脉，脉上被细短毛，第一外稃长约1 mm，顶端钝；内稃稍短于外稃，脊上具纤毛；花药长约0.2 mm。颖果圆球形，长约0.5 mm。

[生长发育规律]

　　一年生草本，4—5月出苗，花果期7—10月。

[分布与为害]

　　主要分布于四川、云南等地，多生长于田野、路旁和苗圃内。为秋熟旱作物地主要杂草，在土壤疏松、肥沃、湿度中等的旱地发生严重。

生境　　　　　　　　植株　　　　　　　　茎叶　　　　　　　　花

多花黑麦草 ［拉丁名］*Lolium multiflorum* Lam.
［属　别］黑麦草属 *Lolium*

［形态特征］

　　一年生，或越年生或短期多年生草本。秆直立或基部偃卧节上生根，高 50~130 cm，具 4~5 节，较细弱至粗壮。叶鞘疏松；叶舌长达 4 mm，有时具叶耳；叶片扁平，长 10~20 cm，宽 3~8 mm，无毛，上面微粗糙。穗形总状花序直立或弯曲，长 15~30 cm，宽 5~8 mm；穗轴柔软，节间长 10~15 mm，无毛，上面微粗糙；小穗含 10~15 小花，长 10~18 mm，宽 3~5 mm；小穗轴节间长约 1 mm，平滑无毛；颖披针形，质地较硬，具 5~7 脉，长 5~8 mm，具狭膜质边缘，顶端钝，通常与第一小花等长；外稃长圆状披针形，长约 6 mm，具 5 脉，基盘小，顶端膜质透明，具长约 5（~15）mm 的细芒，或上部小花无芒；内稃约与外稃等长，脊上具纤毛。颖果长圆形，长为宽的 3 倍。

［生长发育规律］

　　一年生、越年生或短期多年生草本，4—5 月出苗，花果期 7—8 月。

［分布与为害］

　　主要分布于四川、云南等地。多生长于田野、路旁和苗圃内。成片生长时与作物争夺水分、养分和光能，影响作物光合作用，干扰并限制作物的生长。

生境

植株

茎叶

花

刚莠竹 ［拉丁名］*Microstegium ciliatum*（Trin.）A. Camus.
［属　别］莠竹属 *Microstegium*
［俗　名］大种假莠竹、二芒莠竹、二型莠竹

［形态特征］

　　多年生蔓生草本。秆高 1 m 以上，较粗壮，下部节上生根，具分枝，花序以下和节均被柔毛。叶鞘长于节间或上部叶鞘短于节间，背部具柔毛或无毛；叶舌膜质，长 1~2 mm，具纤毛；叶片披针形或线状披针形，长 10~20 cm，宽 6~15 mm，两面具柔毛或无毛，或近基部有疣基柔毛，顶端渐尖或为尖头，中脉白色。总状花序 5~15 枚着生于短缩主轴上为指状排列，长 6~10 cm；总状花序轴节间长 2.5~4.0 mm，稍扁，先端膨大，两侧边缘密生长 1~2 mm 的纤毛；无柄小穗披针形，长约 3.2 mm，基盘毛长 1.5 mm；第一颖背部具凹沟，无毛或上部具微毛，二脊无翼，边缘具纤毛，顶端钝或有 2 微齿，第二颖舟形，具 3 脉，中脉呈脊状，上部具纤毛，顶端延伸成小尖头或具长约 3 mm 的短芒；第一外稃不存在或微小；第一内稃长约 1 mm；第二外稃狭长圆形，长约 0.6 mm；芒长 8~10（14）mm，直伸或稍弯；雄蕊 3 枚，花药长 1.0~1.5 mm。颖果长圆形，长 1.5~2.0 mm，胚长为果体的 1/3~1/2。有柄小穗与无柄者同形，小穗柄长 2~3 mm，边缘密生纤毛。

［生长发育规律］

　　多年生草本，5—6 月出苗，花果期 9—12 月。

［分布与为害］

　　主要分布于四川、云南等地。生于阴坡林缘、沟边湿地处，分布海拔达 1 300 m。成片生长时与作物争夺水分、养分和光能，影响作物光合作用，干扰并限制作物的生长。

群落

花

茎叶

花

求米草 ［拉丁名］*Oplismenus undulatifolius*（Ard.）Roemer & Schuit.
　　　　［属　别］求米草属 *Oplismenus*

［形态特征］

多年生草本。秆纤细，基部平卧地面，节处生根，上升部分高 20~50 cm。叶鞘短于节间或上部叶鞘长于节间，密被疣基毛；叶舌膜质，短小，长约 1 mm；叶片扁平，披针形至卵状披针形，长 2~8 cm，宽 5~18 mm，先端尖，基部略呈圆形而稍不对称，通常具细毛。圆锥花序长 2~10 cm，主轴密被疣基长刺柔毛；分枝短缩，有时下部的分枝延伸长达 2 cm；小穗卵圆形，被硬刺毛，长 3~4 mm；颖草质，第一颖长约为小穗之半，顶端具长 0.5~1.0（1.5）cm 硬直芒，具 3~5 脉；第二颖较长于第一颖，顶端芒长 2~5 mm，具 5 脉；第一外稃草质，与小穗等长，具 7~9 脉，顶端芒长 1~2 mm，

第一内稃通常缺；第二外稃革质，长约 3 mm，平滑，结实时变硬，边缘包着同质的内稃；鳞被 2 个，膜质；雄蕊 3；花柱基分离。

［生长发育规律］

多年生草本，4—5 月出苗，花果期 7—11 月。

［分布与为害］

西南地区广泛分布。常生长于海拔 740~2 000 m 的山坡疏林下阴湿处。成片生长时与作物争夺水分、养分和光能，影响作物光合作用，干扰并限制作物的生长。

群落　　　　　　叶片　　　　　　茎叶　　　　　　花

竹叶草 ［拉丁名］*Oplismenus compositus*（L.）Beauv.
　　　　［属　别］求米草属 *Oplismenus*
　　　　［俗　名］多穗缩箬

［形态特征］

多年生草本。秆较纤细，基部平卧地面，节着地生根，上升部分高 20~80 cm。叶鞘短于节间或上部叶鞘长于节间，近无毛或疏生毛；叶片披针形至卵状披针形，基部多少包茎而不对称，长 3~8 cm，宽 5~20 mm，近无毛或边缘疏生纤毛，具横脉。圆锥花序长 5~15 cm，主轴无毛或疏生毛；分枝互生而疏离，长 2~6 cm；小穗孪生（有时其中 1 个小穗退化），稀上部小穗单生，长约 3 mm；颖草质，近等长，长为小穗的 1/2~2/3，边缘常被纤毛，第一颖先端芒长 0.7~2.0 cm；第二颖顶端的芒长 1~2 mm；第一小花中性，外稃革

质，与小穗等长，先端具芒尖，具 7~9 脉，内稃膜质，狭小或缺；第二外稃革质，平滑，光亮，长约 2.5 mm，边缘内卷，包着同质的内稃；鳞片 2 个，薄膜质，折叠；花柱基部分离。

［生长发育规律］

多年生草本，6—7 月出苗，花果期 9—11 月。

［分布与为害］

主要分布于四川、云南等地。生于疏林下阴湿处。成片生长时与作物争夺水分、养分和光能，影响作物光合作用，干扰并限制作物的生长。

群落　　　　　　植株　　　　　　茎叶　　　　　　花

双穗雀稗 ［拉丁名］*Paspalum distichum* L.
　　　　　　［属　别］雀稗属 *Paspalum*

［形态特征］

　　多年生草本。匍匐茎横走、粗壮，长达 1 m，向上直立部分高 20~40 cm，节生柔毛。叶鞘短于节间，背部具脊，边缘或上部被柔毛；叶舌长 2~3 mm，无毛；叶片披针形，长 5~15 cm，宽 3~7 mm，无毛。总状花序 2 枚对连，长 2~6 cm；穗轴宽 1.5~2.0 mm；小穗倒卵状长圆形，长约 3 mm，顶端尖，疏生微柔毛；第一颖退化或微小；第二颖贴生柔毛，具明显的中脉；第一外稃具 3~5 脉，通常无毛，顶端尖；第二外稃草质，等长于小穗，黄绿色，顶端尖，被毛。

［生长发育规律］

　　多年生草本，花果期 5—9 月。11 月下旬至 12 月霜冻后，双穗雀稗茎叶枯死，但其根茎和根仍存活，一旦气温回升，即开始萌发生长。

［分布与为害］

　　四川、贵州、云南等地均有分布；喜水湿环境，生长于溪旁、水沟边和水田边。在局部地区造成作物减产，是常见的一种恶性杂草，限制作物生长。

群落　　　　　　　　　茎叶　　　　　　　　　植株　　　　　　　　　花序

雀稗 ［拉丁名］*Paspalum thunbergii* Kunth ex Steud.
　　　　　［属　别］雀稗属 *Paspalum*

［形态特征］

　　多年生草本。秆直立，丛生，高 50~100 cm，节被长柔毛。叶鞘具脊，长于节间，被柔毛；叶舌膜质，长 0.5~1.5 mm；叶片线形，长 10~25 cm，宽 5~8 mm，两面被柔毛。总状花序 3~6 枚，长 5~10 cm，互生于长 3~8 cm 的主轴上，形成总状圆锥花序，分枝腋间具长柔毛；穗轴宽约 1 mm；小穗柄长 0.5~1.0 mm；小穗椭圆状倒卵形，长 2.6~2.8 mm，宽约 2.2 mm，散生微柔毛，顶端圆或微凸；第二颖与第

一外稃等长，膜质，具 3 脉，边缘有明显微柔毛。第二外稃等长于小穗，革质，具光泽。

［生长发育规律］

　　多年生草本，花果期 5—10 月。

［分布与为害］

　　四川、贵州、云南等地均有分布；喜水湿环境，生长于荒野潮湿草地中。是一种常见的杂草，限制作物生长，造成作物减产。

群落　　　　　　　　　茎叶　　　　　　　　　植株　　　　　　　　　花

狼尾草 [拉丁名] *Pennisetum alopecuroides*（L.）Spreng.
　　　　[属　别] 狼尾草属 *Pennisetum*
　　　　[俗　名] 狗尾巴草、狗仔尾、老鼠狼、芮草

[形态特征]

　　多年生草本。须根较粗壮。秆直立，丛生，高30~120 cm，在花序下密生柔毛。叶鞘光滑，两侧呈压扁状，主脉呈脊状，位于秆上部的叶鞘长于节间；叶舌具长约2.5 mm的纤毛；叶片线形，长10~80 cm，宽3~8 mm，先端长渐尖，基部生疣毛。圆锥花序直立，长5~25 cm，宽1.5~3.5 cm；主轴密生柔毛；总梗长2~3（5）mm；刚毛粗糙，淡绿色或紫色，长1.5~3.0 cm；小穗通常单生，偶有双生，线状披针形，长5~8 mm；第一颖微小或缺，长1~3 mm，膜质，先端钝，脉不明显或具1脉；第二颖卵状披针形，先端短尖，具3~5脉，长约为小穗的1/3~2/3；第一小花中性，第一外稃与小穗等长，具7~11脉；第二外稃与小穗等长，披针形，具5~7脉，边缘包着同质的内稃；鳞被2个，楔形；雄蕊3，花药顶端无毫毛；花柱基部联合。

颖果长圆形，长约3.5 mm。叶片上下表皮不同；上表皮脉间细胞2~4行为长筒状、有波纹、壁薄的长细胞；下表皮脉间5~9行为长筒形、壁厚、有波纹的长细胞与短细胞交叉排列。

[生长发育规律]

　　多年生草本，花果期夏秋季。冬季仅地上部嫩叶枯萎，地下部分能安全越冬。翌年春季气温回升，迅速返青生长。

[分布与为害]

　　四川、贵州、云南、重庆等地均广泛分布。生于海拔50~3 200 m的田岸、荒地、道旁及小山坡上。与作物争夺水分、养分和光能，干扰并限制作物的生长。

  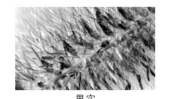 

群落　　　　　　　　植株　　　　　　　　果实　　　　　　　　花

早熟禾 [拉丁名] *Poa annua* L.
　　　　[属　别] 早熟禾属 *Poa*
　　　　[俗　名] 爬地早熟禾

[形态特征]

　　一年生或冬性禾草。秆直立或倾斜，质软，高6~30 cm，全体平滑无毛。叶鞘稍压扁，中部以下闭合；叶舌长1~3（5）mm，圆头；叶片扁平或对折，长2~12 cm，宽1~4 mm，质地柔软，常有横脉纹，顶端急尖呈船形，边缘微粗糙。圆锥花序宽卵形，长3~7 cm，开展；分枝1~3枚着生于各节上，平滑；小穗卵形，含3~5小花，长3~6 mm，绿色；颖质薄，具宽膜质边缘，顶端钝，第一颖披针形，长1.5~2（3）mm，具1脉，第二颖长2~3（4）mm，具3脉；外稃卵圆形，顶端与边缘宽膜质，具明显的5脉，脊与边脉下部具柔毛，间脉近基部有柔毛，基盘无绵毛，第一外稃长

3~4 mm；内稃与外稃近等长，两脊密生丝状毛；花药黄色，长0.6~0.8 mm。颖果纺锤形，长约2 mm。

[生长发育规律]

　　一年生或冬性禾草，花期4—5月，果期6—7月。春季种子发芽，秋季种子成熟散落，植株枯死，完成一年生长周期。

[分布与为害]

　　四川、贵州、云南、重庆等地均有分布；生长在海拔500~2 200 m的沟谷或路边草丛中。与作物争夺水分、养分和光能，限制作物生长。

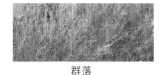 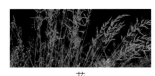  

群落　　　　　　　　花　　　　　　　　茎叶　　　　　　　　花

金丝草 ［拉丁名］*Pogonatherum crinitum*（Thunb.）Kunth
　　　　［属　别］金发草属 *Pogonatherum*
　　　　［俗　名］笔子草、牛母草、黄毛草、金丝茅

［形态特征］

　　多年生草本，秆丛生，直立或基部稍倾斜，高 10~30 cm，直径 0.5~0.8 mm，具纵条纹，粗糙，通常 3~7 节，少有 10 节以上，节上被白色髯毛，少分枝。叶鞘短于或长于节间，向上部渐狭，稍不抱茎，边缘薄纸质，除鞘口或边缘被细毛外，余均无毛，有时下部的叶鞘被短毛；叶舌短，纤毛状；叶片线形，扁平，稀内卷或对折，长 1.5~5.0 cm，宽 1~4 mm，顶端渐尖，基部为叶鞘顶宽的 1/3，两面均被微毛而粗糙。穗形总状花序单生于秆顶，长 1.5~3.0 cm，宽约 1 mm，细弱而微弯曲，乳黄色；总状花序轴节间与小穗柄均呈压扁状，长为无柄小穗的 1/3~2/3，两侧具长短不一的纤毛；无柄小穗长不及 2 mm，含 1 朵两性花，基盘的毛约与小穗等长或稍长；第一颖背腹扁平，长约 1.5 mm，先端截平，具流苏状纤毛，具不明显或明显的 2 脉，背面稍粗糙；第二颖与小穗等长，稍长于第一颖，舟形，具 1 脉而呈脊状，沿脊粗糙，先端 2 裂，裂缘有纤毛，脉延伸成弯曲的芒，芒金黄色，

长 15~18 mm，粗糙；第一小花完全退化或仅存一外稃；第二小花外稃稍短于第一颖，先端 2 裂，裂片为稃体长的 1/3，裂齿间伸出细弱而弯曲的芒，芒长 18~24 mm，稍糙；内稃宽卵形，短于外稃，具 2 脉；雄蕊 1 枚，花药细小，长约 1 mm；花柱自基部分离为 2 枚；柱头帚刷状，长约 1 mm。颖果卵状长圆形，长约 0.8 mm。有柄小穗与无柄小穗同形同性，但较小。

［生长发育规律］

　　多年生草本，花果期 5—9 月。春冬季仅地上部嫩叶枯萎，地下部分能安全越冬。翌年春季气温回升，迅速返青生长。

［分布与为害］

　　广泛分布于四川、贵州、云南、重庆等地。生长在海拔 2 000 m 以下的田埂、山边、路旁、河边、溪边、石缝瘠土或灌木下阴湿地处。与作物争夺水分、养分和光能，限制作物生长。

群落

植株

茎叶

根

棒头草 ［拉丁名］*Polypogon fugax* Nees ex Steud.
［属　别］棒头草属 *Polypogon*

［形态特征］

　　一年生草本。秆丛生，基部膝曲，大部分光滑，高 10~75 cm。叶鞘光滑无毛，大都短于节间或下部叶鞘长于节间；叶舌膜质，长圆形，长 3~8 mm，常 2 裂或顶端具不整齐的裂齿；叶片扁平，微粗糙或下面光滑，长 2.5~15.0 cm，宽 3~4 mm。圆锥花序穗状，长圆形或卵形，较疏松，具缺刻或有间断，分枝长可达 4 cm；小穗长约 2.5 mm（包括基盘），灰绿色或部分带紫色；颖长圆形，疏被短纤毛，先端 2 浅裂，芒从裂口处伸出，细直，微粗糙，长 1~3 mm；外稃光滑，长约 1 mm，先端具微齿，中脉延伸成长约 2 mm 且易脱

落的芒；雄蕊 3，花药长 0.7 mm。颖果椭圆形，1 面扁平，长约 1 mm。

［生长发育规律］

　　一年生草本，花果期 4—9 月。春季种子发芽，秋季种子成熟散落，植株枯死，完成生长周期。

［分布与为害］

　　四川、贵州、云南、重庆等地均广泛分布；生于海拔 100~3 600 m 的沟边、路旁、村旁、田野潮湿草地中。与作物争夺水分、养分和光能，限制作物生长。

群落　　　　　　　　植株　　　　　　　　茎叶　　　　　　　　花序

鹅观草 ［拉丁名］*Elymus kamoji*（Ohwi）S. L. Chen
［属　别］披碱草属 *Elymus*

［形态特征］

　　多年生草本，秆直立或基部倾斜，高 30~100 cm。叶鞘外侧边缘常具纤毛；叶片扁平，长 5~40 cm，宽 3~13 mm。穗状花序长 7~20 cm，弯曲或下垂；小穗绿色或带紫色，长 13~25 mm（芒除外），含 3~10 小花；颖卵状披针形至长圆状披针形，先端锐尖至具短芒（芒长 2~7 mm），边缘为宽膜质，第一颖长 4~6 mm，第二颖长 5~9 mm；外稃披针形，具有较宽的膜质边缘，背部以及基盘近于无毛或仅基盘两侧具有极微小的短毛，上部具明显的 5 脉，脉上稍粗糙，第一外稃长 8~11 mm，先端延伸成芒，芒粗糙，劲直或上部稍有曲折，长 20~40 mm；内稃约与外稃等长，先端钝头，

脊显著具翼，翼缘具有细小纤毛。

［生长发育规律］

　　多年生草本，花果期 4—9 月。一般于 3 月底或 4 月初返青，6 月中旬开花，6 月底或 7 月初果熟，10 月初或中旬地上部分枯黄。

［分布与为害］

　　四川、贵州、云南、重庆等地均广泛分布；生于海拔 100~2 300 m 的山坡和湿润草地。与作物争夺水分、养分和光能，限制作物生长。

群落　　　　　　　　植株　　　　　　　　花序

金色狗尾草 ［拉丁名］*Setaria pumila*（Poiret）Roemer & Schultes

　　　　　　　［属　别］狗尾草属 *Setaria*

　　　　　　　［俗　名］恍莠莠、硬稃狗尾草

［形态特征］

　　一年生草本，单生或丛生。秆直立或基部倾斜膝曲，近地面节可生根，高 20~90 cm，光滑无毛，仅花序下面稍粗糙。叶鞘下部呈扁压状且具脊，上部圆形，光滑无毛，边缘薄膜质，光滑无纤毛；叶舌具一圈长约 1 mm 的纤毛，叶片线状披针形或狭披针形，长 5~40 cm，宽 2~10 mm，先端长渐尖，基部钝圆，上面粗糙，下面光滑，近基部疏生长柔毛。圆锥花序紧密结合在一起呈圆柱状或狭圆锥状，长 3~17 cm，宽 4~8 mm（刚毛除外），直立，主轴具短细柔毛，刚毛金黄色或稍带褐色，粗糙，长 4~8 mm，先端尖，通常在一簇中仅具一个发育的小穗，第一颖宽卵形或卵形，长为小穗的 1/3~1/2，先端尖，具 3 脉；第二颖宽卵形，长为小穗的 1/2~2/3，先端稍钝，具 5~7 脉，第一小花雄性或中性，第一外稃与小穗等长或微短，具 5 脉；其内稃膜质，等长且等宽于第二小花，具 2 脉，通常含 3 枚雄蕊或无；第二小花两性，外稃革质，等长于第一外稃。鳞被楔形；花柱基部联合；叶上表皮脉间均为无波纹的或微波纹的、有棱角的薄壁的长细胞，下表皮脉间均为有波纹的、壁较厚的长细胞，并有短细胞。

［生长发育规律］

　　一年生草本，花果期 6—10 月。春季种子发芽，秋季种子成熟散落，植株枯死，完成生长周期。

［分布与为害］

　　四川、贵州、云南、重庆等地均广泛分布；生于山坡林下、沟谷地阴湿处或路边杂草地上。与作物争夺水分、养分和光能，限制作物生长。

植株

茎叶

果实

穗

皱叶狗尾草　［拉丁名］ *Setaria plicata*（Lam.）T. Cooke
　　　　　　［属　别］狗尾草属 *Setaria*

［形态特征］

　　多年生。须根细而坚韧，少数具鳞芽。秆通常瘦弱，少数直径可达 6 mm，直立或基部倾斜，高 45~130 cm，无毛或疏生毛；节和叶鞘与叶片交接处，常具白色短毛。叶鞘背脉常呈脊状，密或疏生较细疣毛或短毛，毛易脱落，边缘常密生纤毛或基部叶鞘边缘无毛而近膜质；叶舌边缘密生长 1~2 mm 的纤毛；叶片质薄，椭圆状披针形或线状披针形，长 4~43 cm，宽 0.5~3.0 cm，先端渐尖，基部渐狭呈柄状，具较浅的纵向皱褶，两面或一面具疏疣毛，或具极短毛而粗糙，或光滑无毛，边缘无毛。圆锥花序狭长圆形或线形，长 15~33 cm，分枝斜向上升，长 1~13 cm，上部者排列紧密，下部者具分枝，排列疏松而开展，主轴具棱角，有极细短毛而粗糙；小穗着生于小枝一侧，卵状披针状，绿色或微紫色，长 3~4 mm，部分小穗下托以 1 枚细的刚毛，长 1~2 cm 或有时不显著；颖薄纸质，第一颖宽卵形，顶端钝圆，边缘膜质，长为小穗的 1/4~1/3，具 3（5）脉，第二颖长为小穗的 1/2~3/4，先端钝或尖，具 5~7 脉；第一小花通常中性或具 3 雄蕊，第一外稃与小穗等长或稍长，具 5 脉，内稃膜质，狭短或稍狭于外稃，边缘稍内卷，具 2 脉；第二小花两性，第二外稃等长或稍短于第一外稃，具明显的横皱纹；鳞被 2；花柱基部联合。颖果狭长卵形，先端具硬而小的尖头。

［生长发育规律］

　　多年生草本，花果期 6—10 月。冬季仅地上部嫩叶枯萎，地下部分能安全越冬。翌年春季气温回升，迅速返青生长。

［分布与为害］

　　四川、贵州、云南、重庆等地均广泛分布；生于海拔 100~2 300 m 的山坡和湿润草地中。与作物争夺水分、养分和光能，限制作物生长。

群落

植株

茎叶

花

狗尾草 ［拉丁名］*Setaria viridis*（L.）P. Beauv.
　　　　　［属　别］狗尾草属 *Setaria*

［形态特征］

　　一年生草本。根为须状，高大植株具支持根。秆直立或基部膝曲，高 10~100 cm，基部直径达 3~7 mm。叶鞘松弛，无毛或疏具柔毛或疣毛，边缘具较长的密绵毛状纤毛；叶舌极短，边缘有长 1~2 mm 的纤毛；叶片扁平，长三角状狭披针形或线状披针形，先端长渐尖或渐尖，基部钝圆形，几呈截状或渐窄，长 4~30 cm，宽 2~18 mm，通常无毛或疏被疣毛，边缘粗糙。圆锥花序紧密呈圆柱状或基部稍疏离，直立或稍弯垂，主轴被较长柔毛，长 2~15 cm，宽 4~13 mm（除刚毛外），刚毛长 4~12 mm，粗糙或微粗糙，直或稍扭曲，通常绿色、褐黄、紫红或紫色；小穗 2~5 个簇生于主轴上或更多的小穗着生在短小枝上，椭圆形，先端钝，长 2.0~2.5 mm，铅绿色；第一颖卵形、宽卵形，长约

为小穗的 1/3，先端钝或稍尖，具 3 脉；第二颖几与小穗等长，椭圆形，具 5~7 脉；第一外稃与小穗第长，具 5~7 脉，先端钝，其内稃短小狭窄；第二外稃椭圆形，顶端钝，具细点状皱纹，边缘内卷，狭窄；鳞被楔形，顶端微凹；花柱基分离。

［生长发育规律］

　　一年生草本，花果期 5—10 月。一般 4 月中旬至 5 月份种子发芽出苗，秋季种子成熟散落，植株枯死，完成生长周期。

［分布与为害］

　　四川、贵州、云南、重庆等地均广泛分布；生于海拔 4 000 m 以下的荒野、道旁。为旱作地常见的杂草，与作物争夺水分、养分和光能，限制作物生长。

群落

植株

茎叶

花

部分参考文献

［1］重庆市统计局，国家统计局重庆调查总队.重庆统计年鉴2019［M］.北京：中国统计出版社，2022.

［2］张军，刘翔，林茂祥，等.重庆市中药材原生境受威胁情况分析及保护建议［J］.中国中医药信息杂志，2016，23(02)：1-4.

［3］四川省统计局，国家统计局四川调查总队.四川统计年鉴2022［M］.北京：中国统计出版社，2022.

［4］方清茂，彭文甫，吴萍，等.川产道地药材生产区划研究进展［J］.中国中药杂志，2020，45(04)：720-731.

［5］李权林.省政府办公厅发布《云南省高原特色现代农业"十三五"产业发展规划》［J］.云南农业，2017，(06)：53.

［6］《云南省高原特色现代农业"十三五"中药材产业发展规划》解读［J］.云南农业，2018，(03)：38-41.

［7］张明生.贵州省中药材现代产业技术体系建设［J］.山地农业生物学报，2015，34(04)：9-12，2.

［8］贵州省统计局，国家统计局贵州调查总队.贵州统计年鉴2019［M］.北京：中国统计出版社，2019.

［9］宋雪，陈宁，代玉洁，等.2011—2016年贵州省中药材生产状况分析［J］.中国现代中药，2018，20（11）：1323-1329.

［10］强胜.杂草学［M］.2版.北京：中国农业出版社，2009.

［11］国家药典委员会.中华人民共和国药典：2020年版.一部［M］.北京：中国医药科技出版社，2020.